AutoCAD 2010 工程绘图及应用开发

范徐笑　邬明录　韩　冰　**主　编**

于　磊　刘明月　付占敏　**副主编**

盛光英　**参　编**

北京理工大学出版社
BEIJING INSTITUTE OF TECHNOLOGY PRESS

内 容 简 介

本书介绍用微机绘图软件 AutoCAD 2010 中文版进行设计绘图的基本操作和实用技术。全书分为九章，系统地介绍了 AutoCAD 绘图的基本知识、基本绘图命令、基本编辑命令、尺寸标注、图块及绘图组织技术、图样的布局与打印、三维绘图与实体造型、用户接口设计技术、Visual LISP 语言与 AutoCAD 二次开发技术。本书以讲解实例的方式介绍 AutoCAD 绘图技术和图形设计技巧，并结合工程设计和毕业设计的需求，讲解工程设计中科学计算和图形输出一体化技术。讲述注重理论、突出实用。

本书可作为大学生计算机绘图课程的教材，也可作为工程类各专业计算机辅助设计课程的补充教材，还可供有关工程技术人员参考。

版权专有　侵权必究

图书在版编目（CIP）数据

AutoCAD 2010 工程绘图及应用开发／范徐笑，邬明录，韩冰主编. —北京：北京理工大学出版社，2018.5
　ISBN 978-7-5682-5636-0

Ⅰ. ①A…　Ⅱ. ①范…　②邬…　③韩…　Ⅲ. ①工程制图-AutoCAD 软件-高等学校-教材　Ⅳ. ①TB237

中国版本图书馆 CIP 数据核字（2018）第 100421 号

出版发行／北京理工大学出版社有限责任公司
社　　址／北京市海淀区中关村南大街 5 号
邮　　编／100081
电　　话／(010)68914775(总编室)
　　　　　(010)82562903(教材售后服务热线)
　　　　　(010)68948351(其他图书服务热线)
网　　址／http://www.bitpress.com.cn
经　　销／全国各地新华书店
印　　刷／三河市天利华印刷装订有限公司
开　　本／710 毫米×1000 毫米　1/16
印　　张／23.75
字　　数／445 千字
版　　次／2018 年 5 月第 1 版　2018 年 5 月第 1 次印刷　　责任校对／张沁萍
定　　价／69.00 元　　　　　　　　　　　　　　　　　　责任印制／边心超

前　言

计算机绘图和计算机图形学是计算机辅助工程设计的基础，计算机绘图技术是每一个工程技术人员必须学习和掌握的一门技巧，熟练掌握和运用计算机绘图软件是对每一个工程设计人员的必然要求。

作为一种高效的绘图软件，AutoCAD 在工程界的应用历史和应用范围都是悠长和宽广的，它被广泛应用在机械、土木、电气、电信工程设计及科学数据分析的各个领域。本书以讲解 AutoCAD 2010 中文版绘图软件为主，读者在学习的同时，将学会各种实用的专业图样的绘制与开发技术，由此认识和了解计算机绘图系统中的一些基本知识和技术，为今后学习和掌握以图形处理和图形软件设计为主要内容的计算机图形学打下坚实的基础。

本书以 AutoCAD 2010 中文版本为基础，介绍了 AutoCAD 绘图的基本知识、基本绘图命令、基本编辑命令、尺寸标注、图块及绘图组织技术、图样的布局与打印、三维绘图与实体造型、用户接口设计技术、Visual LISP 语言与 AutoCAD 二次开发技术。本书以讲解实例的方式介绍 AutoCAD 绘图技术和图形设计技巧，并结合工程设计和毕业设计的需求，讲解工程设计中科学计算和图形输出一体化技术，详细地讲述如何将计算机绘图与计算机辅助设计结合起来的开发技巧和实例。

本书由范徐笑、邬明录、韩冰、于磊、刘明月、付占敏、盛光英编写。范徐笑负责全书的统稿与定稿工作。

本书可作为大学本科、专科工程类大学生计算机绘图等课程的教材，也可供有关工程技术人员参考。

由于作者的水平有限和研究总结的时间限制，书中如有不妥和商榷之处，敬请读者提出宝贵意见和建议。

编　者

目 录

目
录

第1章　AutoCAD 绘图基础

　　AutoCAD 作为通用绘图软件，充分展示了计算机绘图的特征及其优越性，广泛地应用于工程及产品的设计绘图过程之中。学习使用 AutoCAD 绘图软件是掌握微机工程绘图技术最基本的要求和途径。该绘图软件提供了丰富的绘图命令和编辑命令，并为用户提供了良好的二次开发途径。实践表明，要熟练地掌握和使用 AutoCAD，需要不断地进行摸索和实践。同时，良好的计算机图形学知识和工程制图知识将有助于学习和使用 AutoCAD。本章将介绍贯穿于 AutoCAD 作图过程中的通用术语及基础知识，为全面理解和使用 AutoCAD 打下较为坚实的基础。

本章学习目的：

（1）熟识 AutoCAD 2010 用户界面；
（2）掌握 AutoCAD 命令及数据输入方法；
（3）掌握 AutoCAD 基本绘图环境的设置方法；
（4）熟识 AutoCAD 的基本操作；
（5）掌握 AutoCAD 精确定位点的方法。

1.1　AutoCAD 2010 的工作空间

　　启动电脑后，如桌面已有如图 1.1 所示的"AutoCAD 2010…"应用程序图标，用鼠标左键双击桌面上的这个图标，或单击【开始】菜单，用鼠标依次指向【程序/Autodesk/AutoCAD 2010…/AutoCAD 2010】，单击【AutoCAD 2010】，即可启动 AutoCAD 2010。

　　中文版 AutoCAD 2010 提供了"二维草图与注释""三维建模"和"AutoCAD 经典"3 种工作空间。

图 1.1　AutoCAD 2010
应用程序图标

1.1.1　选择工作空间

　　要在 3 种工作空间模式中进行切换，如图 1.2 所示，只需单击"快速访问"工具栏下拉列表按钮，在弹出的菜单中选择【显示菜单栏】命令，即可显示

AutoCAD 用户菜单，选用【工具/工作空间】子菜单中的相应菜单项命令，或在状态栏中单击"切换工作空间"按钮 AutoCAD 经典 ▾，在弹出的菜单中选择相应的命令即可。

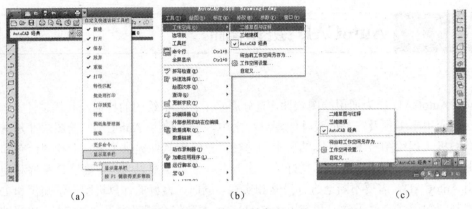

（a） （b） （c）

图 1.2　切换工作空间的方法

（a）显示下拉菜单；（b）利用菜单切换工作空间；（c）利用状态栏切换工作空间

1.1.2　二维草图与注释空间

默认状态下，打开"二维草图与注释"空间，其界面主要有"菜单浏览器"按钮、"功能区"选项板、"快速访问"工具栏、文本窗口和命令行、状态栏等元素，如图 1.3 所示。在该空间可以使用"绘图""修改""图层""注释"等面板方便地绘制二维图形。

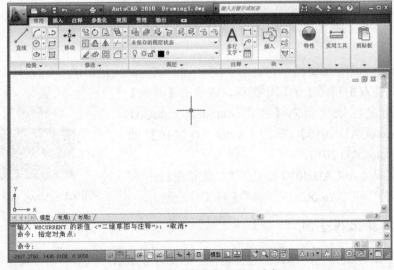

图 1.3　"二维草图与注释"空间

1.1.3 三维建模空间

使用"三维建模"空间，可以更加方便地在三维空间中绘制图形。在"功能区"选项板中集成了"三维建模""视觉样式""光源""材质""渲染"和"导航"等面板，从而为绘制三维图形、观察图形、创建动画、设置光源、为三维对象附加材质等操作提供非常便利的环境，如图1.4所示。

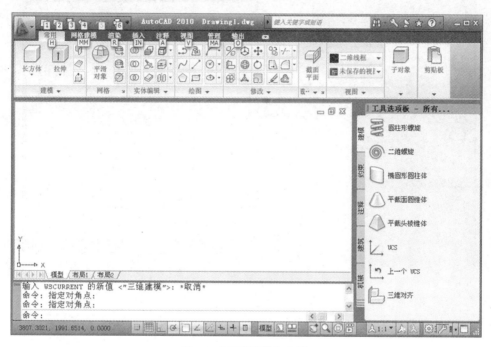

图1.4 "三维建模"空间

1.1.4 AutoCAD 经典空间

对于习惯于 AutoCAD 传统界面的用户来说，可以使用"AutoCAD 经典"工作空间，其界面主要有"菜单浏览器"按钮、"快速访问"工具栏、菜单栏、工具栏、文本窗口与命令行、状态行等元素组成。

1.2 AutoCAD 2010 经典空间

1.2.1 "菜单浏览器"按钮

"菜单浏览器"按钮位于界面的左上角。单击该按钮，将弹出 AutoCAD 菜单，如图1.5所示，其中几乎包含了 AutoCAD 的全部功能和命令，用户选择命令后即可执行相应操作。

图 1.5　AutoCAD 用户界面

1.2.2　"快速访问"工具栏

如图 1.5 所示，AutoCAD 2010 的"快速访问"工具栏中包含最常用操作的快捷按钮，方便用户使用。在默认状态中，"快速访问"工具栏中包含 6 个快捷按钮，分别为"新建""打开""保存""打印""放弃"和"重做"按钮。

如果想在"快速访问"工具栏中添加或删除其他按钮，可以右击"快速访问"工具栏，在弹出的快捷菜单中选择"自定义快速访问工具栏"命令，在弹出的"自定义用户界面"对话框中进行设置即可。

1.2.3　标题栏

标题栏位于应用程序窗口的最上面，用于显示当前正在运行的程序名及当前所装入图形的文件名等信息，如果是 AutoCAD 默认的图形文件，其名称为 DrawingN.dwg（N 是数字）。

标题栏的信息中心提供了多种信息来源。在文本框中输入需要帮助的问题，然后单击"搜索"按钮🔍，就可以获取相关的帮助；单击"通信中心"按钮🔗，可以获取最新的软件更新、产品支持通告和其他服务的直接连接；单击"收藏夹"按钮☆，可以保存一些重要的信息。

标题栏的右端是最小化、最大化和关闭应用程序窗口按钮。标题栏左边是应用程序的小图标，单击它将会弹出一个 AutoCAD 窗口控制下拉菜单，可以执行最小化或最大化窗口、恢复窗口、移动窗口、关闭 AutoCAD 等操作。

1.2.4　下拉菜单

AutoCAD 2010 在缺省情况下不显示下拉菜单，若需显示，只需单击"快速访问"工具栏下拉列表按钮，在弹出的菜单中选择【显示菜单栏】命令，即可显示 AutoCAD 用户菜单，如图 1.5 所示。

AutoCAD 的标准菜单条包括 12 个下拉菜单项，这些菜单包含了通常情况下控制 AutoCAD 运行的功能和命令。例如，【格式（O）】下拉菜单（见图 1.6），用户可以用它来设置图层、颜色、线型等。

通常情况下，下拉菜单中的大多数菜单项代表其对应的 AutoCAD 命令。但有些下拉菜单中的项既代表一条命令，同时也提供该命令的选项。例如，【视图（V）/缩放（Z）】菜单对应了 AutoCAD 的 ZOOM 命令，而【缩放（Z）】的下一级菜单则对应了 ZOOM 命令的各选择项。

对于某些菜单项，如果后面跟有省略符号"…"，则

图 1.6　格式下拉菜单

表明选择该菜单项将会弹出一个对话框，以提供更进一步的选择和设置。如果菜单项后面跟有一个实心的小三角"▶"，则表明该菜单项还有若干项子菜单。

用户可以使用鼠标或屏幕指针来选择菜单项，还可使用热键的方法来选择菜单项。为了快速地使用热键，菜单栏的标题及菜单项中都定义了热键。在屏幕上，每个菜单的热键字母以下划线标出，例如，菜单栏【格式（O）】。要使用这些热键，可以先按 Alt 键，然后键入热键字母。如按【Alt】键，同时再按【O】键，将打开【格式（O）】下拉菜单。

对于下拉菜单中的子菜单项，系统同样定义了热键，如【文件（F）】下拉菜单中的【打开（O）】。如果一个下拉菜单是打开的，用户可以直接键入热键字母激活该菜单项。如，若【文件（F）】菜单已打开，则可按【O】键选择【打开（O）】子菜单项。

在下拉菜单中的某些菜单项后面还跟有一组合键，如【打开（O）】菜单项后面的"Ctrl＋O"，该组合键称为快捷键，即用户不必打开下拉菜单，可通过按组合键来选定某一子菜单项。例如，用户可通过按【Ctrl】键同时按【O】键来打开一个图形文件，它相当于用户依次选择【文件（F）/打开（O）】菜单。

图 1.7　工具栏快捷菜单

1.2.5　工具栏

在 AutoCAD 中，工具栏是另一种代替命令输入的简便工具，用户利用它们可以完成绝大部分的绘图工作。AutoCAD 2010 提供了 44 个工具栏，每项工具栏中分别包含了从 2～20 个不等的工具项。某些工具栏包含用户经常使用的工具，如"标准"工具栏、"绘图"工具栏。还有一些工具栏，如"渲染"工具栏、"UCS"工具栏等，在缺省的界面中是关闭的或隐藏的，用户需要使用它们的时候，可在任一个工具栏上单击鼠标右键，系统将显示如图 1.7 所示的快捷菜单，单击所需显示的工具栏，则该工具栏便会显示在一个合适的位置。用户将光标置于工具中，在工具旁边会显示该工具名称，我们称其为工具标签或工具提示。如图 1.8 左下图中的"捕捉到最近点"就是一个工具提示。

1.2.5.1　工具栏的特点

图 1.8 上方所示"对象捕捉"工具栏是典型的 AutoCAD 工具栏。鼠标较长时间停留在工具栏的左、右两侧边框上会显示工具栏名称，工具栏隐藏按钮在标题栏的右上角，单击"×"按钮将隐藏该工具栏。工具栏图标左、右两侧的区域是光标区域，定位光标于光标区域内的任何位置，按住鼠标左键并拖动鼠标可以把工具栏移到屏幕上的任意位置。

用户若要改变工具栏的行列设置，只需将光标移到工具栏的边界上，当光标变为一个箭头（↔或↕）时，拖动工具栏即可改变其形状。在拖动操作时，可以看到形状的边框。如图 1.8 左下图为改变形状后的"对象捕捉"工具栏。

当工具栏位于屏幕中间区域时，用户可任意调整其位置和形状，此时工具栏称为浮动工具栏。如果将其移至屏幕边界，工具栏将会自动调整形状（竖放或横放），此时工具栏被称为固定工具栏。

1.2.5.2　使用扩展工具栏

在 AutoCAD 中，某些工具还包括若干子工具。如图 1.8 右下图所示，用户若单击【绘图】工具栏中的【插入图块】工具并按住鼠标左键不放，则将打开一系列子工具，移动鼠标光标到适当工具，然后放开鼠标左键即可选择该工具，同时原【插入图块】工具图标将被用户选定的工具图标置换。

说明：扩展工具的图标右下角有小黑三角图标。

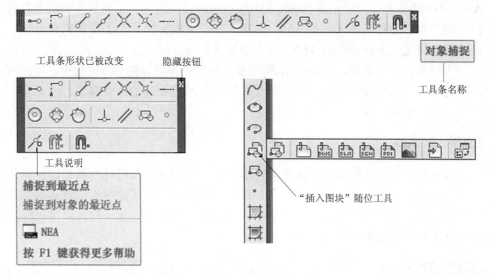

图 1.8　工具栏

1.2.5.3　标准工具栏

标准工具栏位于主菜单的下方（见图 1.5）。AutoCAD 的标准工具栏提供两种类型的命令。第一类命令用于在 AutoCAD 和其他 Windows 应用程序间传递和共享数据，例如，创建、打开、保存和打印 AutoCAD 图形，或将 AutoCAD 图形对象传递到 Windows 的剪贴板。第二类命令是用户会经常用到的一些命令，将它们放在绘图区域上部会给用户带来很大的方便，这类命令主要包括画面缩放、平移等。

1.2.6　作图窗口

作图窗口是显示和编辑对象的区域。AutoCAD 将在此窗口中显示表示当前工作点的鼠标指针。当移动鼠标时，鼠标指针将"跟随"鼠标移动；当 AutoCAD 提示选择一个点时，鼠标指针变为十字形；当需要在屏幕上选取一个对象时，鼠标指针变为一个小的选取框。鼠标指针在不同的状态下，将分别显示为十字、选取框、虚线框和箭头等样式。

AutoCAD 作图窗口的底部有【模型】和【布局】标签，通过这些标签，用户可以非常方便、快捷地在模型空间和图纸空间之间切换图形显示方式。通常，用户应该在模型空间中进行设计，而在图纸空间创建布局以便输出图形。

1.2.7 命令行及文本窗口

命令行是供用户通过键盘输入命令和 AutoCAD 显示提示符和信息的地方，它位于图形窗口的下方，用户可使用鼠标来改变这个文本显示区域的大小。AutoCAD 的文本窗口是记录 AutoCAD 命令的窗口，也可以说是放大的命令行窗口，用户可以通过选择【视图（V）/显示（L）/文本窗口（T）】菜单来打开它，也可通过按【F2】键或执行 TEXTSCR 命令来打开。

用户需要注意的是，AutoCAD 具有多文档设计环境。在一个进程中，用户可以同时打开、编辑多个图形文件，每个图形文件都有相应的命令窗口，但只有一个命令窗口是活动的。

1.2.8 状态栏

状态栏位于屏幕的底部（如图 1.9 所示），用于显示鼠标指针所处当前位置的坐标值以及各种工作模式等重要信息。模式按钮若显示为"暗色"则表示其功能为关闭状态，用户可以用鼠标左键单击模式按钮来切换其状态，也可以用鼠标的右键单击模式按钮来设置其状态。

图 1.9　状态栏

1.3　AutoCAD 命令及参数输入方法

为了满足不同用户的需要，使操作更加灵活方便，AutoCAD 2010 提供了多种方法来实现相同的功能。例如，可以使用"下拉菜单"栏、工具栏、"屏幕菜单""菜单浏览器"按钮、选项板和绘图命令 6 种方法来绘制基本图形对象。

当用户在命令窗口中看见"命令"提示符后，即标志着 AutoCAD 正准备接收命令。用户可以使用键盘输入命令或从菜单、工具栏中选择了一个命令后，提示区将显示用户要提供的响应，直到命令完成或被中止。例如，当用户输入"LINE"命令后，命令区将显示提示"指定第一个点："，在给定了一个起点之后，用户又将看到"指定下一点或放弃"的提示，要求用户给出直线的终点。

当用户从键盘输入命令名或其他响应后，一定要按【Enter】键或【空格】键。使用【Enter】键系统将把用户的输入送给程序去处理；除了在"TEXT"命令中输入空格外，【空格】键与【Enter】键的作用基本相同。

1.3.1 常用交互手段

常用的交互手段有键盘和鼠标。键盘用于输入命令、数字、符号、距离、角度及注解文字等。鼠标可以输入屏幕上的点的坐标，进而完成拾取（针对图形元素而言）或选择（针对菜单项而言）工作。鼠标按钮通常是这样定义的：

鼠标左键：用于输入点，单击 Windows 对象、AutoCAD 对象、工具栏和菜单项。

鼠标右键：按住鼠标右键，此时系统将弹出一个光标菜单。单击右键的另一个功能是等同于按【Enter】键，即用户在命令行输入命令、选项或参数后可按鼠标右键确定。

滚轮：鼠标在绘图区中，用食指往前推动滚轮，可将绘制的图形放大；用食指往后推动滚轮，可将绘制的图形缩小；压住滚轮后，鼠标在绘图区中将变成小手状，此时拖动鼠标可平移绘图区和图形，相当于"PAN"命令的功能。

1.3.2 命令的重复、撤销与重做

可以使用多种方法来重复执行 AutoCAD 命令：

① 在"命令"提示符下直接按【Enter】键或【空格】键，将重复前一命令；

② 在绘图区域中右击鼠标，在弹出的快捷菜单中选择"重复"命令；

③ 在命令窗口或文本窗口中右击鼠标，在弹出的快捷菜单中选择相应的命令。

中止一个命令的方式有 4 种：

① 正常完成；

② 在完成之前，按【Esc】键；

③ 从菜单或工具栏中调用另一命令，这将自动中止当前正在执行的任何命令；

④ 从当前命令的快捷菜单中选择"取消"选项。

撤销与重做的操作有以下两种：

① 使用 UNDO 命令或"标准"工具栏中"放弃"按钮 即可撤销最近一个或多个操作；

② 使用 REDO 命令或"标准"工具栏中"重做"按钮 即可重做使用 UNDO 命令放弃的最后一个操作。

1.3.3 参数输入

参数就其本质而言是命令的补充和约束，表现形式有字符或字符串（主要是选择项）、数值（角度或距离）以及作图坐标点。完成输入工作的主要手段是鼠标和键盘。这里主要介绍与作图相关的数值及坐标点的输入方法。

1.3.3.1 点的输入

在使用 AutoCAD 绘图时，常需要输入点的坐标，但坐标是依赖坐标系而存在的，因此绘图前必须确定使用什么样的坐标系，进而才能输入确定的坐标值。当用户绘制一幅新的图形时，AutoCAD 缺省地将图形置于一个世界坐标系中

（WCS），如图 1.10（a）、（b）所示。用户可以设想 AutoCAD 作图窗口是一张绘图纸，其上已设置了 WCS 并延伸到整张图纸。WCS 包括 X 轴、Y 轴（如果在 3D 空间工作，还有一个 Z 轴）。位移从设定原点计算，沿 X 轴向右及 Y 轴向上的位移被规定为正向。图纸上任何一点，都可以用从原点的位移来表示。按照常规，点可表示为：先规定点在 X 方向的位移，后面跟着点的 Y 方向的位移，中间用逗号隔开。原点的坐标表示为"0，0"。

在 AutoCAD 中进行绘图，其实质是逐步确定和求解各图形元素的坐标点和相关参量，进而完成图形数据的建立。AutoCAD 常用以下三种方法确定一个点，它们是绝对坐标、相对坐标和相对极坐标。

① 绝对坐标。在空间三维坐标系统中确立点的坐标，称为绝对坐标。用户可以用分数、小数或科学记数等形式输入点的 X、Y、Z 坐标值，如图 1.10（c）中的 A、B、C 点的坐标值。

② 相对坐标。根据对前一个点的相对偏移量来确定一个点，称为相对坐标形式。具体方法是先在键盘上键入相对坐标符号"@"，随后键入在 X 和 Y 方向的增量值，该增量值可为负数，在图 1.10（c）中，B 点相对 A 点坐标为：@70,70；C 点相对 B 点坐标为：@40,−60。

③ 相对极坐标。在极坐标系中，由相对上一点的距离和角度确定新点的位置，称为相对极坐标。其格式为"@距离值<角度值"，如图 1.10（c）中的 E、F 点。

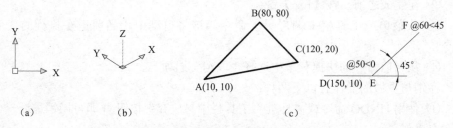

图 1.10　世界坐标系及坐标值的确定

1.3.3.2　使用光标定点

通过移动鼠标器使绘图"十"字光标到屏幕作图区域的某个位置，然后单击拾取按钮（鼠标左键），即可获得鼠标光标位置点的坐标。

在 AutoCAD 中，坐标的显示有 3 种模式。通常，单击状态栏上的坐标显示字符，或者按【F6】键，或者按【Ctrl＋D】组合键可以在 3 种模式之间切换。3 种坐标显示模式如下：

① 动态直角坐标模式。在动态直角坐标模式下，随着鼠标指针的移动，X、Y 值不断发生相应变化。

② 动态极坐标模式。在动态极坐标模式下，随着鼠标指针的移动，相应的极坐标值不断发生变化。

③ 静态坐标模式。在静态坐标模式下，坐标值不随鼠标指针的移动而变化，只有在选择了点时，坐标值才变化。

1.3.3.3 距离和数值输入

对于半径、高度、宽度、列间距、行间距以及位移等提示，可直接利用键盘输入数值确定，还可使用定点方法在屏幕上选取两点，AutoCAD 自动计算其距离作为输入参数。

1.3.3.4 角度输入

角度数值可直接由键盘键入，也可使用定点方法在屏幕上选取两点，AutoCAD 将自动计算两点连线的方位角作为角度值输入。

1.3.3.5 动态输入

动态输入设置可使用户直接在鼠标处快速启动命令、读取提示和输入数据，而不需要把注意力分散到图形编辑器外。在状态栏中"动态输入"按钮 显示为"亮"色，表示打开动态输入设置，若"动态输入"按钮 显示为"暗"色，表示关闭动态输入设置。

1.4 设置绘图环境

启动 AutoCAD 后就可以开始绘图操作了，但这时的绘图环境往往不是使用者所习惯使用的，为了提高 AutoCAD 的使用效率，建议用户在绘图前对基本绘图环境进行设置。

单击【工具（T）/选项（O）】菜单，弹出图 1.11 所示"选项"对话框，AutoCAD 提供了【文件】【显示】【打开和保存】【打印和发布】【系统】【用户系统配置】【草图】【三维建模】【选择集】【配置】10 个选项卡，用户可以根据自己绘图过程的要求单击相应的选项卡进行设置。

下面，针对使用过程中常常需要更改的一些设置进行介绍。

1.4.1 设置自动保存

单击【文件】选项卡，然后在【搜索路径、文件名和文件位置】列表框中双击【自动保存文件位置】选项，则会显示系统当前提供的自动保存文件路径，如图 1.11 所示，应用右侧的【浏览（B）...】【删除（R）】按钮可以更改或删除该目录。单击【打开和保存】选项卡，可以看到在【文件安全措施】中有【自动保存（U）】一项，建议用户选中该项。系统缺省情况为每隔 10 分钟自动保存一次，用户可以根据实际情况修改自动保存间隔时间，如图 1.12 所示。

1.4.2 设置图形窗口

缺省状态下图形窗口可显示滚动条，这样可以增大绘图区域，更方便地观察当前图形；然而，缺省状态下屏幕菜单是不显示的，因为它占用的屏幕面积过大，不符合当前 Windows 的使用习惯。若需要对以上的设置进行修改，用户可以单击【显示】选项卡，在【窗口元素】区域相应的设置复选框前作标记即可，如图 1.13 所示。

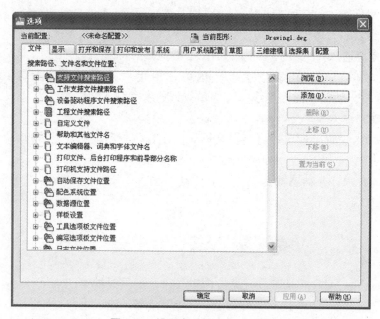

图 1.11　设置自动保存文件路径

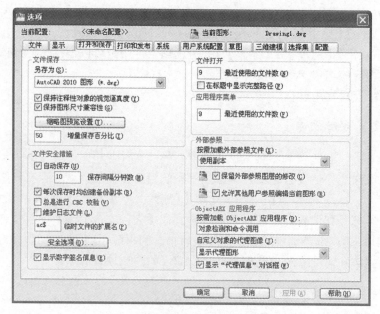

图 1.12　设置自动保存文件的时间间隔

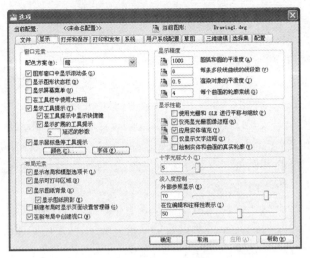

图 1.13　设置显示选项

1.4.3　设置背景颜色

　　启动 AutoCAD 后，缺省状态下绘图区域的背景颜色是黑色的。单击【显示】选项卡，然后单击【窗口元素】区域的【颜色（C）...】按钮，弹出如图 1.14 所示的"图形窗口颜色"对话框，分别在【背景】列表框、【界面元素】列表框和【颜色（C）】下拉列表中进行相应的选择，单击【应用并关闭（A）】按钮后，就可以对所选窗口元素的颜色进行修改。

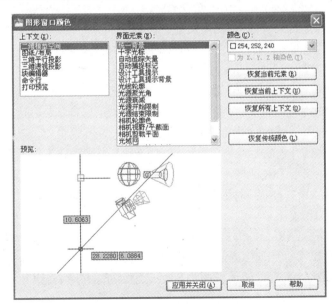

图 1.14　设置窗口元素的颜色选项

1.4.4 设置圆弧和圆的平滑度

在绘制圆弧和圆的过程中，常常会发现画出的圆并不光滑，而是由一段段的直线首尾连接而成的。事实上，AutoCAD在绘制圆弧和圆时采用直线拟合拼接的方法，只是当直线段数比较大时，用肉眼看上去是光滑的。圆弧和圆的平滑度可以通过下面的操作来设置：单击【显示】选项卡，在【显示精度】区域的【圆弧和圆的平滑度】文本框内输入1～20 000之间的数字，如图1.13所示。一般来说，这个数字越大，圆弧和圆就越平滑，但同时绘图时间也越长；反之，绘图时间缩短，但是看上去并不光滑连续。该项系统缺省值为1 000。

以上是进行基本绘图操作前常常需要设置的一些个性化的选项。实际绘图过程中，往往还会遇到很多需要重新设置的状态，例如设置自动捕捉、夹点、拾取框等，读者可自行选择设置，在此不一一介绍。

1.5 AutoCAD 的基本操作

AutoCAD是面向工程及产品设计的图形处理软件，为了在总体上把握和应用AutoCAD，有必要从宏观上介绍 AutoCAD 软件的工作机理，并由此引出相关的实用命令和术语。

1.5.1 创建一个新的图形

可以使用下列方法新建一个图形文件：

① 在快速访问工具栏中单击"新建"按钮；
② 单击"菜单浏览器"按钮，在弹出的菜单中选择【新建】命令；
③ 选择"文件"下拉菜单中的【新建（N）…】命令；
④ 单击"标准"工具栏中的"新建"按钮 。

AutoCAD 2010 在新建一个绘图文件时，缺省"选择样板"对话框，如图1.15所示。这对于习惯了使用传统启动对话框的用户来说不太自然，甚至有的用户只会从启动对话框就开始进行绘图。AutoCAD 2010 考虑到这方面的因素，用户若要使用"创建新图形"对话框，可将系统变量 STARTUP 和 FILEDIA 均设置为 1（开），而要使用"选择样板"对话框，则应用将系统变量 STARTUP 设置为 0（关），FILEDIA 设置为 1（开）。

将系统变量 STARTUP 和 FILEDIA 均设置为 1（开），这样，以后每次启动AutoCAD 时将显示"启动"对话框。系统启动后，用户单击"新建"按钮 ，会出现如图1.16所示的"创建新图形"对话框，下面分别介绍几种创建新图形的方法。

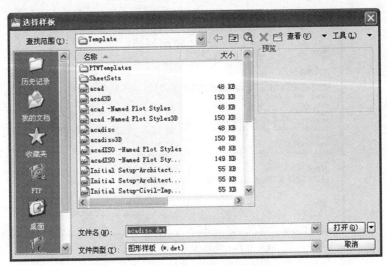

图 1.15 "选择样板"对话框

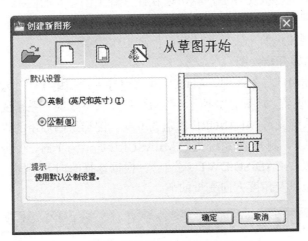

图 1.16 用默认设置创建新图形

1.5.1.1 用默认设置开始绘图

若选择【默认设置】选项，AutoCAD 将自动采用模板文件 ACAD.DWT 或 ACADISO.DWT 的基本设置；若选择【公制（**M**）】，采用的模板文件为 ACADISO.DWT，设置单位为公制；若选择【英制（**I**）】，则采用的模板文件为 ACAD.DWT，设置单位为英尺或英寸。如图 1.16 所示，在我国一般应选用【公制】，其缺省的绘图区域为（0，0）至（420，297），即 A3 图纸的幅面。

1.5.1.2 利用模板绘图

若选择【使用样板】选项，AutoCAD 将列出所有可用的样板文件供选择，如图 1.17 所示。AutoCAD 样板文件的扩展名是.dwt，在样板文件中，往往预设了画图边界、标题栏，建立了层和样式，设置了与图形相适应的系统变量等。

第 1 章　AutoCAD 绘图基础

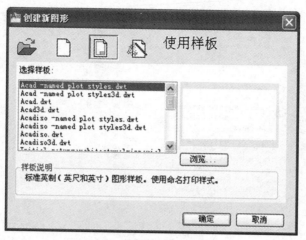

图 1.17　使用样板创建新图形

　　选择了合适的样板文件后，就可以在此基础上创建新的图形。如果一个项目小组在开始绘图之前，根据任务或项目需求进行了统一的模板设置，不仅可以保证每个成员绘制图形的一致性，还可以提高工作效率。

1.5.1.3　使用向导开始绘图

　　若选择【使用向导】选项，AutoCAD 将引导用户使用【快速设置】或【高级设置】进行图形设置，如图 1.18 所示。初始图形设置将取决于系统变量 MEASURE 的当前值；当系统变量 MEASURE 的值为 0 时，图形绘图环境的设置选取基本模板 ACAD.DWT（英制）；当系统变量 MEASURE 的值为 1 时，图形绘图环境的设置则取基本模板 ACADISO.DWT（公制）。根据选择的向导不同，可以分别设置诸如图形、单位以及角度方向变量的值。

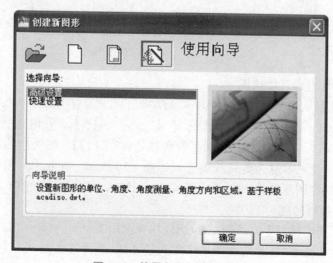

图 1.18　使用向导创建新图形

若选择【快速设置】，系统将使用 acad.dwt 作为模块设置绘图环境。该向导将提示用户选择绘图单位和绘图区域，然后系统将自动调整用于尺寸设置和文本高度的比例因子。

若选择【高级设置】，则系统将选用 acadiso.dwt 作为模板。利用该向导，用户除了可设置绘图单位和绘图区域外，还可设置角度格式和精度、角度方向定义、标题块以及图纸空间布局等。

用户在绘图过程中，也可根据需要用命令方式重新设置绘图单位和绘图区域，方法如下：

（1）设置图形单位

为了绘图方便，用户可随时使用 UNITS 命令，对应【格式(<u>O</u>)/单位(<u>U</u>)...】菜单，用对话框的形式重新设置当前的长度单位和角度单位，如图 1.19 所示。

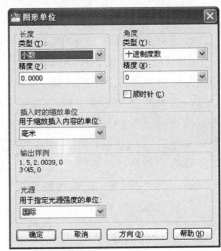

图 1.19　图形单位对话框

• 【长度】选项组：在图形单位对话框的【长度】选项组中可以改变长度的单位及精度。用鼠标左键单击【类型（<u>T</u>）】下拉列表框，用户可选择单位格式，如科学制、小数制（缺省方式）等。其中，如果用户选择【工程制】和【建筑制】单位格式，则系统将采用英制单位。单击【精度（<u>P</u>）】下拉列表框，则用户可选择绘图精度。

• 【角度】选项组：在图形单位对话框中，【角度】选项组可用来设置图形的角度单位格式。用鼠标左键单击该区域的【类型（<u>Y</u>）】下拉列表框，用户可选择角度格式。同样，单击该区【精度（<u>N</u>）】下拉列表框可选择角度的精度。若选中【顺时针】复选框，表示以顺时针方向计算正的角度值，默认的正角度方向为逆时针方向。

• 【光源】选项区：用于选择光源单位的类型。AutoCAD 提供了三种光源单位：标准（常规）、国际（国际标准）和美制。

• 【方向（<u>D</u>）...】按钮：选择【方向（<u>D</u>）...】按钮，系统将打开方向控制对话框，如图 1.20 所示，用户可通过该对话框设置零角度位置。

在 AutoCAD 的默认设置中，0°方向是指向右（即正东为零角度方向位置）。

在完成图形单位对话框中的所有设置后，单击【确定】按钮就能对当前图形的单位进行恰当

图 1.20　方向控制对话框

地设置并关闭此对话框。

（2）改变图限

用户还可随时使用 LIMITS 命令改变绘图范围，对应【格式（O）/图形界限（L）】菜单，命令格式如下：

命令：'_limits

重新设置模型空间界限：

指定左下角点或［开（ON）/关（OFF）］<0.0000,0.0000>：0,0

指定右上角点<420.0000,297.0000>：420,297

LIMITS 命令有两个选项：开（ON）/关（OFF），它们决定了能否在图限之外指定一点。如选择 ON，那么将打开界限检查，用户不能在图限之外结束一个对象，也不能将 MOVE 或 COPY 命令所需的位移点设在图限之外。然而，可以指定两个点（中心和圆周上的点）来画圆，圆的一部分可能在界限之外。界限检查只是帮助用户避免将图形画在假想的矩形区域之外，对于避免非故意在图形界限之外指定点是一种安全检查机制。但是，若需要指定这样的点，则界限检查是个障碍。若选择 OFF 选项（默认值）时 AutoCAD 禁止界限检查，则可以在图限之外画对象或指定点。

1.5.2　AutoCAD 中的图形实体

作为交互绘图软件，用 AutoCAD 制图的基本思路是用"搭积木"的方式构建图形。如在画二维工程图时，一般是将设计图分解为若干平面视图，每一平面视图则由 AutoCAD 定义的基本图素构成。AutoCAD 软件所提供的命令主要是针对这些基本图素的绘制和编辑。AutoCAD 定义的这些图形元素称为图形实体（Entity），它是 AutoCAD 可以操作的图形基本体。例如直线、圆等。

一般地讲，一种实体由某一条命令所创建。因此 AutoCAD 作业过程就是不断地使用绘图命令，在图形区域中添加图素，最后构成所需的视图。当然，这种"搭积木"成图的过程并不是被动的"相加"过程，而是一种积极的交互过程，可以添加新的图素，也可以通过命令对已有的图素进行编辑。绘图与编辑交叉作业，共同作用于 AutoCAD 作图过程。

在利用 AutoCAD 绘图过程中，当所见到的图形不完整时，可以使用 REDRAW 命令（对应【视图（V）/重画（R）】菜单）。该命令也用于去除屏幕上无用的标记符号。如用 REDRAW 命令后的图形仍不能正确反映用户的图形时，应使用 REGEN（对应【视图（V）/重生成（G）】菜单）命令。REGEN 访问图形的全部数据库，并将最新的信息"投影"到屏幕上。用 REGEN 命令生成的图形是最准确的，但因为工作机制不同，所以用 REGEN 命令比用 REDRAW 命令更费时。

1.5.3　设置图层、颜色和线型

　　AutoCAD 图形实体除有形状和大小外，还被赋有层、颜色、线型等特性。层是 AutoCAD 提供的一个管理图形对象的工具，它的应用使得一个 AutoCAD 图形好像是由多张透明的图纸重叠在一起而组成的，如图 1.21 所示，用户可以根据图层来对图形几何对象、文字、标注等元素进行归类处理。

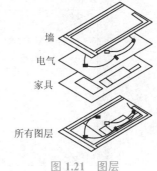

墙
电气
家具
所有图层

图 1.21　图层

　　在机械、建筑等工程制图中，图形中主要包括基准线、轮廓线、虚线、剖面线、尺寸标注以及文字说明等元素。如果用图层来管理它们，不仅能使图形的各种信息清晰、有序、便于观察，而且也会给图形的编辑、修改和输出带来很大的方便。

1.5.3.1　图层的特点

　　在 AutoCAD 中，图层具有以下特点：

　　① 用户可以在一幅图中指定任意数量的图层。系统对图层数没有限制，对每一图层上的对象数也没有任何限制。

　　② 每个图层有一个名称，以加以区别。当开始绘制新图时，AutoCAD 自动创建名为"0"的图层，这是 AutoCAD 的默认图层，不能删除或重命名图层"0"。其余图层需由用户定义。

　　③ 一般情况下，一个图层上的对象应该是一种线型，一种颜色。用户可以改变各图层的线型、颜色和状态。

　　④ 用户可以同时建立多个图层，但只能在当前图层上绘图。

　　⑤ 各图层具有相同的坐标系、绘图界限及显示时的缩放倍数。用户可以对位于不同图层上的对象同时进行编辑操作。

　　⑥ 用户可以对各图层进行打开、关闭、冻结、解冻、锁定与解锁等操作，以决定各图层的可见性与可操作性。

1.5.3.2　创建新图层

　　在 AutoCAD 中，常用下面方法打开"图层特性管理器"来设置和控制图层：

　　① 从"图层"工具栏中选择【图层特性管理器】按钮；

　　② 使用【LAYER】命令；

　　③ 使用【格式（O）/图层（L）...】菜单。

　　在默认情况下，AutoCAD 只能自动创建一个图层，即 0 层。如果用户要使用图层来组织自己的图形，就需要先创建新图层。

　　如图 1.22 所示，单击【新建图层】按钮，在图层列表中将出现一个名称为"图层 1"的新图层。默认情况下，新建图层与当前层的状态、颜色、线性及线宽设置相同。当创建了图层后，图层的名称将显示在图层列表框中，用户如果要更改

图层名称，可以使用鼠标单击该图层名，然后输入一个新的图层名并按【Enter】
键。

　　注意：图层的名称中不能包含通配符（*和?）和空格。

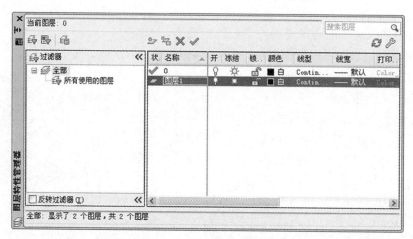

图 1.22　创建新图层

1.5.3.3　设置图层的颜色

　　图层的颜色实际上是图层中图形对象的颜色。每一个图层都应具有一定的颜色，对不同的图层可以设置成相同的颜色，也可以设置成不同的颜色，这样在绘制复杂的图形时就可以很容易区分图形的每一个部分。

图 1.23　选择颜色

　　默认情况下，新创建的图层的颜色被指定用 7 号颜色（白色或黑色，由背景色决定），用户可根据需要改变图层的颜色。如图 1.22 所示，单击图层【颜色】列对应的图标，打开"选择颜色"对话框，如图 1.23 所示。

　　在"选择颜色"对话框中，用户可以使用【索引颜色】【真彩色】和【配色系统】三个选项卡为图层选择颜色。

1.5.3.4　设置图层的线型及线宽

　　所谓"线型"是指作为图形基本元素的线条的组成和显示方式，如虚线、实线等。在工程制图中，用户在绘制不同对象时，可以使用不同的线型来区分它们，这就需要对线型进行设置。默认情况下，图层的线型为 Continuous。要改变线型，可在图层列表中单击该层

【线型】列的 Continuous，打开"选择线型"对话框，如图 1.24 所示，在【已加载的线型】列表中选择一种线型，然后单击"确定"按钮。

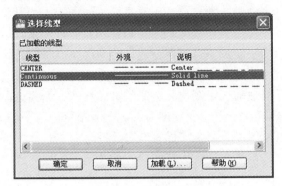

图 1.24　选择线型

默认情况下，在"选择线型"对话框的【已加载的线型】列表框中只有 Continuous 线型，如果用户要使用其他的线型，必须将其添加到【已加载的线型】列表框中。这时可单击【加载（L）...】按钮，打开"加载或重载线型"对话框，如图 1.25 所示。从【可用线型】列表框中选择所需线型，单击【确定】按钮即可装入新的线型。

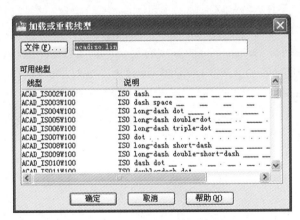

图 1.25　加载或重载线型

同理，用户可在图层列表中单击图层【线宽】列来设置该层线宽。

1.5.3.5　设置图层其他特性

如图 1.22 所示，在"图层特性管理器"对话框中，可以看到每个图层除包含名称、颜色、线型、线宽外，还有开/关、冻结/解冻、锁定/解锁及打印样式等特性。其功能如下：

【开】：打开和关闭选定图层。当图层打开时，它是可见的，并且可以打印。当图层关闭时，它是不可见的，并且不能打印，即使"打印"选项是打开的。

【冻结】：在所有视口中冻结选定的图层。冻结图层可以加快 ZOOM、PAN 和许多其他操作的运行速度，增强对象选择的性能并减少复杂图形的重生成时间。不显示、不打印、不消隐、不渲染或不重生成冻结图层上的对象。如果要频繁地切换可见性设置，应使用"开/关"设置，以避免重生成图形。可以冻结所有视口或当前布局视口中的图层，还可以在创建新的图层视口时冻结其中的图层。

【锁定】：锁定和解锁选定图层。锁定图层上的对象无法修改。

【打印样式】：修改与选定图层相关联的打印样式。如果正在使用颜色相关打印样式（PSTYLEPOLICY 系统变量设为 1），则不能修改与图层关联的打印样式。单击打印样式可以显示"选择打印样式"对话框。

【打印】：控制选定图层是否可打印。即使关闭了图层的打印，该图层上的对象仍会显示出来。无论如何设置"打印"设置，都不会打印处于关闭或冻结状态的图层。

【当前视口冻结】（仅在布局选项卡上可用）：冻结当前布局视口中的选定图层。可以冻结或解冻当前视口中的图层，而不影响其他视口中图层的可见性。"当前视口冻结"设置将替代图形中的"解冻"设置。即如果图层在图形中处于解冻状态，则可以在当前视口中冻结该图层，但如果该图层在图形中处于冻结或关闭状态，则不能在当前视口中解冻该图层。在图形中设为"关"或"冻结"的图层不可见。

【冻结新视口】（仅在布局选项卡上可用）：冻结新建布局视口中的选定图层。例如，冻结所有新建视口中的 DIMENSIONS 图层，将限制所有新建布局视口中该图层上的标注的显示，但不会影响现有视口中的 DIMENSIONS 图层。如果以后需要创建一个需要标注的视口，则可以通过更改当前视口设置来替代默认设置。

1.5.3.6　切换当前层

如图 1.22 所示，在"图层特性管理器"对话框的图层列中，选择某一层后，单击【置为当前】按钮，即可将该层设置为当前层。这时，用户就可以在该层上绘制或编辑图形了。在实际绘图时，为了便于操作，主要通过"图层"工具栏中的图层控制下拉列表框实现图层切换，这时只需要选择要将其设置为当前层的图层名称即可。

限于篇幅，更多详细的信息，读者可使用该对话框中的【帮助（H）...】按钮来学习。

另外，AutoCAD 的线型是由画线的长划、短划及间隔的相对变化比来反映的，有时由于作图范围（显示范围）的变化，所选的线型无法表现出来，此时须调整 AutoCAD 的系统变量 LTSCALE 或 CELTSCALE 的值。其中系统变量 LTSCALE 为全局线型比例因子，它对图形中的所有非连续线型有效，CELTSCALE 为局部比例因子，各个对象可具有不同的 CELTSCALE。对于每个对象，其线型比例因子除受全局线型比例因子 LTSCALE 影响外，还受其自身线型比例因子 CELTSCALE 影响，其最终的线型比例因子等于对象自身比例因子 CELTSCALE

乘以全局线型比例因子 LTSCALE。一般情况下，最终线型比例因子约等于当前绘图范围与缺省的绘图范围（单位相同）线型尺寸之比。

用户可用【格式（O）/线型（N）...】菜单，打开"线型管理器"对话框，单击【显示细节（D）】按钮，则可显示各线型的详细信息，如图 1.26 所示，通过修改【全局比例因子（G）】【当前对象缩放比例（O）】编辑中的值即可改变相应的比例因子。

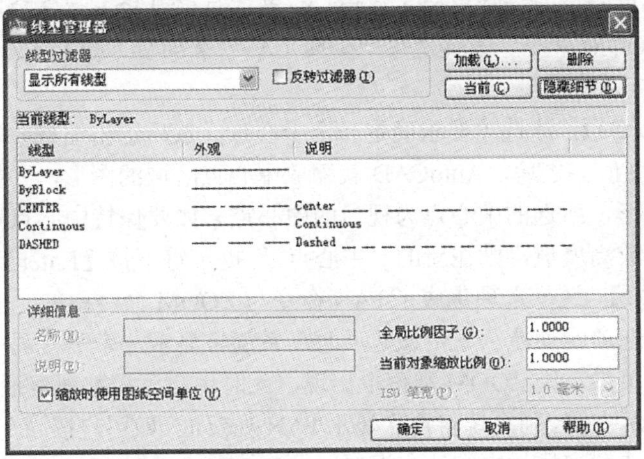

图 1.26 线型管理器

用户也可用 LTSCALE 命令来调整全局比例因子，命令格式如下：

命令：ltscale

输入新线型比例因子<1.0000>：1

1.5.4 显示控制

1.5.4.1 利用 ZOOM 命令缩放图形

在 AutoCAD 绘图中，总是希望所画的图形适时地在屏幕绘图区域显示出来，屏幕的物理尺寸范围并不能改变，但它所能显示的图形范围则是可以改变的。AutoCAD 提供了视窗缩放命令 ZOOM 和缩放工具栏。就视觉效果而言，它可以将图形局部细节"放大"显示到整个屏幕上，供详细观察和修改，但它绝不会变更图形本身的数据信息。基于这样的优点和功用，在 AutoCAD 作图过程中，会频繁地使用 ZOOM 命令。缩放工具栏如图 1.27 所示。命令格式如下：

图 1.27 缩放工具栏

命令：zoom

指定窗口的角点，输入比例因子（nX 或 nXP），或者

[全部（A）/中心（C）/动态（D）/范围（E）/上一个（P）/比例（S）/窗口

（W）/对象（O）] <实时>：

命令中各选项意义如下：

【全部（<u>A</u>）】：缩放以显示当前视口中的整个图形。在平面视图中，AutoCAD缩放为图形界限或当前范围两者中较大的区域。在三维视图中，ZOOM 的 "全部（A）" 选项与它的 "范围（E）" 选项等价。即使图形超出了图形界限也能显示所有对象。

说明：要用命令选择项中的某项响应，可通过键盘输入该选项后面括号内的字母。如对 ZOOM 命令，若要选用 "全部（A）" 来响应，输入字母 "A" 后，按【Enter】键即可。

【中心点（<u>C</u>）】：该选项要求确定一个中心点，然后给出缩放系数（后跟字母X）和一个高度值。之后，AutoCAD 就缩放中心点区域的图形，并按缩放系数或高度值显示图形，所选的中心点为视口的中心点。如要保持中心点不变，而只想改变缩放系数或高度值，则在新的 "中心点:" 提示符下按【Enter】键即可。

【动态（<u>D</u>）】：这一选项集成了 PAN 命令与 ZOOM 命令中的 "全部（A）" 和 "窗口（W）" 选项的功能。选用该选项时，系统将显示一个平移观察框，拖动它到适当位置并单击，则 ZOOM 观察框出现，此时用户可调整观察框尺寸。随后，如用户单击鼠标左键，则系统将再次显示 PAN 观察框。如用户按回车或鼠标右键，则系统将利用该观察框的内容填充视口。

【范围（<u>E</u>）】：该选项将图形在视口内最大限度地显示出来。由于它总是引起视图重生成，所以该选项不能透明执行。

【上一个（<u>P</u>）】：这一选项用于恢复当前视口内上一次显示的图形。AutoCAD最多可以恢复前 10 次所显示的图形。

【窗口（<u>W</u>）】：该选项用于缩放一个由两个对角点所确定的矩形区域。

【比例（<u>S</u>）】：该选项将当前视口中心作为中心点，并且依据输入的相关参数值进行缩放。输入值必须是下列三类之一：以不带任何后缀的数值为比例相对于图限缩放图形；数值后跟字母 X，表示相对于当前视图进行缩放；数值后跟 XP表示相对于图纸空间缩放当前视口。

【实时】：使用定点设备，在逻辑范围内交互缩放。若单击右键会显示快捷菜单；若按【Esc】键或【Enter】键退出，光标变成带有加号 "＋" 和减号 "－" 的放大镜，这时按住光标向上或左移动将放大视图，按住光标向下或右移动将缩小视图。

1.5.4.2　图形重画与重生成

重画（REDRAW）及重生成（REGEN）命令用于刷新当前视口屏幕显示。在编辑图形时，屏幕上有时会显示一些临时标记或者显示不正确的信息，在这种情况下可以使用重画或重生成命令来刷新屏幕显示，以显示正确的图形。如果用重画命令刷新屏幕后仍不能正确显示图形，则可调用重生成命令。

如图 1.28（a）所示，当圆形大比例放大显示时，轮廓有可能显示不够光滑，刷新当前视口后，圆形轮廓即可变得光滑。

如图 1.28（b）所示，绘图区留下操作后的残点标，刷新当前视口后，可清除当前视口的残点标记。

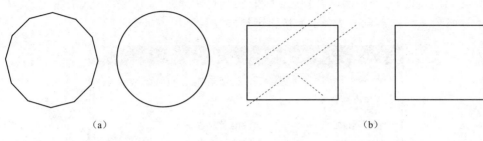

（a）   （b）

图 1.28　刷新当前视口

用户还可从菜单【视图（V）/重画（R）】【视图（V）/重生成（G）】来调用重画和重生成命令，这时可将所有视口的图形进行刷新。

1.5.4.3　平移视图

平移视图的功能在于不改变图形大小的情况下通过移动图形来观察当前视图中的不同部分。用户常用以下方式调用该命令：

① 从"标准"工具栏中的"实时平移"按钮 ；
② 执行 PAN 命令；
③ 使用【视图（V）/平移（P）】菜单下的各子菜单。

另外，还有两种方式平移图形，一种是使用垂直与水平滚动条；另一种是鼠标在绘图区时，压下滚轮再平移鼠标即可。

1.6　精确定位点的方法

精确定位点是绘制一幅工程图形的基本任务。AutoCAD 提供了若干辅助定位点的方法，它们分别是鼠标光标定位、输入坐标值、使用捕捉方法等。

1.6.1　利用栅格、捕捉和正交辅助定位点

当用户绘制初始对象时，只能通过移动光标和输入坐标的方法来定位点。但是，用户在使用鼠标定位点时却很难准确地指定某一位置。例如，用户本来希望将光标定位在（200，100）位置，但是，移动光标时不是移动到了（199.8765，99.4567），就是移动到了（200.1221，100.1123）。因此，必须能够有一些其他方法来辅助鼠标精确定位，为此，系统为用户提供了栅格、捕捉和正交辅助绘图功能。

1.6.1.1 设置捕捉和栅格

用户可使用鼠标右键单击状态栏中的"捕捉模式"按钮▦或"栅格显示"按钮▦，也可使用 DDRMODES 命令（对应【工具（**T**）/草图设置（**F**）...】菜单）打开"草图设置"对话框，选择【捕捉和栅格】选项卡，如图 1.29 所示。分别选中【启用捕捉】【启用栅格】复选框，打开捕捉和栅格模式，并按图 1.29 所示内容进行设置，然后单击【确定】按钮进行确认。

图 1.29　设置捕捉和栅格

现在屏幕上出现了一个点的阵列，也就是栅格。当用户移动光标时会发现，光标只能停在其附近的栅格点，而且可以精确地选择这些栅格点，但却无法选择栅格点以外的地方，这个功能称为捕捉，如图 1.30 所示。

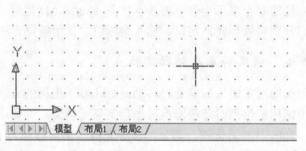

图 1.30　显示栅格及捕捉栅格点

（1）栅格显示

显示栅格主要用于显示一些标定位置的小点，以便于用户定位图形对象。用户可以根据需要指定栅格在 X 轴方向和 Y 轴方向上的间距。如图 1.29 所示，在"草图设置"对话框中，【栅格 X 轴间距（N）】【栅格 X 轴间距（I）】编辑框分别用于指定栅格在 X 轴方向和 Y 轴方向上的间距。

用户在设置显示栅格时应注意三点：

① 栅格间距不要太小，否则将导致图形模糊及屏幕重画太慢，甚至无法显示栅格；

② 不一定局限性地使用正方的栅格，有时纵横比不是 1:1 的栅格可能更有用；

③ 如果用户已设置了图限，则仅在图限区域内显示栅格。

打开和关闭栅格的方式为：

① 在状态栏上单击"栅格显示"按钮▦；

② 使用功能键 F7 进行切换；

③ 在"草图设置"对话框中设置；

④ 在命令行中使用 GRID 命令。

（2）捕捉模式

捕捉功能可以直接使用鼠标快捷准确地定位目标点。

捕捉模式有几种不同的形式：

① 栅格捕捉。栅格捕捉又可分为矩形捕捉和等轴测捕捉两种类型。缺省设置为矩形捕捉，即捕捉点的阵列类似于栅格，用户可以指定捕捉模式在 X 轴方向和 Y 轴方向上的间距，也可改变捕捉模式与图形界限的相对位置。与栅格不同之处在于捕捉间距的值必须为正实数；另外捕捉模式不受图形界限的约束。

② 极轴捕捉。极轴捕捉用于捕捉相对于初始点、且满足指定的极轴距离和极轴角的目标点。用户选择极轴捕捉模式后，将激活【极轴距离（D）】编辑框来设置捕捉增量距离。

③ 等轴测捕捉。该模式可用创建表现三维对象的二维正等轴测图，它以 30°、90°、150°、210°、270° 和 330° 为基础。要启动等轴测捕捉功能可在如图 1.29 所示"草图设置"对话框中选中【等轴测捕捉（M）】复选框。

打开和关闭捕捉的方式为：

① 在状态栏上单击"捕捉模式"按钮▦；

② 使用功能键【F9】进行切换；

③ 在"草图设置"对话框中设置；

④ 在命令行中使用 SNAP 命令。

1.6.1.2 设置正交模式

打开正交模式，意味着用户只能画水平或垂直线。用户可通过单击状态条上的"正交模式"按钮┗、使用【ORTHO】命令、按【F8】键或【Ctrl＋O】来切换正交模式。

1.6.2　使用对象捕捉功能精确定位点

对象捕捉是 AutoCAD 作图中最为适用的辅助作图工具。利用对象捕捉选点，并不要求光标十分"精确"地定位于所选图素的特征点，只要光标在所选图素特征点附近即可。因此，在 AutoCAD 中利用对象捕捉选点，是提高作图效率及作图精度最为适用的手段。对象捕捉选点模式如表 1.1 所示。

表 1.1　目标捕捉模式

对象捕捉模式	含　义
端点 END	捕捉直线或圆弧等实体上最近端端点
中点 MID	捕捉一直线或弧等实体的中点
圆心 CEN	捕捉到圆弧、圆、椭圆或椭圆弧的圆心
节点 NOD	捕捉一个点对象
象限点 QUA	捕捉圆、圆弧、椭圆上 0°、90°、180°、270° 处的点
交点 INT	捕捉直线与直线、直线与圆弧、圆弧与圆弧等交点
延伸 EXT	当光标经过对象的端点时，显示临时延长线，以便用户使用延长线上的点绘制对象
插入点 INS	捕捉一个形、文字或块的插入点
垂足 PER	在图素上捕捉一点，和下一个输入点的连线垂直这个图素
切点 TAN	捕捉圆或弧上一点，和下一个输入点的连线与该圆或弧相切
最近点 NEA	捕捉图素上离十字光标最近的点
外观交点 APP	同交点模式，还可捕捉 3D 空间两个对象的视图交点
平行 PAR	绘制平行于另一个对象的矢量
全部清除 NON	关闭所有对象捕捉模式

对象捕捉模式可以按以下两种方式来激活：

（1）单点对象捕捉

在要求指定一个点时，用希望的特定对象捕捉模式名来响应提示。这样就临时打开了相应的对象捕捉模式，捕捉到一个点后，对象捕捉就自动关闭了。

有三种方法来激活单点对象捕捉方式：

① 通过在命令行里输入相应的关键字来选择。输入时，只需要前 3 个字符（见表 1.1）；

② 从"对象捕捉"工具栏中选择一个捕捉模式；

③ 按住【Shift】键同时单击鼠标右键，从弹出的快捷菜单中选择。

（2）运行对象捕捉

设置多种对象捕捉模式并打开对象捕捉功能。所设置的多种捕捉模式在对象捕捉功能打开期间将始终起作用，直到关闭对象捕捉功能。

常用以下三种方式打开"草图设置"对话框（如图 1.31 所示）来设置多种对象捕捉方式：

① 在"命令："提示下执行【OSNAP】命令，或在点提示下透明执行这个命令，即【OSNAP】；

② 在"命令："提示下或在点提示下选择【工具（T）/草图设置（F）...】菜单，它实际上相当于执行 OSNAP 命令；

③ 用鼠标右键单击状态栏上的"对象捕捉"按钮，在弹出的菜单中选择"设置"选项。

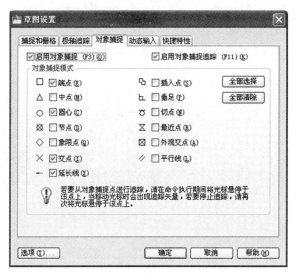

图 1.31 "对象捕捉"设置

【例1.1】 如图 1.32 所示。作三角形 ABC 的内切圆和底边 BC 的高 AD，过 D 点作直线 DF 平行 AC。

作图过程如下：

命令：_circle   //单击"绘图"工具栏上的"画圆"按钮

指定圆的圆心或 [三点（3P）/两点（2P）/切点、切点、半径（T）]：3p

           //三点方式画三角形的内切圆

指定圆上的第一个点：>>   //鼠标右键"对象捕捉"按钮，选择"设置"菜单项，打开"草图设置"对话框，勾选"切点"复选框和"启用对象捕捉"复选框（其他不选），单击"确定"按钮正在恢复执行 CIRCLE 命令。

指定圆上的第一个点：　　　　　//选取直线 AB

指定圆上的第二个点：　　　　　//选取直线 BC

指定圆上的第三个点：　　　　　//选取直线 CA，完成画圆

命令：_line　　　　　　　　　//单击"绘图"工具栏上的"直线"按钮/

指定第一点：_int　　　　　　　//单击"对象捕捉"工具栏上的"交点"按钮

于　　　　　　　　　　　　　　//选取直线 AB、AC 之交点

指定下一点或［放弃（U）］：_per

　　　　　　　　　　　　　　　//单击"对象捕捉"工具栏上的"垂足"按钮

到　　　　　　　　　　　　　　//选取直线 BC，高 AD 即可画出

指定下一点或［放弃（U）］：*取消*

　　　　　　　　　　　　　　　//按 Enter 结束命令

命令：_line

指定第一点：_endp　　　　　　//单击"对象捕捉"工具栏上的"端点"按钮

于　　　　　　　　　　　　　　//选取 D 点

指定下一点或［放弃（U）］：_par

　　　　　　　　　　　　　　　//单击"对象捕捉"工具栏上的"平行"按钮

到　　　　　　　　　　　　　　//指向直线 AC，在出现平行线符号后移动鼠
　　　　　　　　　　　　　　　　标直到出现辅助线，再在与直线 AC 平行的
　　　　　　　　　　　　　　　　辅助线上指定一点

指定下一点或［放弃（U）］：*取消*

　　　　　　　　　　　　　　　//按【Enter】结束命令

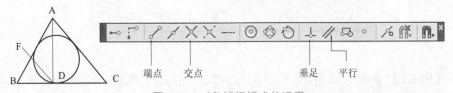

图 1.32　对象捕捉模式的运用

1.6.3　目标追踪

　　目标追踪可以帮助用户按指定的角度或与其他对象特定的关系来确定点的位置。打开目标追踪后，AutoCAD 会显示出临时辅助线帮助用户在精确的位置和角度创建对象。

　　目标追踪包括两种追踪方式：角度追踪（极轴追踪）和对象捕捉追踪。角度追踪是按事先给定的角度增量来追踪点，而对象捕捉追踪是按与对象的某种关系来追踪，这种特定的关系确定了一个事先并不知道的角度。也就是说，若预先知

道要追踪的方向（角度），则用角度追踪；若预先不知道具体的追踪方向（角度），但知道与其他对象的某种关系，则用对象捕捉追踪。

角度追踪和对象捕捉追踪可以同时使用，如图1.33所示。用户可以用状态栏上的"极轴追踪"按钮、"对象捕捉"按钮、"对象捕捉追踪"按钮来打开或关闭自动追踪模式。

图 1.33　自动追踪方式打开状态

1.6.3.1　自动追踪设置

默认情况下，角度追踪的角度增量是90°。用户可使用 DSETTINGS 命令来设置其他角度作为角度追踪的角度增量。另外，角度的测量方式还可改变。

使用 DSETTINGS 命令（对应【工具（<u>T</u>）/草图设置（<u>F</u>）…】菜单），系统将打开"草图设置"对话框。用鼠标左键单击【极轴追踪】选项卡（如图1.34所示），页面中各选项功能如下：

图 1.34　极轴追踪

（1）【启用极轴追踪（F10）（<u>P</u>）】复选框

用于打开或关闭极轴追踪。也可以按【F10】键或使用 AUTOSNAP 系统变量来打开或关闭极轴追踪。

（2）【极轴角设置】区

用于设置极轴追踪使用的角度，该区各项功能如下：

【增量角（<u>I</u>）】下拉列表框：设置用来显示极轴追踪对齐路径的极轴角增量。可以输入任何角度，或从列表中选择常用的角度：90°、45°、30°、22.5°、18°、

15°、10°和5°。该设置也受系统变量 POLARANG 控制。

【附加角（<u>D</u>）】复选框：对极轴追踪使用列表中的任何一种附加角度。【附加角】复选框也受 POLARMODE 系统变量控制。【附加角】列表也受 POLARADDANG 系统变量控制。

【新建（<u>N</u>）】按钮：添加附加极轴追踪对齐角度。

【删除】按钮：删除选定的附加角度。

（3）【对象捕捉追踪设置】区

用于设置对象捕捉追踪选项。该区各项功能如下：

【仅正交追踪（<u>L</u>）】复选框：当对象捕捉追踪打开时，仅显示已获得的对象捕捉点的正交（水平/垂直）对象捕捉追踪路径。该设置也受系统变量 POLARMODE 控制。

【用所有极轴角设置追踪（<u>S</u>）】复选框：如果对象捕捉追踪打开，则当指定点时，允许光标沿已获得的对象捕捉点的任何极轴角追踪路径进行追踪。该设置也受系统变量 POLARMODE 控制。

（4）【极轴角测量】区

用于设置测量极轴追踪对齐角度的基准。该区各项功能如下：

【绝对（<u>A</u>）】复选框：根据当前用户坐标系（UCS）确定极轴追踪角度。

【相对上一段（<u>R</u>）】复选框：根据上一个绘制线段确定极轴追踪角度。

【例1.2】 如图1.35所示。已知 AB 与 X 轴正方向成135°夹角，且 AB 长为65，BC 长为80，且延长 BC 可与圆相切于 D，圆和直线 AE 在图已知，试画出线段 AB 和 BC。

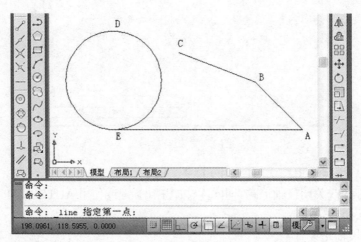

图 1.35 自动追踪练习

作图过程如下：

命令：'_dsettings　　　　　　　　　　//设置极轴"增量角"为15°，自动捕捉

全打开；设置对象捕捉为"端点""切
点"模式

命令：_line
指定第一点：　　　　　　　　　　//捕捉 A 点
指定下一点或[放弃（U）]：65　　//移动鼠标，屏幕上出现 135°辅助线后输
　　　　　　　　　　　　　　　　　入 65
指定下一点或[放弃（U）]：80　　//鼠标指向 D 点，出现"切点"标签后，
　　　　　　　　　　　　　　　　　移动鼠标指针，屏幕上出现一条通过
　　　　　　　　　　　　　　　　　BD 的辅助线，输入 80
指定下一点或 [闭合（C）/放弃（U）]：
　　　　　　　　　　　　　　　　//结束绘图

1.6.3.2　重置追踪角度

当 AutoCAD 要求指定一个点时，用户也可以在命令执行过程中重新设置一个追踪角度，从而覆盖在"草图设置"对话框中的设置。输入重置的角度值前要输入一个"<"符号。以下的命令序列重置追踪角度为 18°。

命令：_line
指定第一点：　　　　　　　　　　//任意取一点
指定下一点或 [放弃（U）]：<18
角度替代：18
指定下一点或 [放弃（U）]：
指定下一点或 [放弃（U）]：

1.6.4　使用点过滤器方法建立辅助定位点

用户可以在 AutoCAD 提问点的任何时候激发点过滤器，方法是在要过滤的坐标名（X、Y、Z 或其组合）前加点。例如，.X、.YZ 等均为合法的点过滤器，前者表示新点的 X 坐标采用下一捕捉点的 X 坐标，后者表示新点的 YZ 坐标采用下一捕捉点的 YZ 坐标。如果此时还没有形成一个完整的点，AutoCAD 将出现一个提示（如"需要 YZ""需要 X"等）提示用户。

所谓临时追踪功能类似.X 和.Y 过滤器的联合，即用户只要不结束追踪，就可以一直追踪下去，直到找到所要的点为止。

【例 1.3】　如图 1.36 所示，已知 AB＝50，BC＝45，以矩形的中心为圆心画一个半径为 20 的圆。

可以采用以下三种方法来画圆：

① 利用点的过滤器方法找到矩形中心，再以此点为圆心画圆。作图过程如下：
命令：'_dsettings　　　　　　　//设置"中点"对象捕捉模式
命令：_circle

第1章　AutoCAD 绘图基础

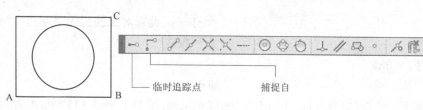

临时追踪点　　　　　　捕捉自

图 1.36　辅助定位点

指定圆的圆心或［三点（3P）/两点（2P）/相切、相切、半径（T）］：.X

于　　　　　　　　　　　　　　　//选取直线 AB 的中点

（需要 YZ）：　　　　　　　　　//选取直线 BC 的中点

指定圆的半径或［直径（D）］<55.9832>：20

② 利用临时追踪点方法找到矩形中心，再以此点为圆心画圆。作图过程如下：

命令：_erase

选择对象：找到 1 个　　　　　　//擦除刚才所画的圆

选择对象：

命令：_circle

指定圆的圆心或［三点（3P）/两点（2P）/相切、相切、半径（T）］：tt

　　　　　　　　　　　　　　//点击"临时追踪点"工具

指定临时对象追踪点：　　　　　//选取直线 AB 的中点

指定圆的圆心或［三点（3P）/两点（2P）/相切、相切、半径（T）］：

　　　　　　　　　　　　　　//移动鼠标到直线 BC 的中点，出现"中
　　　　　　　　　　　　　　点"标签后，向上移动鼠标指针，屏幕
　　　　　　　　　　　　　　上出现两条垂直相交辅助线，单击鼠标
　　　　　　　　　　　　　　左键，即可拾取圆心

指定圆的半径或［直径（D）］<20.0000>：20

③ 利用捕捉自方法找到矩形中心，再以此点为圆心画圆。作图过程如下：

命令：_erase

选择对象：找到 1 个　　　　　　//擦除刚才所画的圆

选择对象：

命令：_circle

指定圆的圆心或［三点（3P）/两点（2P）/相切、相切、半径（T）］：from

　　　　　　　　　　　　　　//点击"捕捉自"工具

基点：　　　　　　　　　　　　//捕捉 A 点

<偏移>：@25,22.5　　　　　　　//圆心与 A 点的相对坐标

指定圆的半径或［直径（D）］<20.0000>：20

第2章 AutoCAD 基本绘图命令

工程图纸的设计主要是围绕几何图形展开的，任何一张复杂的图形都是由点、线、基本几何图形等对象构成。AutoCAD 提供了大量的基本绘图命令，可以帮助用户快速地完成二维图形的绘制。值得注意的是，图形的高效率绘制不只是应用基本绘图命令，还应注意绘图命令与其他命令的结合应用。本章主要介绍 AutoCAD 基本绘图命令的使用方法及作图技巧。

本章学习目的：

（1）掌握点、直线类、曲线类及多边形对象的绘制方法；
（2）掌握云线及徒手线的绘制；
（3）掌握图案填充的方法；
（4）掌握 AutoCAD 文字及表格的输入方法。

在 AutoCAD 中，基本绘图命令通常可以通过下列三种方式来激活：
① 下拉菜单：选择【绘图（D）】下拉菜单中相应的子菜单项；
② 工具栏：单击"绘图"工具栏中的相应绘图工具图标，绘图工具条中的各项工具对应的命令如图 2.1 所示；
③ 命令行：输入相应的命令并执行。

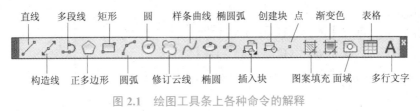

图 2.1　绘图工具条上各种命令的解释

2.1　直线类对象的绘制

AutoCAD 2010 提供了 5 种直线类命令，包括直线段 LINE、射线 RAY、构造线 XLINE、多线 MLINE 和多段线 PLINE 命令。

2.1.1　直线段

使用 LINE 命令，可以创建一系列连续的线段，每条线段都是一个单独的实体对象。用户只需要确定直线段的起点和终点，就可画出一条线段。

（1）直线命令的执行方式

① 下拉菜单：【绘图（D）/直线（L）】；

② 工具栏：单击"绘图"工具栏中的"直线"按钮 ；

③ 命令行：LINE。

（2）绘制直线段操作步骤

命令：_line　　　　　　　　　　//单击"绘图"工具栏中的"直线"按钮

指定第一点：　　　　　　　　　//输入直线段的起点的坐标值或在绘图区
　　　　　　　　　　　　　　　　　域单击鼠标左键拾取点

指定下一点或［放弃（U）］：　//输入直线段端点的坐标或放弃

指定下一点或［闭合（C）/放弃（U）］：

　　　　　　　　　　　　　　　//空格或【Enter】

如用"C"来响应"指定下一点或［闭合（C）/放弃（U）］："的提示，系统自动连接起始点和最后一个端点，从而画出封闭的图形。

在绘制一串线段时，如果用"U"来响应"指定下一点或"放弃（U）"："的提示，则删除最近画的一条线段，并从前一条线段的终点再重新画线段。

在图形的绘制过程中，往往需要精确地指定点的位置，此时可通过输入坐标值、对象捕捉、极轴追踪和自动追踪等方法确定。

【例2.1】　如图2.2所示，根据尺寸绘制直角边长为50的等腰直角三角形。

方法一：利用绝对或相对坐标画线

命令：_line　　　　　　　　　　//单击"绘图"工具栏中的"直线"按钮

指定第一点：50,50

指定下一点或［放弃（U）］：50,0

指定下一点或［放弃（U）］：100,0

指定下一点或［闭合（C）/放弃（U）］：C

方法二：利用状态栏中的极轴（或正交 ）按钮

画线

命令：_line

指定第一点：50,50

指定下一点或［放弃（U）］：50

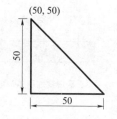

图2.2　直角三角形

//击活"状态栏"中的【极轴追踪】 按钮，打开极轴功能，移动鼠标找到90°极轴追踪方向，此时出现垂直虚线，输入长度值50

指定下一点或［放弃（U）］：50　　//移动鼠标找到 0° 极轴线方向，输入 50

指定下一点或［闭合（C）/放弃（U）］：C

通过这两种绘制直线方法的比较，可知使用极轴功能画线比较快捷。

2.1.2　射线

使用 RAY 命令，用户可以创建一条单向无限长的射线。它只有起点，并延伸到无穷远，通常作为辅助作图线使用。

（1）射线命令执行方式

① 下拉菜单：【绘图（D）/射线（R）】；

② 命令行：RAY。

（2）绘制射线操作步骤

命令行提示与操作如下：

命令：_ray

指定起点：　　　　//指定射线的起点

指定通过点：　　　//指定射线要经过的点

指定通过点：　　　//根据需要继续指定点创建
　　　　　　　　　　其他射线，所有后续射线都
　　　　　　　　　　经过第一个指定点

指定通过点：　　　//按【Enter】键结束命令

图 2.3　射线

绘制的射线如图 2.3 所示。

2.1.3　构造线

所谓构造线是指在两个方向无限延伸的直线，它没有起点和终点，一般也称参照线。作图时，为了满足图形之间的投影关系，通常使用构造线辅助作图。构造线的应用能很好地保证三视图间的"长对正，高平齐，宽相等"的三等对应关系，因此使用构造线作为辅助线绘制三视图。构造线在视图中的应用如图 2.4 所示。图中细线为构造线，粗线为三视图轮廓线。

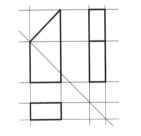

图 2.4　构造线辅助绘图

（1）构造线命令执行方式

① 下拉菜单：【绘图（D）/构造线（T）】；

② 工具栏：单击"绘图"工具栏中的"构造线"按钮；

③ 命令行：XLINE。

（2）绘制构造线操作步骤

命令：_xline　　　//单击"绘图"工具栏中的"构造线"按钮

指定点或［水平（H）/垂直（V）/角度（A）/二等分（B）/偏移（O）］：

　　　　　　　　　　　　　　　　　//指定起点或输入选项

　　执行 XLINE 命令后，命令行显示出若干个选项，各选项的绘图示例分别如图 2.5（a）～（f）所示。缺省选项是"指定点"，此时可通过输入两个点来绘制一条无限长的直线。其他各选项的含义如下：

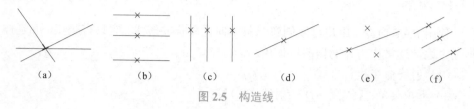

　　（a）　　　　　（b）　　　　　（c）　　　　　（d）　　　　　（e）　　　　　（f）

图 2.5　构造线

　　【水平（**H**）】：绘制通过指定点的水平参照线。

　　【垂直（**V**）】：绘制通过指定点的垂直参照线。

　　【角度（**A**）】：通过用户输入角度值，再指定构造线的通过点，绘制与 X 轴正方向成一定角度的倾斜参照线。

　　【二等分（**B**）】：用户依次指定一个角度的顶点、起点和端点绘制一条参照线，该构造线平分起点与顶点和端点与顶点两条连线所夹的角度。

　　【偏移（**O**）】：绘制平行于另一条直线的参照线。此选项相当于对构造线进行平行复制。

2.1.4　多段线

　　多段线作为单个对象表达的是相互连接的序列线段，是一种由线段和圆弧两者组合而成的。此命令弥补了单个直线或圆弧绘制功能的不足，且线宽可以变化，适合绘制各种复杂的图形轮廓，因而得到了广泛的应用。

　　（1）多段线命令执行方式

　　① 下拉菜单：【绘图（**D**）/多段线（**P**）】；

　　② 工具栏：单击"绘图"工具栏中的"多段线"按钮 ⤳；

　　③ 命令行：PLINE。

　　（2）绘制多段线操作步骤

命令：_pline　　　　　　　　//单击"绘图"工具栏中的"多段线"按钮 ⤳

指定起点：　　　　　　　　　//指定多段线的起点

当前线宽为 0.0000

指定下一个点或 [圆弧（A）/半宽（H）/长度（L）/放弃（U）/宽度（W）]：

　　此时用户如果指定下一个点，则绘制出一条直线段，相当于 LINE 命令。其他各选项的含义如下：

　　【圆弧（**A**）】：该选项将由原来的绘直线方式变为绘圆弧方式。输入 A 后，提示如下：

指定圆弧的端点或［角度（A）/圆心（CE）/闭合（CL）/方向（D）/半宽（H）/直线（L）/半径（R）/第二个点（S）/放弃（U）/宽度（W）］：此时出现绘制圆弧方式的多种选择，与圆弧命令相似。

【半宽（H）】：该选项确定多段线的半宽度。

【长度（L）】：使用输入长度的方法确定多段线的长度。

【放弃（U）】：放弃最近绘制的上一段直线段或圆弧段。

【宽度（W）】：确定多段线的宽度，其功能与半宽类似。

【例2.2】 使用 PLINE 命令绘制如图 2.6 所示图形。

此图形由不同线宽的直线段和圆弧构成，使用
PLINE 命令绘制比较方便快捷，绘图方法如下：

命令：_pline   //单击"绘图"工具栏中的
                      "多段线"按钮

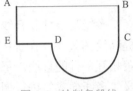

图 2.6　绘制多段线

指定起点：100，200   //用鼠标拾取 A 点
当前线宽为 5.0000

指定下一个点或［圆弧（A）/半宽（H）/长度（L）/放弃（U）/宽度（W）］：W
指定起点宽度<0.0000>：2
指定端点宽度<4.0000>：2
指定下一个点或.［圆弧（A）/半宽（H）/长度（L）/放弃（U）/宽度（W）］：
400,200   //拾取 B 点
指定下一点或［圆弧（A）/闭合（C）/半宽（H）/长度（L）/放弃（U）/宽度（W）］：W
指定起点宽度<2.0000>：5
指定端点宽度<5.0000>：10
指定下一个点或［圆弧（A）/半宽（H）/长度（L）/放弃（U）/宽度（W）］：
400,100   //拾取 C 点
指定下一点或［圆弧（A）/闭合（C）/半宽（H）/长度（L）/放弃（U）/宽度（W）］：A
指定圆弧的端点或［角度（A）/圆心（CE）/闭合（CL）/方向（D）/半宽（H）/直线（L）/半径（R）/第二个点（S）/放弃（U）/宽度（W）］：200,100
                      //拾取 D 点
指定圆弧的端点或［角度（A）/圆心（CE）/闭合（CL）/方向（D）/半宽（H）/直线（L）/半径（R）/第二个点（S）/放弃（U）/宽度（W）］：R
指定圆弧的半径：100
指定圆弧的端点或［角度（A）］：–180
指定圆弧的端点或［角度（A）/圆心（CE）/闭合（CL）/方向（D）/半宽

（H）/直线（L）/半径（R）/第二个点（S）/放弃（U）/宽度（W）］：U

指定圆弧的端点或［角度（A）/圆心（CE）/闭合（CL）/方向（D）/半宽（H）/直线（L）/半径（R）/第二个点（S）/放弃（U）/宽度（W）］：L

指定下一个点或［圆弧（A）/半宽（H）/长度（L）/放弃（U）/宽度（W）］：100,100　　　　　　　//拾取 E 点

指定下一个点或［圆弧（A）/半宽（H）/长度（L）/放弃（U）/宽度（W）］：C

最终绘制结果如图 2.6 所示。

2.1.5　多线

多线是一种复合线，由连续的直线段复合组成。多线的突出优点是能够大大提高绘图效率，保证图线之间的统一性。使用多线命令，用户最多可以创建 16 条相互平行的直线。每条线间的平行距离、线的数量、线型和颜色都可以通过定义"多线样式"进行调整。该命令常用于建筑图的绘制，可以用来绘制墙体、公路或管道等。

（1）多线命令执行方式

① 下拉菜单：【绘图（D）/多线（M）】；

② 命令行：MLINE。

（2）绘制多线操作步骤

【例 2.3】使用 MLINE 命令绘制如图 2.7 所示图形。

命令：_mline（选择【绘图（D）/多线（M）】菜单）

当前设置：对正＝上，比例＝20.00，样式＝STANDARD

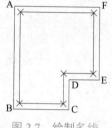

图 2.7　绘制多线

指定起点或［对正（J）/比例（S）/样式（ST）］：　　//拾取 A 点

指定下一点：　　　　　　　　　　　　　　　　　　//拾取 B 点

指定下一点或［放弃（U）］：　　　　　　　　　　　//拾取 C 点

指定下一点或［闭合（C）/放弃（U）］：　　　　　　//拾取 D 点

指定下一点或［闭合（C）/放弃（U）］：　　　　　　//拾取 E 点

指定下一点或［闭合（C）/放弃（U）］：　　　　　　//拾取 F 点

指定下一点或［闭合（C）/放弃（U）］：C

MLINE 命令有四个选项，各选项的含义如下：

【指定起点】：执行该选项后，系统以当前的对正方式、比例和多线样式绘制多线。

【对正（J）】：该选项用来确定多线的对正标准，共有 3 种对正方式即"上、中、下"。其中"上"表示以多线上侧的线为基准，其他两项依此类推。

【比例（S）】：指定实际绘图时多线宽度相对于在多线样式中定义宽度的比例。

【样式（ST）】：用来设置当前绘图时使用的多线样式。

（3）定义多线样式

首次使用 MLINE 命令绘图时，系统提供默认的"STANDARD"多线样式进行绘图。此时所绘制的多线为两条平行线。用户如果需要改变平行线的数量、间距、线型和颜色等，可以创建新的多线样式满足实际绘图的需要。

多线样式命令执行方式：

① 下拉菜单：【格式（O）/多线样式（M）…】；

② 命令行：MLSTYLE。

启动 MLSTYLE 命令，系统弹出"多线样式"对话框，如图 2.8 所示。当前多线样式为"STANDARD"，单击"新建"按钮，弹出"创建新的多线样式"对话框，如图 2.9 所示。输入新的样式名后，单击"继续"按钮，弹出"新建多线样式"对话框，如图 2.10 所示。该对话框各选项的功能如下：

图 2.8 "多线样式"对话框　　　　图 2.9 "创建新的多线样式"对话框

图 2.10 "新建多线样式"对话框

【封口】选项组：在该选项组中可以设置多线起点和端点的特性，包括"直线""外弧""内弧"封口及封口线段或圆弧的角度。

【填充颜色（F）】下拉列表框：该选项可以选择多线的填充背景颜色。

【显示连接（J）】复选框：该选项确定是否在多线拐角处显示连接线。

【图元（E）】选项组：显示当前多线特性。单击"添加（A）"按钮向多线样式中增加新的直线元素，最多为 16 条。反之单击"删除（D）"按钮从多线样式中删除用户选定的元素。

在"偏移（S）"文本框中可以设置选定的元素的偏移量，该偏移量指的是相对于偏移量为 0 的多线原点的数值。单击"颜色（C）"下拉框可以为选定的元素指定颜色。单击"线型（Y）…"按钮为选定的元素指定线型。

设置完毕后，单击"确定"按钮，返回如图 2.8 所示的"多线样式"对话框，在"样式"列表中会显示设置的多线样式名，选择该样式，单击"置为当前"按钮，则设置的多线样式设置为当前样式，下面的预览框中会显示所选的多线样式。

2.2　曲线类对象的绘制

在工程图形中，曲线是很常见的图线。曲线类命令主要包括圆、圆弧、圆环、椭圆、椭圆弧及样条曲线等命令。这些都是 AutoCAD 中最简单的曲线命令。

2.2.1　圆

圆是图形中最常见的曲线。在传统的手工绘图中根据圆心及半径，利用圆规画圆。在 AutoCAD 中，除了此方式，还提供了其他的画圆方法。

（1）圆命令执行方式

① 下拉菜单：【绘图（D）/圆（C）】；

② 工具栏：单击"绘图"工具栏中的"圆"按钮；

③ 命令行：CIRCLE。

（2）绘制圆操作步骤

命令：_circle　　　　　//单击"绘图"工具栏中的"圆"按钮

指定圆的圆心或［三点（3P）/两点（2P）/切点、切点、半径（T）］：

　　　　　　　　　　//指定圆心

指定圆的半径或［直径（D）］：

　　　　　　　　　　//直接输入半径值或用在屏幕拾取两点来确定半径

　　　　　　　　　　长度；"直径（D）"选项同半径选项类似

默认的画圆方法是通过指定圆心及半径画圆，这与传统的铅笔画圆类似。其他各选项含义如下：

【三点（3P）】：通过指定不在同一直线上的三点画圆。

【两点（2P）】：通过指定直径的两端点画圆。

【切点、切点、半径（T）】：通过先指定两个相切对象的两个切点，后给出半径的方法画圆。图 2.11（a）～（d）所示给出了该方式绘制圆的各种情形（加粗的圆为最后绘制的圆）。此种方法一般用于将其他对象用圆弧光滑连接起来。

输入 T 选项后，系统提示如下：

指定对象与圆的第一个切点：　　　//对象捕捉第一个切点

指定对象与圆的第二个切点：　　　//对象捕捉第二个切点

指定圆的半径<10.0000>：　　　　//输入半径

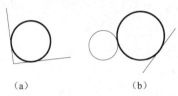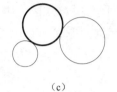

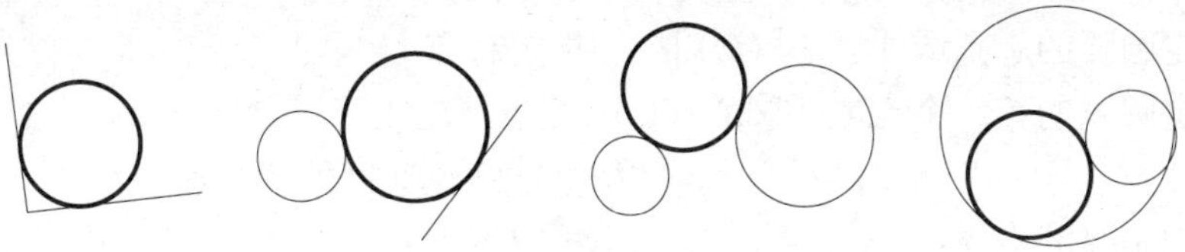

　　（a）　　　　　　（b）　　　　　　（c）　　　　　　（d）

图 2.11　圆与另外两个对象相切

【例 2.4】绘制如图 2.12 所示图形。

命令行提示与操作如下：

命令：_circle

指定圆的圆心或［三点（3P）/两点（2P）/切点、切点、半径（T）］：　　　//拾取 A 点

指定圆的半径或［直径（D）］<111.4778>：60

命令：_circle

指定圆的圆心或［三点（3P）/两点（2P）/点、切点、半径（T）］：　　　//拾取 B 点

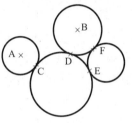

图 2.12　连环圆

指定圆的半径或［直径（D）］<60.0000>：80

命令：_circle

指定圆的圆心或［三点（3P）/两点（2P）/切点、切点、半径（T）］：t

　　　　　　　　　　　　　//选择切点、切点、半径方式画圆

指定对象与圆的第一个切点：_tan 到　　//捕捉切点，拾取 C 点

指定对象与圆的第二个切点：_tan 到　　//捕捉切点，拾取 D 点

指定圆的半径<80.0000>：100

命令：_circle

指定圆的圆心或［三点（3P）/两点（2P）/切点、切点、半径（T）］：t

指定对象与圆的第一个切点：_tan 到　　//捕捉切点，拾取 E 点

指定对象与圆的第二个切点：_tan 到　　//捕捉切点，拾取 F 点

指定圆的半径<100.0000>：60

2.2.2　圆弧

AutoCAD 提供了 11 种绘制圆弧的方法，绘制原理主要是根据定义圆弧的几

个参数来确定的，如弧的圆心、半径、起点、终点、圆心角及弦长等。

（1）圆弧命令执行方式

① 下拉菜单：【绘图（D）/圆弧（A）】；

② 工具栏：单击"绘图"工具栏中的"圆弧"按钮 ；

③ 命令行：ARC。

（2）绘制圆弧操作步骤

命令：_arc（单击"绘图"工具栏中的"圆弧"按钮 ）

指定圆弧的起点或［圆心（C）]：　//指定起点

指定圆弧的第二个点或［圆心（C）/端点（E）]：

　　　　　　　　　　　　　　　　//指定圆弧通过的第二点

指定圆弧的端点：　　　　　　　//指定端点

　　默认的方法为指定三点画弧，并且是按逆时针的方向进行绘制的。用户可输入其他选项通过不同的方法来绘制圆弧，但通过下拉菜单执行画圆弧的操作是最为直观的，如图 2.13。

　　对于这 11 种绘弧的方法，可以根据已知参数选择相应方法即可。需要强调的"继续"选项，可绘制圆弧段与其上一线段或圆弧相切的圆弧，只需确定圆弧的端点即可。

图 2.13　画圆弧方法

2.2.3　圆环

　　圆环可看做是由两个同心圆构成的，包括填充环和实体填充圆。

（1）圆环命令执行方式

① 下拉菜单：【绘图（D）/圆环（D）】；

② 命令行：DONUT。

（2）绘制圆环操作步骤

命令：_donut

指定圆环的内径<默认值>：　　//输入小圆的直径

指定圆环的外径<默认值>：　　//输入大圆的直径

指定圆环的中心点或<退出>：　//指定中心点确定圆环的位置

指定圆环的中心点或<退出>：　//继续指定中心点创建另一个圆环，按【Enter】

　　　　　　　　　　　　　　　　键退出命令

　　若输入内径为 0，则画出实心填充圆，如图 2.14（a）。通过 FILL 命令可以控制圆环是否填充，ON 表示填充，OFF 表示不填充，分别如图 2.14（b）、（c）。

(a)　　　　　　　(b)　　　　　　　(c)

图 2.14　圆环

2.2.4　椭圆

使用椭圆 ELLIPSE 命令可绘制椭圆或椭圆弧。

（1）椭圆命令执行方式

① 下拉菜单：【绘图（<u>D</u>）/椭圆（<u>E</u>）】；

② 工具栏：单击"绘图"工具栏中的"椭圆"按钮◎；

③ 命令行：ELLIPSE。

（2）绘制椭圆操作步骤

命令：_ellipse　　　　　　　//单击"绘图"工具栏中的"椭圆"按钮◎

指定椭圆的轴端点或［圆弧（A）/中心点（C）］：

　　　　　　　　　　　　　//指定某条轴的一个端点

指定轴的另一个端点：　　　//指定该轴的另一个端点

指定另一条半轴长度或【旋转（<u>R</u>）】：

　　　　　　　　　　　　//输入数值指定另外半轴的长度；进入"旋转（R）"

　　　　　　　　　　　　选项将提示输入旋转角来创建椭圆

其他选项的含义如下：

【圆弧（<u>A</u>）】：该选项用来创建椭圆弧，跟"椭圆弧"命令的操作方法完全一样。

【中心点（<u>C</u>）】：通过指定椭圆中心的方法来绘制椭圆。输入 C 按【Enter】键后，系统提示如下：

指定椭圆的中心点：　　　　//指定中心点位置

指定轴的端点：　　　　　　//指定某条轴的一个端点

指定另一条半轴长度或［旋转（R）］：

2.2.5　椭圆弧

（1）椭圆弧命令执行方式

① 下拉菜单：【绘图（<u>D</u>）/椭圆（<u>E</u>）/圆弧（<u>A</u>）】；

② 工具栏：单击"绘图"工具栏中的"椭圆弧"按钮◎；

③ 命令行：ELLIPSE。

（2）绘制椭圆弧操作步骤

AutoCAD 在绘制椭圆弧时，首先提示用户构造椭圆弧的母体圆弧，其方法与绘制椭圆的方法完全一致。母体圆弧构造好后，系统会继续提示用户创建椭圆弧。单击"绘图"工具栏，单击"椭圆弧"按钮后，命令行提示与操作如下：

命令：_ellipse

指定椭圆的轴端点或［圆弧（A）/中心点（C）］：a

指定椭圆弧的轴端点或［中心点（C）］：

指定轴的另一个端点：

指定另一条半轴长度或［旋转（R）］：　　　　//该步骤为创建母体圆弧

指定起始角度或［参数（P）］：　　　　　　//指定起始角度或输入P

指定终止角度或［参数（P）/包含角度（I）］：

AutoCAD 提供了"包含角度"和"参数"这两种绘制椭圆弧的方法。使用角度方式，用户可以指定椭圆弧的起始角度和终止角度，或指定起始角度和夹角来绘制椭圆弧；使用参数（P）方式，同样是指定椭圆弧端点的角度，但通过以下矢量参数方程式创建椭圆弧：$p(u) = c + a*\cos(u) + b*\sin(u)$。其中，c 是椭圆的中心点，a 和 b 分别是椭圆的长轴和短轴。u 为光标与椭圆中心点连线的夹角；包含角度（I）定义从起始角度开始的包含角度。

2.2.6　样条曲线

样条曲线是指经过或接近一系列给定点的光滑曲线，它主要用来绘制形状不规则的曲线。如为地理信息系统（GIS）或汽车设计绘制轮廓线。

（1）样条曲线命令执行方式

① 下拉菜单：【绘图（D）/样条曲线（S）】；

② 工具栏：单击"绘图"工具栏中的"样条曲线"按钮；

③ 命令行：SPLINE。

（2）绘制样条曲线操作步骤

命令：_spline//单击"绘图"工具栏中的"样条曲线"按钮

指定第一个点或［对象（O）］：　　　　　　//对象捕捉点 A

指定下一点：　　　　　　　　　　　　　//对象捕捉点 B

指定下一点或［闭合（C）/拟合公差（F）］<起点切向>：//对象捕捉点 C

指定下一点或［闭合（C）/拟合公差（F）］<起点切向>：//对象捕捉点 D

指定下一点或［闭合（C）/拟合公差（F）］<起点切向>：//对象捕捉点 E

指定下一点或［闭合（C）/拟合公差（F）］<起点切向>：//对象捕捉点 F 后回车

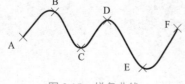

图 2.15　样条曲线

上面所绘制的样条曲线如图 2.15。绘图时，AutoCAD 将指定的点用光滑曲线连接起来。最后，通过指定点来确定起点和端点的切向，从而确定样条曲线的形状。

各选项的含义如下：

【对象（O）】：将二维或三维的二次或三次样条曲线拟合多段线转换成等价的样条曲线，然后（根据 DELOBJ 系统变量的设置）删除该多段线。

【闭合（C）】：将样条曲线的最后一点定义与第一点一致，并使其在连接处相切，从而形成封闭的曲线。

【拟合公差（F）】：拟合公差表示样条曲线拟合所指定拟合点集时的拟合精度，公差越小，样条曲线与拟合点越接近。公差为 0，样条曲线将通过该点。在绘制样条曲线时，可以改变样条曲线拟合公差以查看拟合效果。

【起点切向】：定义样条曲线的第一点或最后一点的切向。如果在样条曲线的两端都指定切向，可以输入一个点或使用"切点"和"垂足"对象捕捉使样条曲线与已有的对象相切或垂直。如果按【Enter】键，系统将计算默认切向。

2.3 平面图形的绘制

工程图形的多直线段构形既可以用直线类命令绘制，也可以利用将多条线作为一个整体的平面图形来绘制。根据图形特点，合理地使用平面图形命令可以提高作图效率。平面图形命令包括矩形和正多边形命令。

2.3.1 矩形

使用 RECTANG 命令可创建矩形形状的闭合多段线，并且可以设置其角点的类型，如直角、倒角或圆角矩形。

（1）矩形命令执行方式

① 下拉菜单：【绘图（D）/矩形（G）】；

② 工具栏：单击"绘图"工具栏中的"矩形"按钮▱；

③ 命令行：RECTANG。

（2）绘制矩形操作步骤

命令：_rectang　　　　　//单击"绘图"工具栏中的"矩形"按钮▱

指定第一个角点或 [倒角（C）/标高（E）/圆角（F）/厚度（T）/宽度（W）]：

　　　　　　　　　//指定第一个角点

指定另一个角点或 [面积（A）/尺寸（D）/旋转（R）]：

各选项的含义如下：

【指定第一个角点】：通过指定两个对角点绘制矩形，第二个对角点可使用面积（A）/尺寸（D）/旋转（R）方法确定。直接用此选项所绘制的矩形如图 2.16（a）直角矩形所示。

【倒角（C）】：此选项用于绘制具有倒角的矩形，如图 2.16（b）所示。

输入 C 后，提示如下：

指定矩形的第一个倒角距离<0.0000>：2

指定矩形的第二个倒角距离<2.0000>：2

在上面的提示下输入需要的倒角数值，便可绘制具有倒角的矩形。其中的第一个倒角距离是指角点逆时针方向倒角距离，第二个倒角距离是指角点顺时针方向倒角距离。两个倒角距离可以相同也可以不同。

【标高（E）】：指定矩形标高（Z坐标），将矩形绘制在与XOY坐标面平行，标高为Z的平面上。一般用于三维绘图。

【圆角（F）】：指定圆角的半径，用于绘制具有圆角的矩形，如图2.16（c）所示。输入f后，提示如下：

指定矩形的圆角半径<0.0000>：10

在上面的提示下输入需要的圆角数值，按【Enter】键后便可绘制具有圆角的矩形。

【厚度（T）】：指定矩形的厚度，用于绘制具有一定厚度的长方体。一般用于三维绘图，如图2.16（d）。

【宽度（W）】：绘制具有一定线宽的矩形，如图2.16（e）所示。该选项可以与前面的其他几项设置结合使用。

（a）　　　　　（b）　　　　　（c）　　　　　（d）　　　　　（e）

图2.16　绘制矩形

2.3.2　绘制正多边形

使用POLYGON命令可以创建边数为3～1 024的正多边形。对于在图形中经常出现的正方形和等边三角形，使用该命令非常方便。

（1）正多边形命令执行方式

① 下拉菜单：【绘图（D）/正多边形（Y）】；

② 工具栏：单击"绘图"工具栏中的"正多边形" ⬠ 按钮；

③ 命令行：POLYGON。

（2）绘制正多边形操作步骤

命令：_polygon　　　　　　//单击"绘图"工具栏中的"正多边形" ⬠ 按钮

输入边的数目<4>：5　　　　//边数为3～102 4间的自然数，默认值为4

指定正多边形的中心点或［边（E）］：

此时AutoCAD提供两种绘制正多边形的方法，选项含义如下：

【指定中心点】：通过鼠标或键盘指定中心点后，系统继续提示：

输入选项 [内接于圆（I）/外切于圆（C）] <I>：I

  //选择与该多边形对应的外接或内切圆。选项 I 是根据多边形的外接圆确定多边形，选项 C 是根据多边形的内切圆确定多边形。

指定圆的半径：

  //输入外接圆或内切圆的半径，从而绘制相对于圆内接或外切的多边形。此时，屏幕显示代表外接或内切圆半径长度的直线段，而圆是不显现的，如图 2.17 所示。

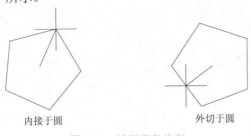

内接于圆   外切于圆

图 2.17 绘制正多边形

【边（<u>E</u>）】：该选项通过指定边的两个端点来绘制多边形。给出多边形的一条边，系统就会逆时针方向创建该多边形。输入 E 后，系统继续提示：

指定边的第一个端点：   //指定第一个端点

指定边的第二个端点：   //指定第二个端点

2.4 点 的 绘 制

  点是图形中最基本的几何元素，AutoCAD 提供了多种不同的点的表示方式，一般在创建点之前要先设置点的样式，也可以设置等分点和测量点。

2.4.1 设置点的样式

  AutoCAD 提供的默认点外观为小黑圆点，这样的点样式在屏幕中不便于肉眼进行观察。用户可通过下拉菜单【格式（<u>O</u>）/点样式（<u>P</u>）…】打开点样式对话框，如图 2.18 所示。点在图形中的表示样式共有 20 种，该对话框提供了多种点的外观，用户可根据需要进行选择，同时可通过"点大小"编辑框设置点在绘制时的大小。点的大小既可以按照相对于屏幕设置大小（点的大小随显示窗口的变化而变化），也可以按照绝对单位设置大小。

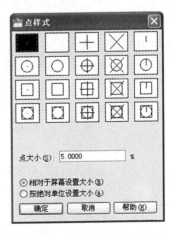

图 2.18 "点样式"对话框

2.4.2　单点

（1）点命令执行方式

① 下拉菜单：【绘图（D）/点（O）/单点（S）】；

② 命令行：POINT。

（2）绘制单点操作步骤

命令：_point

当前点模式：PDMODE＝3　PDSIZE＝0.0000

指定点：50，50　　　　//单击鼠标左键或输入坐标值如 50，50

该命令一次只能绘制一个点，绘制完成后自动退出命令。

2.4.3　多点

用户如果要在图形中绘制大量的点，使用单点的绘制方法的效率就很低。此时，可以使用多点命令。

（1）多点命令执行方式

① 下拉菜单：【绘图（D）/点（O）/多点（P）】；

② 工具栏：单击"绘图"工具栏中的"点"按钮。

（2）绘制多点方法

该方法与绘单点方法类似，不同之处是绘完一个点后，系统会继续提示绘制下一个点，直到用户按 ESC 键退出此命令为止。

2.4.4　定数等分点

使用该方法，用户可以在对象上按指定数目等间距创建点。这个操作并不将对象实际等分为单独的对象，它仅仅是标明定数等分的位置，以便将它们作为几何参考点。如果要观察到所等分的点，用户应该将系统提供的默认点样式设置为其他便于观察的样式。

（1）定数等分点命令执行方式

① 下拉菜单：【绘图（D）/点（O）/定数等分（D）】；

② 命令行：DIVIDE。

（2）绘制定数等分点操作步骤

命令：_divide

选择要定数等分的对象：

　　　　　　//用鼠标选择等分对象圆

图 2.19　定数等分

输入线段数目或［块（B）］：5

　　　　　　//指定等分数，绘制结果如图 2.19

等分数目范围为 2～32 767。在等分点处按当前点样式设置画出等分点。在第二行提示选择"块（B）"选项时，表示在等分点处插入指定的块。

2.4.5 测量点

使用该方法，用户可以在对象上按指定的距离绘制点。

（1）定距等分点命令执行方式

① 下拉菜单：【绘图（D）/点（O）/定距等分（M）】；

② 命令行：MEASURE。

（2）绘制定距等分点操作步骤

命令：_measure

选择要定距等分的对象：

//用鼠标选择等分对象直线

指定线段长度或［块（B）］：40

//指定定距长度，绘制结果如图2.20

图2.20 绘定距等分点

在定距等分时，AutoCAD 将在离选择对象点较近的端点作为起始位置放置点。若对象总长不能被指定间距整除，则选定对象的最后一段小于指定间距数值。在第二行提示选择【块（B）】选项时，表示在等分点处插入指定的块。在等分点处按当前点样式设置绘制测量点。

2.5 徒手线及云线的绘制

徒手线及云线命令主要用来创建不规则的图形，由于这两种线的不规则性和随意性，增加了 AutoCAD 绘制工程图样的灵活性和方便性。

2.5.1 绘制徒手线

徒手线实际上是以微小的直线段连接起来的，每条线段都可以是独立的对象或多段线，从而在效果上模拟任意曲线。徒手绘图时，定点设备就像画笔一样。单击定点设备将把"画笔"放到屏幕上，这时可以进行绘图，再次单击将提起画笔并停止绘图。

使用 SKETCH 命令绘制徒手线操作步骤如下：

命令行：SKETCH

命令：sketch

记录增量<1.0000>：

//输入增量数值，它表示所绘制的最小
线段的长度。不同的记录增量所绘
制的徒手线精度和形状是不同的，
如图2.21 所示

图2.21 不同的记录增量

徒手画：画笔（P）/退出（X）/结束（Q）/记录（R）/删除（E）/连接（C）。

在此提示下，输入选项 P 或单击鼠标左键（表示笔落）后，徒手线将随着鼠标的移动而进行绘制。在命令运行期间，徒手画线以另一种颜色显示。如果要停止绘制，可再次输入 P 或单击鼠标左键（表示笔提），这样在屏幕上移动光标时就不会留下笔迹。再次输入 P 或单击鼠标左键可从光标的新位置恢复绘图。

其他各选项的含义如下：

【退出（X）】表示结束徒手绘图并记录未保存的线；【结束（Q）】表示结束徒手绘图但不记录未保存的线；【记录（R）】可将图形保存到数据库中；【删除（E）】可将已绘制好的徒手线依次删除；【连接（C）】表示继续从上次所画线的端点开始画线。

2.5.2　绘制修订云线

修订云线是由连续圆弧组成的多段线，主要用于对象的标记，如检查或圈阅图形。可以从头开始创建修订云线，也可以将对象（例如圆、椭圆、多段线或样条曲线）转换为修订云线。

（1）修订云线命令执行方式

① 下拉菜单：【绘图（D）/修订云线（U）】；

② 工具栏：单击"绘图"工具栏中的"修订云线"按钮🌣；

③ 命令行：REVCLOUD。

（2）绘制修订云线操作步骤

命令：_revcloud　//单击"绘图"工具栏中的"修订云线"按钮🌣

最小弧长：0.5　最大弧长：1.5　样式：普通

指定起点或［弧长（A）/对象（O）/样式（S）］<对象>：

　　　　　　//单击左键指定云线起点，拖动鼠标将按默认的弧长和样式绘制云线。

　　　　　　要更改圆弧的大小，可以沿着路径单击拾取点。要结束云线的绘制，

　　　　　　按【Enter】键沿云线路径引导十字光标...

其他各选项含义如下：

【弧长（A）】：设置新的最小和最大弧长。

默认的弧长最小值和最大值设置为 0.5000 个单位。弧长的最大值不能超过最小值的三倍。输入 a 后，系统继续提示如下：

指定最小弧长<0.5>：　　　　　//输入最小弧长

指定最大弧长<0.5>：　　　　　//输入最大弧长

【对象（O）】：此选项可将其他封闭的图形转换为云线对象，转换后原来的图形形状将变为云线形状图形，如图 2.22 所示。

输入 O 后，系统提示如下：

选择对象：　　　　　　　　　//选择需要转换为云线的对象

反转方向［是（Y）/否（N）］
<否>：

　　【样式（S）】：用户可以为修订云线选择样式"普通"或"手绘"，这两种样式所绘制的云线外形效果有所不同。如果选择"手绘"，修订云线看起来像是用画笔绘制的。

矩形　　　　不反转转换　　　　反转转换

图 2.22　转换对象为云线

2.6　图　案　填　充

　　重复绘制某些图案以填充图形中的一个区域，从而表达该区域的特征，这个填充操作称为图案填充。在 AutoCAD 中，用户使用 BHATCH 命令来完成图案填充，它可以为指定的图形区域绘制不同效果的图案。使用 BHATCH 命令进行图案填充时，首先应该设置填充的图案、填充的区域以及填充的属性等。

2.6.1　填充的基本概念

　　（1）图案边界

　　当进行图案填充时，首先要确定填充图案的边界。定义边界的对象只能是直线、双向射线、单向射线、多义线、样条曲线、圆弧、圆、椭圆、椭圆弧、面域等对象或用这些对象定义的块，而且作为边界的对象在当前图层上必须全部可见。

　　（2）孤岛

　　在进行图案填充时，把位于总填充区域内的封闭区域称为孤岛，如图 2.23 所示。在使用"BHATCH"命令填充时，AutoCAD 系统允许用户以拾取点的方式确定填充边界，即在希望填充的区域内任意拾取点，系统会自动确定出填充边界，同时也确定该边界内的岛，有关知识将在下一节中介绍。

　　（3）填充方式

　　在进行图案填充时，需要确定填充的范围，AutoCAD 系统为用户设置了 3 种填充方式以实现对填充范围的确定。

　　① 普通方式。如图 2.24（a）所示，该方式从边界开始，从每条填充线或每个填充符号的两端向里填充。遇到内部对象与之相交时，填充线或符号断开，直到遇到下一次相交时再继续填充。采用这种填充方式时，要避免剖面线或符号与内部对象的相交次数为奇数，该方式为系统内部的缺省方式。

　　② 最外层方式。如图 2.24（b）所示，该方式从边界向里填充，只要在边界内部与对象相交，剖面符号就会断开，不再继续填充。

　　③ 忽略方式。如图 2.24（c）所示，该方式忽略边界内的对象，所有内部结构都被剖面符号覆盖。

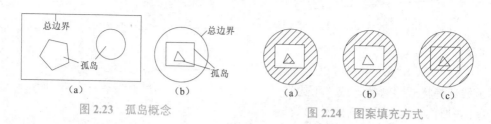

图2.23　孤岛概念　　　　　　　　图2.24　图案填充方式

2.6.2　图案填充命令执行方式

① 下拉菜单：【绘图（D）/图案填充（H）…】或【渐变色…】；

② 工具栏：单击"绘图"工具栏中的"图案填充"按钮 或"渐变色"按钮 ；

③ 命令行：BHATCH。

2.6.3　设置填充图案

在"绘图"工具栏中点取"图案填充"按钮 ，屏幕弹出"图案填充和渐变色"对话框，如图2.25所示。用户在实际填充的时候，往往需要绘制不同效果的图案，这就需要对"图案填充和渐变色"对话框进行设置。在进行图案填充操作时，AutoCAD允许用户使用三种类型的填充图案，即"预定义""用户定义"和"自定义"类型。用户可以在"图案填充和渐变色"对话框的"类型"下拉框中选择相应的图案类型。

图2.25　"图案填充和渐变色"对话框

（1）预定义类型图案

预定义类型提供了实体填充及 50 多种行业标准填充图案，在"图案"下拉框中为所有图案的名称，同时在"图案"下拉框下方的"样例"中显示该图案的图形。这些图案可用于区分对象的部件或表示对象的材质。本类型还提供了符合 ISO（国际标准化组织）标准的 14 种填充图案。当选择 ISO 图案时，还可以指定 ISO 笔宽。

要从预定义类型中选择图案，较形象直观的方法是点取"图案"右侧的按钮
⬜。单击后弹出"填充图案选项板"
对话框，如图 2.26 所示。该选项板将
所有的预定义图形分为四组放置在
四个标签页中，用户可根据需要进行
选择。机械制图中常用的表示金属材
料的剖面线名称为 ANSI31，用户可在
"ANSI"标签页中找到。

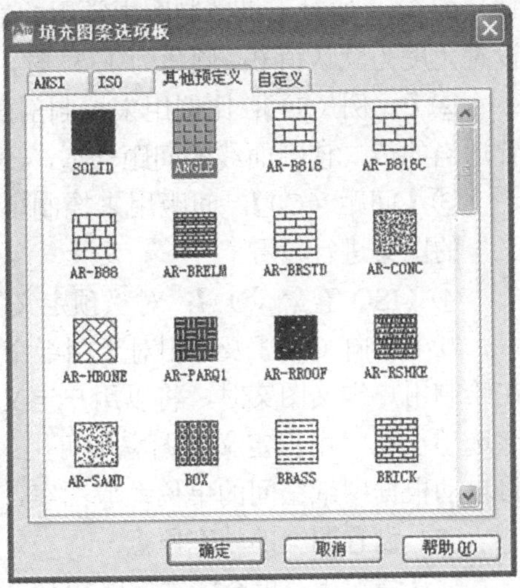

（2）用户定义类型图案

AutoCAD 允许用户在图形中使用
当前线型临时定义一些简单的线图
案。对于用户定义的图案，可以设置
直线的角度、间距以及是否双向等。

（3）自定义类型图案

除了使用 AutoCAD 提供的"预定
义"和"用户定义"图案外，用户还

图 2.26 "填充图案选项板"对话框

可以使用自定义类型创建更加复杂的填充图案。所谓"自定义"图案，就是用户

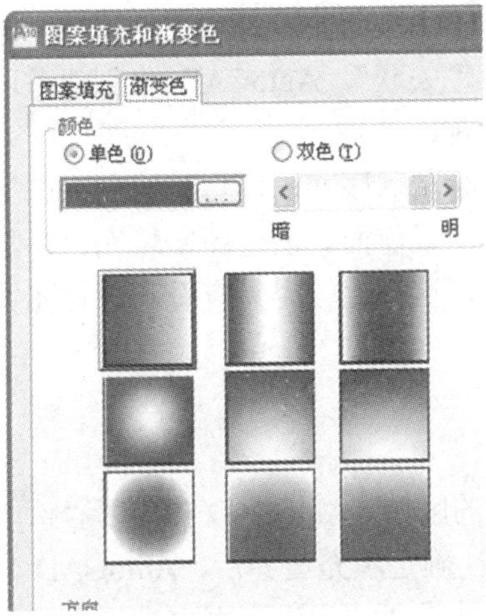

图 2.27 渐变色标签图

自己个性化设计的图案，这些图案可以是用户使用其他软件设计绘制的，也可以是直接从素材中搜索来的。要在 AutoCAD 中使用这些图案进行填充的话，用户需将这些图案文件先保存在.PAT 文件中。保存好后，在"自定义图案"列表中就可以选用了。

2.6.4 渐变色选项卡

除了设置图案填充外，还可以创建渐变填充。渐变填充在一种颜色的不同灰度之间或两种颜色之间使用过渡。渐变填充提供光源反射到对象上的外观，可用于增强演示图形。渐变填充在"渐变色"标签页中设置，如图 2.27 所示。

2.6.5　设置图案填充属性

图案选择好后，一般还需要设置一些图案的属性来控制填充的具体图形和效果。

（1）设置图案的角度和比例

①【角度（G）】：此角度指的是样例中所显示的图案相对 X 坐标轴的角度，默认为 0°。如对于机械制图中常用的剖面线图案 ANSI31，剖面线倾角为 45° 时，设置角度为默认值 0；倾角为 135° 时，该值应设置为 90°。

②【比例（S）】：比例用来控制剖面线的疏密程度。在图案填充时，用户应设置适当的值，使剖面线的间距合适，不至于过密或过疏。

③【间距（C）】：间距用来控制填充图案的直线间距，该选项仅对"用户定义"的图案进行设置。

④【ISO 笔宽（O）】：对"预定义"图案中的 ISO 类型图案设置线宽。

⑤【双向（U）】及【相对于图纸空间（E）】复选框：选中"双向"，AutoCAD 在绘制用户定义图案时，将以用户定义图案初始直线成 90° 来绘制第二组直线，该选项仅在"用户定义"图案中可用；选中"相对于图纸空间（E）"，AutoCAD 将自动根据图纸空间的单位缩放图案，该选项仅在布局空间中可用。

（2）设置图案的填充原点

默认情况下，填充图案始终相互"对齐"。但是，有时您可能需要移动图案填充的起点（称为原点）。例如，如果创建砖形图案，可能希望在填充区域的左下角以完整的砖块开始。在这种情况下，使用"图案填充和渐变色"对话框中的"图案填充原点"选项，设置新的原点。

（3）设置图案选项

①【关联（A）】及【创建独立的图案填充（H）】复选框：选中"创建独立的图案填充"，AutoCAD 将创建独立的图案；选中"关联"，AutoCAD 将创建关联的图案，即关联图案填充随边界的更改而自动更新。

②【绘图次序（W）】：可以指定图案填充的绘制顺序，以便将其绘制在图案填充边界的后面或前面，或者其他所有对象的后面或前面。创建图案填充时，默认情况下将图案填充绘制在图案填充边界的后面，这样比较容易查看和选择图案填充边界。

2.6.6　设置图案填充的边界

在进行图案填充的时候，用户必须指定填充的区域，AutoCAD 提供了"拾取点"和"选择对象"两种确定填充区域的方法。在确定填充边界后，AutoCAD 允许用户对所确定的边界进行修改和查看等。该操作在"边界"列表内进行设置，如图 2.28。

（1）"拾取点"方法

"拾取点"使用在需要填充对象的内部单击左键的方法来确定边界。点取"添加：拾取点"按钮后，系统临时关闭对话框，并在命令行提示"拾取内部点"或"选择对象（S）/删除边界（B）"。此时用户在需要填充对象内部的任意位置单击左键，系统会自动选中该对象，并且以高亮显示。确定了内部点后（有必要的话，可连续选择多个内部点），按【Enter】键即可重新回到对话框。采用此方法选择边对象，对象一定要是个封闭的区域。如果该区域不是封闭的，系统会给出"未找到有效边界"的出错信息。对于封闭的区域，采用此方法选择对象更快捷。

图 2.28 边界

（2）"选择对象"方法

"选择对象"要求用户直接用拾取框选择需要填充的对象。点取"添加：选择对象"按钮后，系统临时关闭对话框，并在命令行提示"选择对象"或"拾取内部点（K）/删除边界（B）："。此时光标形状变为拾取框形状，用户可根据需要选择对象。对象选择完成后，按回车可重新回到对话框。采用此方法确定填充边界，边界可以是封闭的也可以是不封闭的，通常用于边界不封闭的情况。

确定好需要填充的边界后，AutoCAD 允许用户对所创建的边界进行删除和查看操作。

2.7　书写文字

文字注释是绘制工程图样中的重要信息。在进行各种设计时，不仅要绘制出图形，还需要通过文字来填写技术要求、标题栏和明细栏等。AutoCAD 提供了多种在图形中输入文字的方法。本节将详细介绍文本的输入和编辑功能。为了使所书写的文字满足制图国家标准规定和要求，一般应在书写文字前设置文字的样式。

2.7.1　文字样式

所有 AutoCAD 图形中的文字都具有与之相对应的文字样式，文本样式是用来确定字体、字号、倾斜角度、方向和文字的其他基本形状的一组设置。AutoCAD 提供了"文本样式"对话框，通过此对话框可以方便直观地创建设置需要的文本样式，或是对已有样式进行修改。首次使用 TEXT 命令书写文本时，默认的文字样式为"Standard"。

（1）文字样式命令执行方法

① 下拉菜单：【格式（O）/文字样式（S）…】；

② 命令行：STYLE；

③ 工具栏：单击"文字"工具栏中的"文字样式"按钮 **A**。

（2）设置文字样式操作步骤

命令：STYLE

执行 STYLE 命令后，系统弹出"文字样式"对话框，如图 2.29 所示。在该对话框中，系统提供了一样式名为"Standard"的默认文字样式。该样式的字体为 txt.shx，使用大字体 gbbig.shx。往往用户根据实际情况需要使用不同的字体和字体特征，这就需要创建不同的文字样式。该对话框各选项的含义如下：

①【样式（S）】列表框

【样式（S）】编辑框：该框显示所有的文字样式名称。

【置为当前（C）】按钮：该按钮可将用户选中的文字样式成为当前样式，即下次书写文字所采用的样式。

【新建（N）】按钮：该按钮用来创建新的文字样式。

【删除（D）】按钮：单击该按钮可以将当前样式名下拉框所显示的样式删除。默认的 Standard 样式以及正在使用的文字样式不能被删除。

图 2.29 "文字样式"对话框

②【字体】选项组

【字体名（F）】下拉框：该下拉框列出了所有的 AutoCAD 书写文字时所能使用的字体。这些字体分为两大类：带有"T"标志的是 Windows 系统提供的"TrueType"字体；其他字体是 AutoCAD 系统本身的字体（*.shx），其中的"gbenor.shx"和"gbeitc.shx"是符合我国国标的工程字体。若选择使用 Windows 系统提供的"TrueType"字体，注意不能选中"使用大字体"复选框。

【字体样式（Y）】下拉框：如果用户选择的字体（一般为 Windows 字体）支持不同的样式，则可在【字体样式（Y）】下拉框中选择字体的样式，如常规、粗体、斜体、粗斜体等，如图 2.30 所示。

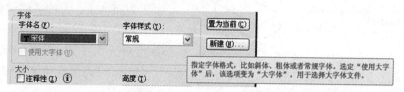

图 2.30　字体样式下拉列表

【使用大字体（U）】复选框：大字体是指 AutoCAD 系统专为亚洲国家设计的文字字体。对于 AutoCAD 本身提供的*.shx 字体，可使用大字体。选中【使用大字体（U）】复选框后，在"大字体（B）"下拉框中显示当前所能使用的大字体，其中的"gbcbig.shx"大字体符合我国的工程汉字字体标准。对于符合我国标准的汉字字体，可按图 2.31进行设置。

图 2.31　国标汉字样式

③【大小】选项组

【注释性】复选框：使用此特性，用户可以自动完成缩放注释的过程，从而使注释能够以正确的大小在图纸上打印或显示。

【高度（T）】编辑框：输入字高。默认为 0.000，表示该字高不固定，书写文字时可在命令行输入需要的字高。若输入了字高，则书写文本时 AutoCAD 不再提示指定字高，而采用当前字高。

④【效果】选项区

【颠倒（E）】复选框：该选项使文字上下颠倒，仅影响单行文字。

【反向（K）】复选框：该选项使文字首尾反向显示，仅影响单行文字。

【垂直（V）】复选框：该选项使文字沿竖直方向排列。

【宽度比例（W）】编辑框：该比例为字宽与字高的比值。默认为 1，若该比例越小，则文本将变得更窄。一般对国标字体，该比例设置为 0.7。

【倾斜角度（O）】编辑框：该角度为字头方向与竖直方向的夹角。对于数字和字母，一般该角度设置为 15°。字体效果如图 2.32 所示。

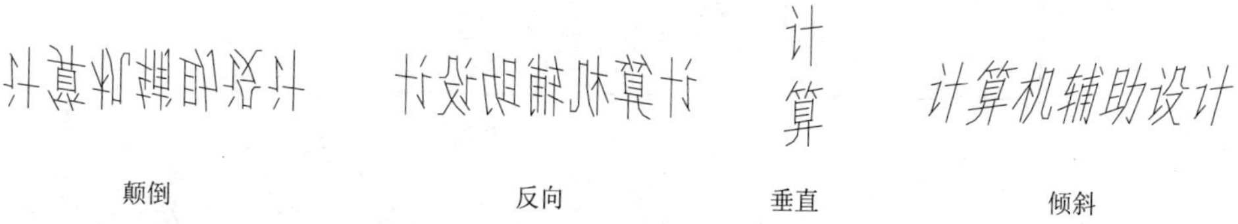

| 颠倒 | 反向 | 垂直 | 倾斜 |

图 2.32　文字效果 I

在工程制图中，图纸的左上方需要书写反向的文字，如图 2.33（a）所示。对于这种样式，选中效果中的"颠倒"和"反向"就可。

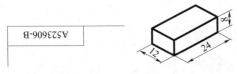

图2.33　文字效果Ⅱ

对于轴测图中的尺寸标注，数字应为斜体字。为使字体倾斜，可设置效果中的倾斜角度。如图2.33（b），对于长度24和高度8这两个尺寸，可设置倾斜角度为−30；对于宽度12，可设置倾斜角度为30。

【例2.5】　设置一名为FANXIANG的文字样式，使其书写文字的效果如图2.33（a）所示。

要书写"反向"文本，需先创建符合文本特征的文字样式，具体操作如下：

① 执行STYLE命令，打开"文字样式"对话框。

② 单击【新建】按钮，打开"新建文字样式"对话框，在【样式名】编辑框内输入FANXIANG，如图2.34所示。

③ 单击【确定】按钮，系统返回到"文字样式"对话框，如图2.35所示。在该对话框中，当前样式名显示的是

图2.34

"FANXIANG"。在"字体名"下拉框中选择"txt.shx"字体，选中效果中的"颠倒"和"反向"复选框。

④ 设置完成后，单击"应用"按钮完成操作。

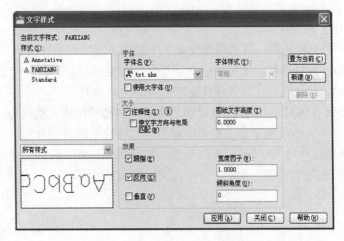

图2.35　"文字样式"设置

2.7.2　单行文字

当需要文字标注的文本不太长时，可以利用TEXT命令创建单行文本。使用单行文字TEXT命令，用户可以书写那些不需要使用多种字体的简短输入项。需

要特别注意的是，TEXT 命令书写的文字可以是多行的，每行文字都是独立的对象，可以重新定位、调整格式或进行其他修改。

（1）单行文字命令执行方式

① 下拉菜单：【绘图（D）/文字（X）/单行文字（S）】；

② 工具栏：单击"文字"工具栏中的"单行文字"按钮A；

③ 命令行：TEXT。

（2）书写单行文字操作步骤

命令：_text

当前文字样式：Standard　当前文字高度：2.5000

指定文字的起点或 [对正（J）/样式（S）]：

各选项的含义如下：

【指定文字的起点】：默认选项为指定文字的起点。在此提示下在屏幕任意位置单击鼠标左键确定文字书写的起点后，AutoCAD 提示如下：

指定高度<2.5000>：　　　　　//输入数字确认文字的大小。制图中规定字体高度的公称尺寸系列为 1.8、2.5、3.5、5、7、10、14、20，且汉字的高度不应小于 3.5

指定文字的旋转角度<0>：　　//确认文本行的倾斜角度，该角度为文本行与水平线的夹角

高度和角度输入完后回车，此时光标形状变为文字输入方式并不断闪烁，用户就可以输入所需的文字了。如果想换行输入，按回车键可继续下一行的输入。待全部都输入完成后按两次回车键，则退出 TEXT 命令，文字书写完毕。通过 TEXT 命令的书写，我们知道该命令可创建多行文本，且每行文本是一个独立的对象。

【对正（J）】：该选项用来决定字符的哪一部分与插入点对齐。AutoCAD 提供了丰富的文字对正方式，这些定位方式便于用户灵活方便地组织文字。在书写文字时，默认的对正方式为"左"方式。用户在上面的提示中输入 J 后，系统提示如下：

输入选项 [对齐（A）/调整（F）/中心（C）/中间（M）/右（R）/左上（TL）/中上（TC）/右上（TR）/左中（ML）/正中（MC）/右中（MR）/左下（BL）/中下（BC）/右下（BR）]：

AutoCAD 总共提供了 14 种对正的方式，这些方式是按系统为文本行定义的四条定位线（顶线、中线、基线和底线）来定位的。四条定位线如图 2.36（a）所示，各种对正方式如图 2.36（b）所示。

使用这些对正方式书写文本的操作如下：

①【对齐（A）】：该选项通过指定基线的两个端点来确定文本高度和方向。输入 A 后，系统提示如下：

指定文字基线的第一个端点：　　　//指定第一个点

指定文字基线的第二个端点：　　　//指定第二个点

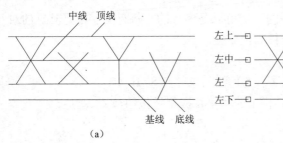
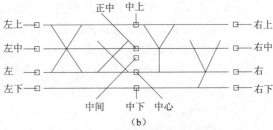

图 2.36　对正方式

当两个端点都指定后，用户就可以输入文本了，且文字均匀地写在两点之间。文字行的倾角由所指定的两点连线确定，根据两点的距离和文字的个数自动调整文字的高度。如图 2.37 所示，用户指定的两个端点的位置相同，但字数不同，所书写文字的高度变化。

图 2.37　文字的对齐方式

②【调整（F）】：该选项通过指定两点来确定文字的区域和方向，文本的高度是固定的，但宽度可变。

指定文字基线的第一个端点：　　　　//指定第一个点
指定文字基线的第二个端点：　　　　//指定第二个点
指定高度<5.0000>：　　　　　　　//指定高度数值

当两个端点和高度确定后，用户就可以输入文本了。系统调整文本的宽度使其位于两点之间，但文本的高度为输入值，是不变化的，如图 2.38 所示。

③【中心（C）】：该选项通过确定文本的中心点与插入点对正来书写文字，其对正方式可参见图 2.36（b）。输入 C 回车后，系统提示如下：

指定文字的中心点：　　　　　　　//指定中心点
指定高度<2.5000>：5
指定文字的旋转角度<0>：

使用中心点对正方式所书写的文字如图 2.39 所示。其他 11 种对正方式书写文字的方法与中心点方法的操作类似。

图 2.38　文字的调整方式　　　　　　　图 2.39　文字的中心对齐方式

（3）单行文字中特殊字符的书写

实际绘图时，有时需要标注一些特殊字符，例如直径符号、上划线和下划线等，由于这些字符不能从键盘上输入，AutoCAD 提供了一些控制码，用来实现这些要求。控制码用两个百分号（%%）加一个字符构成，常用的控制码及功能如表 2.1 所示。

表 2.1　AutoCAD 常用控制码

控制码	标注的特殊字符	控制码	标注的特殊字符
%%o	上划线	\u+2078	电相位
%%U	下划线	\u+E101	流线
%%D	"度"符号"°"	\u+2261	标识
%%P	正负符号"±"	\u+E102	界碑线
%%C	直径符号"φ"	\u+2260	不相等（≠）
%%%	百分号（%）	\u+2126	欧姆（Ω）
\u+2248	约等于（≈）	\u+03A9	欧米加（Ω）
\u+2220	角度（∠）	\u+214A	低界线
\u+E100	边界线	\u+2082	下标 2
\u+2104	中心线	\u+00B2	上标 2
\u+0394	差值		

【例 2.6】　利用 TEXT 命令书写文本 φ80、20℃。

φ 和℃在 AutoCAD 中是特殊字符，从表 2.1 中可找到其对应的代码分别为%%c、%%d。单击"文字"工具栏上的"单行文字"按钮 A，命令行提示与操作如下。

命令：_text
当前文字样式：Standard 当前文字高度：5.0000
指定文字的起点或［对正（J）/样式（S）］：　　　//指定对正起点
指定高度<5.0000>：7
指定文字的旋转角度<0>：

按【Enter】键后，屏幕中的光标变为文字输入方式并不断闪烁，此时用户输入如下文本：%%C80、20%%dC。该文本输入完成后，AutoCAD 将其自动转变为φ80、20℃。

2.7.3　多行文字

当需要标注很长、很复杂的文字信息时，可以利用 MTEXT 命令创建多行文本。使用多行文字 MTEXT 命令，用户可以创建一个或多个多行文字段落，且每段文字为一个独立的对象。多行文字的书写在类似于 Word 的文字编辑器中来完成，因此多行文字有更多的编辑项，可更加灵活、方便地组织文本。

（1）多行文字命令执行方式

① 下拉菜单：【绘图（D）/文字（X）/多行文字（M）】；

② 工具栏：单击"绘图"工具栏中的"多行文字"按钮**A**；

③ 命令行：MTEXT。

（2）书写多行文字操作步骤

【例2.8】 使用多行文字 MTEXT 命令书写如图2.40所示文字。

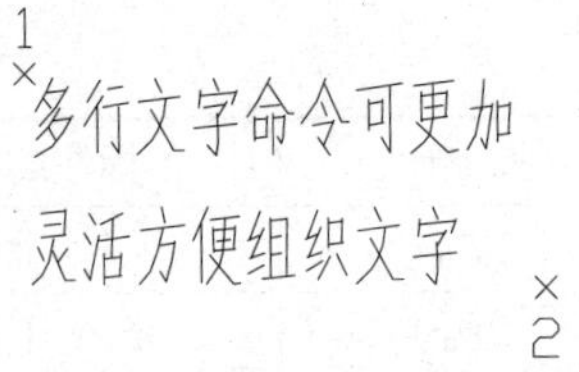

命令：_mtext　　　//单击"绘图"工具栏中的"多行文字"按钮**A**

图 2.40　用 MTEXT 命令写字

当前文字样式："FANXIANG"　当前文字高度：5

指定第一角点：　　//单击左键指定矩形框的第一个角点1

指定对角点或［高度（H）/对正（J）/行距（L）/旋转（R）/样式（S）/宽度（W）］:　　　　　　//指定对角点2

矩形框的两个角点指定后，系统自动弹出"文字编辑器"对话框，如图2.41所示。在该对话框中直接输入所需的文字后单击"确定"按钮即可。

图 2.41　多行文字编辑器

可见，使用 MTEXT 命令书写多行文字，应先指定文本边框的两个角点。这两个角点形成一个矩形区域，且第一个角点为第一行文本顶线的起点。文字边框用于定义多行文字对象中段落的宽度。多行文字对象的长度取决于文字量，而不是边框的长度。

其他命令选项的含义如下：

【高度（H）】：确定文本的高度。

【对正（J）】：确定多行文本的对正方式，即文本行的哪一部分与文字边框的对应部分对齐。默认的对齐方式为"左上"，也就是文本行的左上点与矩形区域的左上点对齐，如图2.41为左上对正。输入 J 后，系统提示如下：

输入对正方式［左上（TL）/中上（TC）/右上（TR）/左中（ML）/正中（MC）/右中（MR）/左下（BL）/中下（BC）/右下（BR）］<左上（TL）>:

这些对齐方式与 TEXT 命令中的各对齐方式相同，读者可参照前面的内容。

若在标题栏中书写文本,要求文本书写在格子的中央,此时对正方式应设置为"正中(MC)"。

【行距(L)】:确定文本的行间距。输入 L 后,系统提示如下:

输入行距类型［至少(A)/精确(E)］<至少(A)>:

在此提示下有两种确定行距的方式:"至少(A)"方式下 AutoCAD 根据每行文本中最大的字符自动调整行间距;"精确(E)"方式下 AutoCAD 给文本设置固定的行间距。

【旋转(R)】:确定文本行的倾斜角度。

【样式(S)】:确定文本的文字样式。

【宽度(W)】:确定文本行的宽度。输入宽度值后,系统根据输入的宽度而不是对角点来确定文本边框。

2.7.4 多行文字编辑器

多行文字的输入和设置是在多行文字编辑器中来完成的,如图 2.41 所示。该文字编辑器由两部分组成:上部分为"文字格式"工具栏,下部分为一个顶部带标尺的边框。随着 AutoCAD 版本的不断更新,该文字编辑器与 Word 在某些功能上越来越趋于一致。这样既增强了多行文字的编辑功能,又使用户在 AutoCAD 中输入文字更加熟悉和方便。如可以设置制表符和缩进文字来控制多行文字对象中的段落外观,也可以在多行文字中插入字段。字段是设置为显示可能会修改的数据的文字,字段更新时,将显示最新的字段值。同时该编辑器是透明的,因此用户在创建文字时可看到文字是否与其他对象重叠。由于该文字编辑器的使用与Word 极为相似,故只对其部分选项功能作介绍。

【文字样式】及【字体】下拉框:"文字样式"下拉框用来选择已经定义好的文字样式作为当前样式,默认的样式为"Standard";"字体"下拉框显示所有书写和编辑文字时的字体,用户可根据需要直接选择。

【文字高度】下拉列表框:用于确定文本的字符高度,可在文本编辑器中设置输入新的字符高度,也可从此下拉列表框中选择已设定过的高度值。

【符号】按钮:该按钮用来输入 AutoCAD 文本中的特殊字符,也可输入类似Word 中的"字符映射表"符号。

【加粗】**B** 和【斜体】*I* 按钮:用于设置较粗或斜体效果,但这两个按钮只对 TrueType 字体有效。

【下划线】U 和【上划线】O 按钮:用于设置或取消文字的上下划线。

【斜体角度】下拉列表框:用于设置文字的斜体角度。

【插入字段】按钮:用于插入一些常用或预设字段。单击此按钮,系统打开"字段"对话框,如图 2.42 所示,用户可从中选择字段,插入到标注文本中。

【追踪】下拉列表框:用于增大或减小选定字符之间的空间。1.0 表示设置常规间距，设置大于 1.0 表示增大间距，设置小于 1.0 表示减小间距。

【宽度因子】下拉列表框：用于扩展或收缩选定字符。1.0 表示设置代表此字体中字母的常规宽度，可以增大该宽度或减小该宽度。

【选项】菜单：在"文字格式"对话框中单击"选项"按钮，系统打开"选项"菜单，如图 2.43 所示。其中许多选项与 Word 中相关选项类似，对其中比较特殊的选项介绍如下：

①【符号】：在光标位置插入列出的符号或不间断空格，也可手动插入符号。

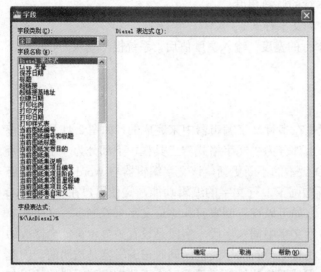

图 2.42　"字段"对话框　　　　　　　　图 2.43　"选项"菜单

②【输入文字】：选择此项，系统打开"选择文件"对话框，如图 2.44 所示。选择任意 ASCII 或 RTF 格式的文件。输入的文字保留原始字符格式和样式特征，

图 2.44　"选择文件"对话框

但可以在许多文字编辑器中编辑和格式化输入的文字。选择要输入的文本文件后，可以替换选定的文字或全部文字，或在文字边界内将插入的文字附加到选定的文字中。输入文字的文件必须小于 32 K。

③【字符集】：显示代码页菜单，可以选择一个代码页并将其应用到选定的文本文字中。

④【删除格式】：清除选定文字的粗体、斜体或下划线格式。

⑤【背景遮罩】：用设定的背景对标注的文字进行遮罩。选择此项，系统打开"背景遮罩"对话框，如图 2.45 所示。

图 2.45 "背景遮罩"对话框

⑥【堆叠】按钮 $\frac{b}{a}$：该按钮用来层叠所选的文本。使用该功能可以创建分数、上下标及公差形式的文本，如 $\phi 80 \frac{H7}{g6}$、m^2、$10^{+0.002}_{-0.001}$。

在文字编辑器中书写上述文字的方法如下：

（1）按图 2.46 所示格式输入多行文字。

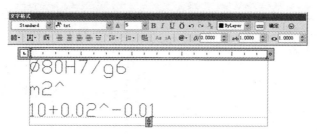

图 2.46 输入多行文字

（2）用鼠标选中文字 H7/g6 后单击【堆叠】按钮，结果如图 2.47 所示。

（3）使用同样的方法分别选中 2^进行堆叠，结果如图 2.48。

图 2.47 分数形式的文字

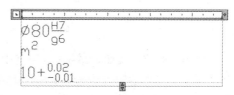

图 2.48 公差形式的文字

2.8 创 建 表 格

在 AutoCAD 2010 中，可以使用 TABLESTYLE 命令创建表格。用户可以直接插入设置好样式的表格，然后在表格的单元中添加内容，同时表格的宽度、高度和文字信息可以很方便地进行修改，还可以对表格进行删除或合并等操作。使用该功能与书写文字命令类似，用户一般应在创建表格前设置表格样式。

2.8.1 表格样式

所创建的表格外观由表格样式来确定。默认情况下，AutoCAD 提供了一名为"Standard"的样式，其预览效果如图 2.49 所示。该样式包含三部分：第一行为标题行、第二行为列标题行（表头）、其余为数据行。为了满足图纸实际的需要，用户一般要创建新的表格样式。

（1）表格样式命令执行方式

① 下拉菜单：【格式（**O**）/表格样式（**B**）】；

② 工具栏：单击"样式"工具栏中的"表格样式"按钮⊞；

③ 命令行：TABLESTYLE。

（2）定义表格

执行表格样式 TABLESTYLE 命令，AutoCAD 打开表格样式对话框，如图 2.49 所示。新建表格样式的操作如下：

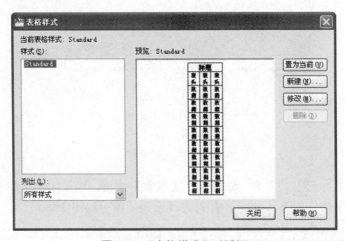

图 2.49 "表格样式"对话框

单击"新建"按钮，系统打开"创建新的表格样式"对话框，如图 2.50 所示。在"新样式名"编辑框中输入样式名称如"Standard 副本"后单击"继续"按钮，系统打开"新建表格样式：Standard 副本"对话框，如图 2.51 所示。在此对话框中用户可设置样式的外观和属性。

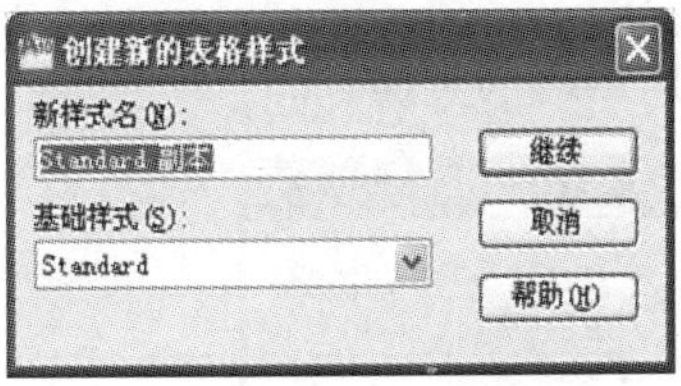

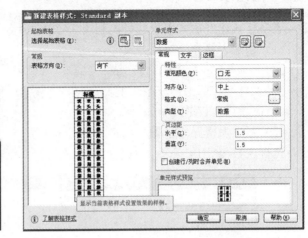

图 2.50 “创建新的表格样式”对话框

图 2.51 “新建表格样式：我的样式”对话框

①【单元样式】下拉框：在该下拉框中可分别选择标题、表头和数据，用来控制是否显示“列标题行”和“标题行”。图 2.52 为选择了“数据”的表格样式。

数据	数据	数据
数据	数据	数据
数据	数据	数据
数据	数据	数据
数据	数据	数据
数据	数据	数据
数据	数据	数据
数据	数据	数据
数据	数据	数据
数据	数据	数据

图 2.52 “数据行”样式

②【基本】列表：该列表用来控制数据行与标题行的上下位置关系。单击【表格方向】下拉框可选择上、下关系。默认的为下，即数据行在标题行的下方。

③【基本】标签页：“填充颜色”下拉框用来选择数据行的背景色；“对齐”下拉框用来确定文本相对于表格的位置，若文本书写在表格的正中的话，可选择“正中”对齐方式；“页边距”选项区用来控制单元边界和单元内容之间的水平和垂直距离。

④【文字】标签页：该标签页用来控制文本的属性。“文本样式（S）”下拉框用来选择数据行中文本的样式，也可通过“文本样式（S）”右边的按钮创建新的文字样式后再进行选择；【文本高度】编辑框通过输入高度值来确定文字的大小；“文本颜色”下拉框用来选择文本的颜色；“文本角度”下拉框用来确定文字的倾斜角度。

⑤【边框】标签页：该标签页用来控制边框的特性。

表格样式对话框中的【修改】和【删除】按钮可分别对当前表格样式进行修改和删除。表格样式设置好后，单击【置为当前】按钮就可利用新建的表格样式创建新的表格了。

2.8.2 创建表格

表格样式建好后，用户就可以利用 TABLE 命令创建自己需要的表格了。

（1）创建表格命令执行方式

① 下拉菜单:【绘图（D）/表格…】;

② 工具栏：单击"绘图"工具栏中的"表格"按钮▦;

③ 命令行：TABLE。

（2）新建表格操作步骤

执行表格 TABLE 命令，系统打开插入表格对话框，如图 2.53 所示。

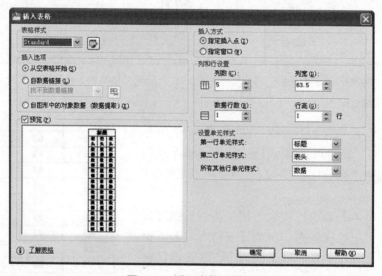

图 2.53 插入表格对话框

该对话框各选项的含义如下：

①【表格样式设置】选项区：该列表用来选择所需要的表格样式。在【表格样式名称（S）】下拉框中可选择已经建好的表格样式，也可通过其右边的按钮新建或修改表格样式后再进行选择。

②【插入方式】选项区：该列表用来确定表格的插入方式。【指定插入点（I）】方式为通过鼠标单击或输入坐标值来确定表左上角的位置。如果表格方向为"上"样式，则插入点位于表的左下角；【指定窗口（W）】方式为通过在屏幕指定表的区域范围来确定表的大小和位置，表的行数、行高、列数和列宽取决于所指定的窗口大小以及列和行设置。

③【列和行设置】选项区：该列表用来设置数据行行数、行高、列数和列宽。如果该表格样式存在标题行和列标题行的话，则插入表格的总行数为数据行行数+2行。

④【设置单元样式】：在该选项区的下拉框中可分别选择标题、表头和数据，用来控制是否显示"列标题行""标题行"和"数据行"。

"插入表格"对话框设置好后，单击"确定"按钮，系统临时关闭对话框并在屏幕显示一个空表格。此时用户可通过指定插入点或窗口来确定表格的位置，位置定好后会自动打开文字编辑器，如图 2.54 所示。若要插入空表，直接按"确定"按钮即可。如果要输入文字，通过移动键盘上的方向键可在需要的表格处输入文字。

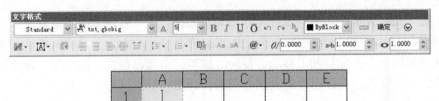

图 2.54　插入表格

2.8.3　编辑修改表格

利用 TABLE 命令所创建表格的列宽和行距一般是均匀的，但实际上我们往往需要不均匀的列宽和行距。在 AutoCAD 中，允许对所创建的表格进行编辑修改。编辑修改表格的方法步骤如下：

（1）选定单元格

先将鼠标移动到需要修改的单元格内，单击左键选定该单元格（按住【Shift】键单击可连续选择多个单元格），表格被选中后其四周出现四个蓝色的"夹点"。

（2）编辑修改表格

【改变单元格的大小】：若要改变单元格的大小，可将十字光标移到任意"夹点"上单击左键（此时被选中的"夹点"变为红色），再移动鼠标到需要的位置后单击左键，从而改变单元格的大小。通过拖动左右两个"夹点"改变列宽，上下两个"夹点"改变行高。

【利用快捷菜单编辑表格】：在选中的单元格内单击右键打开快捷菜单，利用快捷菜单中的命令对表格进行编辑（同时也可对表格中的文字进行编辑）。快捷菜单如图 2.55 所示。

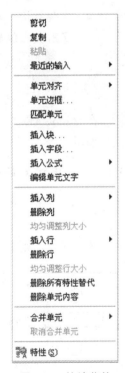

图 2.55　快捷菜单

第3章	图形编辑命令

在 AutoCAD 中，单纯地使用绘图命令只能创建一些基本的图形对象。为了绘制复杂图形，很多情况下需借助于图形编辑命令。AutoCAD 2010 提供了丰富的图形编辑命令，如复制、移动、旋转、修剪、缩放、镜像、拉伸等。使用这些命令，可以修改已有图形或通过已有图形构造新的复杂图形。

本章学习目的：

（1）掌握选择对象的基本方法；
（2）能正确运用二维基本编辑命令；
（3）了解 AutoCAD "编辑" 菜单的运用；
（4）掌握查询工具的用法；
（5）了解夹点编辑操作方法。

3.1 选择编辑对象

在 AutoCAD 中，无论执行任何编辑命令都必须选择对象，或先选择对象再执行编辑命令。

3.1.1 选择对象的方法

在 AutoCAD 中选择对象的方法有很多，如通过单击对象选择、利用矩形窗口或交叉窗口选择等。AutoCAD 用虚线亮显所选择的对象，若没有发出编辑命令前先选择对象，则被选中的对象上会出现一些蓝色方块 "夹点"，如图 3.1 所示，圆上及圆心出现夹点。

1. 直接拾取法

默认情况下，可以直接选择对象。将十字光标移动到某个图形对象上，然后单击拾取键（一般为鼠标左键），即可选择与十字光标有公共点的图形对象。如果需要选取多个对象，只需逐个选取这些对象即可。图

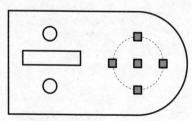

图 3.1 用直接拾取法选取的圆

3.1 为直接拾取法选取的圆。

2. 矩形窗口选择与交叉窗口选择法

窗口选择主要是通过指定对角点来定义矩形选择区域，操作时，选择区域的背景颜色将更改。当需要选择的对象较多时，可以使用该选择方式。

窗口选择法主要包括矩形窗口选择和交叉窗口选择两种，其操作方法及含义如下：

（1）矩形窗口选择

从左向右拖动十字光标，选择框呈实线显示，选择窗背景呈蓝色，如图 3.2 所示。被选择框完全包容的对象将被选中，而位于矩形窗口外及与窗口边界相交的对象则不被选中，如图 3.3 所示。

（2）交叉窗口选择

从右向左拖动十字光标，选择框呈虚线显示，选择窗背景呈绿色，如图 3.4 所示。只要与交叉窗口相交或被选择框完全包容的对象都将被选中，如图 3.5 所示。

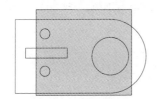

图 3.2　矩形窗口选择框

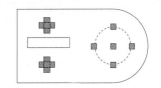

图 3.3　被矩形窗口选中的对象

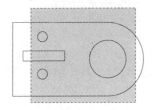

图 3.4　交叉窗口选择框

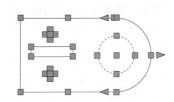

图 3.5　被交叉窗口选中的对象

3. 不规则窗口选择法

如果要在不规则形状区域内选择对象，可以使用一个不规则的多边形选择窗口，该窗口只选择其完全包含的对象。当使用交叉多边形选择窗时可以同时选中包含在内部的对象和与其相交的对象。

（1）使用多边形选择窗口选择对象的方法

① 输入一个图形编辑命令后，系统会出现"选择对象："的提示符；

② 在命令行输入"WP"后按【Enter】键，此时依次在要选择的对象周围单击，确定要选择的范围；

③ 按【Enter】键闭合多边形，该多边形即为不规则选择窗口，由此完成对象的选择。

图 3.6 为通过一个不规则多边形选择图中圆对象，图 3.7 为圆被选中。

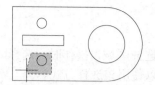

图3.6　不规则多边形选择图中圆

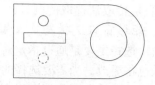

图3.7　圆被选中

（2）使用交叉多边形选择窗口选择对象的方法

① 输入一个图形编辑命令后，系统会出现"选择对象："的提示符；

② 在命令行输入"CP"后按【Enter】键，此时依次在要选择的对象周围单击，确定要选择的范围；

③ 按【Enter】键闭合多边形，该多边形即为不规则选择窗口，由此完成对象的选择。

此时只要与交叉窗口相交或者被交叉窗口包容的对象，都被选中。如图3.8所示，交叉窗口与矩形相交且包含其下方的圆，则矩形及其下方的圆被选中，如图3.9所示。

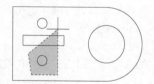

图3.8　交叉不规则窗口选择对象

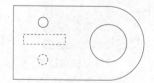

图3.9　被选中的矩形及其下方圆

4. 栏选方法

通过绘制一条开放的多点栅栏（多段直线）来选择对象，其中所有与栅栏线相接触的对象均会被选中。使用该方法可以很容易地从复杂的图形中选择所需的对象。使用栏选的具体步骤如下：

① 输入一个图形编辑命令后，系统会出现"选择对象："的提示符；

② 将在命令行中输入"F"，按【Enter】键确认；

③ 十字光标移动到要选择的对象上单击并拖出一条直线,使其穿过要选择的对象，然后按【Enter】键，此时直线穿过的对象都被选中。

图3.10中的下边线、矩形、上方的圆及右边的圆均与选择栏相交，即被选中（如图3.11所示）。

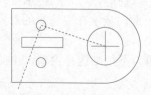

图3.10　选择栏选择对象

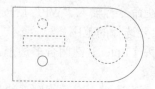

图3.11　被选中的对象

3.1.2 快速选择对象

在 AutoCAD 中，当需要选择具有某些共同特性的对象时，可以利用【快速选择】对话框，根据对象的图层、线性、颜色等特性，创建选择集。

用户可以使用 QSELECT 命令（对应【工具/快速选择（K）...】菜单）打开"快速选择"对话框，在该对话框中设置相应的参数值，然后单击【确定】按钮即可选取当前图形中所有的等于该参数的图形对象。如图 3.12 所示为选取直线的"快速选择"对话框，图 3.13 为使用快速选择法选取的直线。

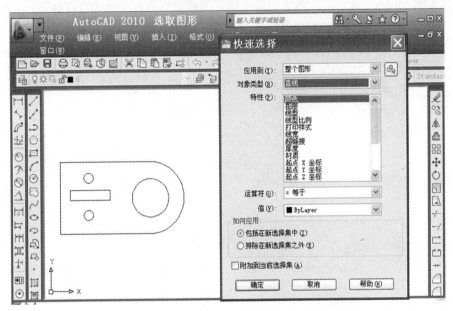

图 3.12　选取直线的"快速选择"对话框

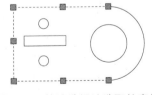

图 3.13　快速选择法选取的直线

3.2　二维图形基本编辑命令

AutoCAD 提供了许多基本编辑命令，使用这些命令，可以修改已有图形或通过已有图形构造新的复杂图形，同时简化绘图操作的难度，提高绘图的质量和效率。启动编辑命令有以下方法：

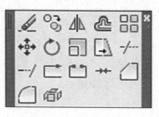

图 3.14　修改工具条

① 菜单：单击【修改（M）】下拉菜单，即会弹出修改命令的下拉菜单列表，单击其中需要的选项即可完成相应的命令输入；

② 工具栏：选择【修改】工具栏上的各编辑工具。【修改】工具栏如图 3.14 所示；

③ 命令行：输入相应的编辑命令。

3.2.1　删除命令

利用 ERASE 命令可以删除图形中选择的对象。执行该命令方法如下：

① 菜单：【修改（M）/删除（E）】；

② 工具栏：单击"修改"工具栏上的"删除"按钮✍；

③ 命令行：ERASE 或 E。

命令：_erase

选择对象：（选择要删除的对象，如图 3.15）

选择对象：（回车确定，结果如图 3.16 或继续选择要删除的对象）

图 3.15　选择删除对象

图 3.16　删除选中的对象

3.2.2　删除恢复命令

OOPS 命令恢复最后一次用删除命令删除的对象，但只能恢复一次。该命令的调用方法及命令格式如下：

命令：_oops　　　　　　　　　　　　//系统即恢复最后一次删除的对象

3.2.3　复制命令

在图形编辑的过程中，用户可以用复制命令复制单个或多个指定的对象。执行复制命令方法如下：

① 菜单：【修改（M）/复制（Y）】；

② 工具栏：单击"修改"工具栏上的"复制"按钮；

③ 命令行：COPY 或 CO。

命令：_copy

选择对象：　　　　　　　　　　　　//选择要复制的对象

选择对象： //按回车键，结束对象选择

指定基点或［位移（D）］<位移>： //输入基点或位移量

指定第二个点或<使用第一个点作位移>：

输入位移量是系统的缺省方式。对位移量的输入有两种方法：

方法一：对"指定基点或［位移（D）］<位移>："的提示用一个点来回答，然后用第二个点来回答"指定第二个点或<使用第一个点作为位移>："的提示，系统将自动计算两点的坐标差作为位移量。

方法二：在"指定基点或［位移（D）］<位移>："的提示下，键入"D"后，直接给出位移量。系统提示如下：

指定基点或［位移（D）］<位移>：d

指定位移<0.0000，0.0000，0.0000>：

若想对需复制的对象进行多次复制，则在响应"指定第二个点或［退出（E）/放弃（U）］<退出>："提示下，输入下一个基点。

指定第二个点或［退出（E）/放弃（U）］<退出>：

这时"指定第二个点或［退出（E）/放弃（U）］<退出>："提示将重复出现，每给定一个点就产生一个复制品。完成复制工作后，以回车响应上述提示即可结束该命令。

注意： 为使 COPY 命令更好地工作，应将 ORTHO（正交）和 SNAP（捕捉）方式关掉。

【例 3.1】 将办公桌左边的一系列矩形复制到右边，完成办公桌的绘制，如图 3.17 所示。命令行提示与操作如下：

命令：_copy //单击"修改"工具栏上的"复制"按钮；

选择对象： //选择桌面左下边的一系列矩形

选择对象： //回车

当前设置：复制模式＝多个

指定基点或［位移（D）/模式（O）］<位移>：

//选择最外面的矩形与桌面的右交点

指定第二个点或<使用第一个点作为位移>：

//选择桌面的右下角

指定第二个点或［退出（E）/放弃（U）］<退出>： //回车

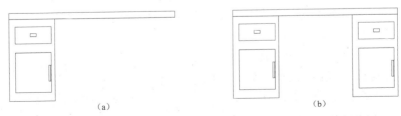

（a） （b）

图 3.17 复制图形

（a）原图；（b）结果

3.2.4 镜像命令

镜像命令是将对象按指定的镜像线进行镜像，即按相反方向生成所选对象的副本，原有对象可以删除也可以保留。执行镜像命令的方法如下：

① 菜单：【修改（**M**）/镜像（**I**）】；

② 工具：单击"修改"工具栏上的"镜像"按钮⚐；

③ 命令行：MIRROR 或 MI。

命令：_mirror　　　　　　//如图 3.18 所示，利用"镜像"命令绘制的办公桌

选择对象：　　　　　　　//选择桌面左下边的一系列矩形

选择对象：　　　　　　　//回车

指定镜像线的第一点：　　//取桌子上端面直线中点

指定镜像线的第二点：　　//鼠标垂直向下移动，等出现虚线后，在虚线上任
　　　　　　　　　　　　　　取一点

要删除源对象吗？［是（Y）/否（N）］<N>：

　　　　　　　　　　　　　//输入"Y"则原来的对象删除；输入"N"或回车
　　　　　　　　　　　　　则不删除源对象

对于文本进行镜像时，如果系统变量 MIRRTEXT=0 时，只对文本框做镜像，称为文本镜像；如果 MIRRTEXT=1，则文本的位置、文字都被镜像，镜像后文本变为倒排和反写，称为文本完全镜像，如图 3.19 所示。

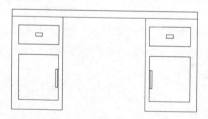

镜像线

| AutoCAD | AutoCAD | Mirrtext=0,
文本可读镜像 |
| AutoCAD | ꓷAɔoϯuA | Mirrtext=1,
文本完全镜像 |

图 3.18　利用"镜像"命令绘制的办公桌　　　　图 3.19　文本镜像比较

3.2.5 偏移命令

偏移命令是将选中的对象按指定的方向偏移一定的距离，创建与选定对象平行的新对象。可以偏移的对象包括直线、圆弧、圆、椭圆、椭圆弧、二维多短线、构造线、射线和样条曲线等。执行该命令的方法如下：

① 菜单：【修改（**M**）/偏移（**S**）】；

② 工具栏：单击"修改"工具栏上的"偏移"按钮⚏；

③ 命令行：OFFSET 或 O。

命令：_offset

当前设置：删除源=否　　图层=源　　OFFSETGAPTYPE=0

指定偏移距离或［通过（T）/删除（E）/图层（L）］<通过>：

各选项功能如下：

①【指定偏移距离】：默认选项，当输入偏移距离后回车，系统提示：

选择要偏移的对象，或［退出（E）/放弃（U）］<退出>：

           //选取要偏移的对象

指定要偏移的那一侧上的点，或［退出（E）/多个（M）/放弃（U）］<退出>：

【指定要偏移的那一侧上的点】：用光标点选对象的某一侧，确定向哪个方向偏移对象。

【退出（E）】：退出命令，也可以直接回车退出。

【多个（M）】：可以连续偏移复制多个对象。

【放弃（U）】：取消上一次偏移复制的操作。

②【通过（T）】：输入 T 或回车确认"通过"命令，系统提示：

选择要偏移的对象，或［退出（E）/放弃（U）］<退出>：

         //选取要偏移的对象

指定通过点或［退出（E）/多个（M）/放弃（U）］<退出>：

         //指定偏移复制的对象通过哪个点或输入命令选项

③【删除（E）】：输入"E"响应，系统提示：

要在偏移后删除源对象吗？［是（Y）/否（N）］<否>：

         //输入"Y"响应，偏移对象后删除源对象；输入

         "N"响应，偏移对象后保留源对象

指定偏移距离或［通过（T）/删除（E）/图层（L）］<通过>：

④【图层（L）】：输入"L"响应，系统提示：

输入偏移对象的图层选项［当前（C）/源（S）］<源>：

         //输入"C"响应，偏移的对象放置在当前图层；

         输入"S"响应，偏移对象放置在源对象所在的

         图层上

【例 3.2】 如图 3.20 所示，正六边形的边长为 100 mm，圆的直径为 86 mm，利用偏移命令分别向内、向外绘制与原正六边形平行的正六边形，且与原正六边形偏移距离为 15 mm，如图 3.21；通过圆的左象限点 A，利用偏移命令绘制正六边形，如图 3.22 所示。

操作步骤如下：

① 绘制图 3.20：

命令：_polygon   //单击"绘图"工具栏上的"正多边形"按钮⬠

输入边的数目<4>：6

指定正多边形的中心点或［边（E）］：   //指定一点

输入选项［内接于圆（I）/外切于圆（C）］<I>：   //回车

指定圆的半径：100

命令：_circle　　　　　　　//单击"绘图"工具栏上的"圆"按钮

指定圆的圆心或［三点（3P）/两点（2P）/切点、切点、半径（T）］：

　　　　　　　　//利用临时追踪法找到正六边形中心为圆心

指定圆的半径或［直径（D）]：43

② 绘制图 3.21：

命令：_offset　　　　　　//单击"修改"工具栏上的"偏移"按钮

当前设置：删除源＝否　图层＝源　OFFSETGAPTYPE＝0

指定偏移距离或［通过（T）/删除（E）/图层（L）]＜通过＞：15

选择要偏移的对象，或［退出（E）/放弃（U）]＜退出＞：

　　　　　　　　//选正六边形

指定要偏移的那一侧上的点，或［退出（E）/多个（M）/放弃（U）]＜退出＞：

　　　　　　　　//单击正六边形内侧一点

选择要偏移的对象，或［退出（E）/放弃（U）]＜退出＞：

　　　　　　　　//选源正六边形

指定要偏移的那一侧上的点，或［退出（E）/多个（M）/放弃（U）]＜退出＞：

　　　　　　　　//单击正六边形外侧一点

选择要偏移的对象，或［退出（E）/放弃（U）]＜退出＞：　　　//回车

③ 绘制图 3.22：

复制图 3.20 后输入

命令：_offset

当前设置：删除源＝否　　图层＝源　OFFSETGAPTYPE＝0

指定偏移距离或［通过（T）/删除（E）/图层（L）]＜15.0000＞：T

选择要偏移的对象，或［退出（E）/放弃（U）]＜退出＞：　　//选正六边形

指定通过点或［退出（E）/多个（M）/放弃（U）]＜退出＞：　//选 A 点

选择要偏移的对象，或［退出（E）/放弃（U）]＜退出＞：　　//回车

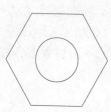
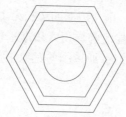
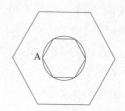

　图 3.20　偏移图形　　　图 3.21　指定距离偏移　　　图 3.22　通过 A 点偏移

3.2.6　阵列命令

阵列命令是指多重复制选择的对象，并把这些副本按矩形或环形排列。把副

本按矩形排列称为创建矩形阵列，把副本按环形排列称为创建环形阵列。

AutoCAD 提供"ARRAY"命令创建阵列，用该命令可以创建矩形阵列、环形阵列和旋转的矩形阵列。可以用如下方法执行该命令：

① 菜单：【修改（M）/阵列（A）】；

② 工具栏：单击"修改"工具栏上的"阵列" 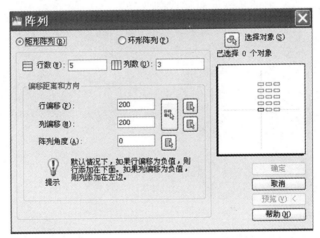按钮；

③ 命令行：ARRAY 或 AR。

1. 矩形阵列

执行 ARRAY 命令后，系统弹出如图 3.23 所示的"阵列"对话框，在弹出的"阵列"对话框的上方，有两个单选按钮：一个是【矩形阵列（R）】，另一个是【环形阵列（P）】。若选择【矩形阵列（R）】单选钮，对话框显示如图 3.23 所示。其各选项功能如下：

① 【行数（W）】文本框：指定对象要阵列的行数。

② 【列数（O）】文本框：指定对象要阵列的列数。

③ 【偏移距离和方向】选项组：设置偏移方向和距离。其各选项功能如下：

图 3.23 "阵列"对话框中的"矩形阵列"形式

【行偏移（F）】【列偏移（M）】文本框：设置矩形阵列中行和列之间的间距，输入正值，沿 Y 轴或 X 轴正方向偏移；输入负值，沿 Y 轴或 X 轴负方向偏移。单击在文本框右侧的大按钮，将切换到绘图窗口，指定两点，用两点之间的 Y 轴增加量和 X 轴增加量来确定行偏移量和列偏移量。单击【行偏移（F）】或【列偏移（M）】文本框后对应的小按钮，可以切换到绘图窗口，分别指定两点，用两点的长度确定行或列的偏移量，两点次序确定阵列的方向。

【阵列角度（A）】文本框：如果输入正的旋转角度，则逆时针旋转；负值则顺时针旋转。单击右侧相应的小按钮，可以切换到绘图窗口，指定两点，用两点连线与 X 轴的夹角确定阵列的角度。

④【选择对象（S）】功能按钮：单击该按钮，切换到绘图窗口，选择要阵列的对象，回车确认后返回"阵列"对话框。

⑤【预览（V）<】功能按钮：单击该按钮，可以预览阵列的效果，系统弹出"阵列"接受对话框。

【例 3.3】 使用阵列命令复制圆形，最终结果如图 3.24 和图 3.25 所示。

命令：_circle 　　　　　　//单击"绘图"工具栏上的"圆"按钮 ⊘

指定圆的圆心或［三点（3P）/两点（2P）/切点、切点、半径（T）］：

　　　　　　　　　//在适当位置单击指定圆心

指定圆的半径或［直径（D）］：50

命令：_array 　　　　　　//单击"修改"工具栏上的"阵列"⊞⊞按钮

弹出如图 3.23 所示"阵列"对话框，在【行】【列】文本框分别输入数值 5、3，在【行偏移】文本框中输入 200，在【列偏移】文本框中输入 200，在【阵列角度】文本框中输入 0，点击【选择对象】功能按钮，拾取刚绘制的圆，回车返回"阵列"对话框，单击【确定】按钮即完成图 3.24 的绘制。在【阵列角度】文本框中输入 45，重复前述步骤即可完成图 3.25。

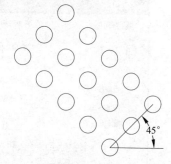

图 3.24　阵列角度为 0° 的矩形阵列　　　　　图 3.25　阵列角度为 45° 矩形阵列

2. 环形阵列

在如图 3.23 "阵列"对话框中，单击【环形阵列（P）】单选钮，将切换到"环形阵列"形式，如图 3.26 所示。"环形阵列"是在一定角度内按一定半径均匀复制对象。其各选项功能如下：

①【中心点】文本框：指定环形阵列中心点的坐标，也可单击文本框右侧的小按钮，切换到绘图窗口，在窗口内拾取环形阵列的中心点。

②【方法和值】选项组：确定环形阵列的方法和参数。其中，【方法（M）】下拉列表框，可以指定用何种方式确定环形阵列的参数设置，包括【项目总数和填充角度】【项目总数和项目间的角度】【填充角度和项目间的角度】三种方式，在每个对应的参数文本框中输入值，也可以通过单击相应的按钮切换到绘图窗口指定。

③【复制时旋转项目（T）】复选框：用于设置在阵列时是否将复制出的对象旋转。

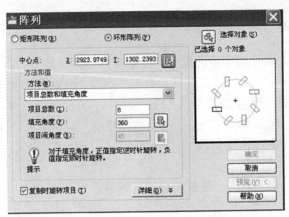

图 3.26 "阵列"对话框中的"环形阵列"形式

【例 3.4】 将如图 3.27（a）所示图形绘制成如图 3.27（b）所示图形。操作步骤如下：

命令：_line	//将点画线层置为当前层，单击"绘图"工具栏上的"直线"按钮✐，画直线段 BC
指定第一点：	//点选 B 点
指定下一点或［放弃（U）］：	//点选 C 点
命令：_array	//单击"修改"工具栏上的"阵列"按钮

弹出"阵列"对话框，如图 3.23 所示，点击【环形阵列】选择按钮，显示如图 3.26 所示，点击【选择对象（S）】功能按钮，切换到绘图窗口，选择直线 BC、六边形、六边形内的小圆，确定返回【环形阵列】对话框，点击【中心点】功能按钮，切换到绘图窗口，拾取轴线交点 A，在【项目总数】文本框内输入数值 8，单击【确定】按钮即完成图形的绘制。

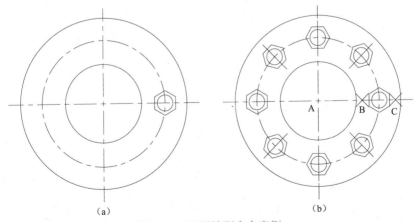

（a） （b）

图 3.27 环形阵列命令实例

（a）原图；（b）结果

3.2.7　移动命令

移动命令将对象移动到新的位置。与平移命令不同，平移命令是对视窗进行移动，图中对象在坐标系内的位置并没有发生改变。可以用如下方法执行该命令：

① 菜单：【修改（**M**）/移动（**V**）】；

② 工具栏：单击"修改"工具栏上的"移动"按钮 ；

③ 命令行：MOVE 或 M。

命令：_move

选择对象：　　　　　　　　//选择要移动的对象

指定基点或［位移（D）］<位移>：

　　　　　　　　　　　　//指定基点或输入位移量

指定第二个点或<使用第一个点作为位移>：

　　　　　　　　　　　　//输入位移量的第二点或将输入的第一点作为位移

　　　　　　　　　　　　量，若直接键入回车键则以在第一个提示下输入的

　　　　　　　　　　　　坐标为位移量；如果输入一个点的坐标再确认，则

　　　　　　　　　　　　系统确认的位移量为第一点和第二点间的矢量差

【例3.5】　使用移动命令调整电器元件位置，调整前后的图形如图 3.28（a）、（b）所示。

命令：_move　　　　　　//单击"修改"工具栏上的"移动"按钮

选择对象：　　　　　　//选择图 3.28（a）右边的电阻符号

选择对象：　　　　　　//回车

指定基点或［位移（D）］<位移>：

　　　　　　　　　　//捕捉并单击电阻的上端点

指定第二个点或<使用第一个点作为位移>：

　　　　　　　　　　//捕捉并单击信号灯的下端点

（a）　　　　　　　　　　　　　　　　　　　　　　（b）

图 3.28　移动图形

（a）原图；（b）结果

3.2.8 旋转命令

旋转命令可以使图形对象围绕某一基点按指定的角度和方向旋转，改变图形对象的方向及位置。可以用如下方法执行该命令：

① 菜单：【修改（M）/旋转（R）】；

② 工具栏：单击"修改"工具栏上的"旋转"按钮 ↻；

③ 命令行：ROTATE 或 AR。

命令：_rotate

UCS 当前的正角方向：ANGDIR = 逆时针　ANGBASE = 0

选择对象：　　　　　　　　 //选择要旋转的对象

选择对象：　　　　　　　　 //回车

指定基点：　　　　　　　　 //拾取旋转的基点

指定旋转角度，或［复制（C）/参照（R）］<当前值>：

各选项功能如下：

①【指定旋转角度】：默认选项，直接输入一个角度值，系统用此角度值旋转对象，值为正时逆时针旋转；为负时顺时针旋转，如图 3.29（b）所示。

②【复制（C）】：输入"C"响应，系统将先复制对象，再将复制的对象按设定的旋转角度旋转，如图 3.29（c）所示。

③【参照（R）】：输入"R"响应，将以参照"相对角度"方式确定旋转角度。回车后系统提示：

指定参照角<当前值>：　　　　　 //指定一个参考角度，也可用光标在屏幕点选

　　　　　　　　　　　　　　 两点以两点连线与 X 轴的夹角为参考角度

指定新角度或［点（P）］<0>: //输入对象新的角度或指定一点以这点和基

　　　　　　　　　　　　　　 点连线与 X 轴的夹角为对象新的角度

此时图形对象绕指定基点的实际旋转角度为：实际旋转角度 = 新角度–参考角度，如图 3.30 所示，实际旋转角度为 40°。

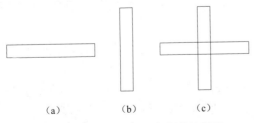

图 3.29　指定角度旋转和复制旋转图形

（a）旋转对象；（b）旋转 90°；（c）复制旋转 90°

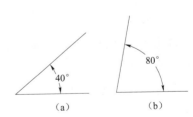

图 3.30　参照方式旋转图形

（a）旋转对象；（b）参照角 40°

新角度 80° 旋转结果

3.2.9　比例命令

比例命令又称缩放命令，用于将指定对象按给定的基点和一定的比例放大或缩小。与视窗缩放命令不同，视窗缩放命令是对视窗进行缩放，图中对象的大小并没有发生改变。可以用如下方法执行该命令：

① 菜单：【修改（**M**）/缩放（**L**）】；
② 工具栏：单击"修改"工具栏上的"缩放"按钮▢；
③ 命令行：SCALE 或 SC。

命令：_scale
选择对象：　　　　　　　　　　//选择要缩放的对象
选择对象：　　　　　　　　　　//回车
指定基点：　　　　　　　　　　//拾取缩放的基点
指定比例因子，或［复制（C）/参照（R）］<1.0000>：

各选项功能如下：

①【指定比例因子】：默认选项，直接输入一个比例值，系统用此值缩入对象，当值大于 1 时放大对象；小于 1 时缩小对象。也可以用鼠标移动光标来指定。如图 3.31 所示，为缩小的效果。

注意：基点是选定对象的大小发生变化时位置不变的点，即比例缩放中心。

【**例3.6**】　把图 3.31 中（a）缩小为原图的 0.5 倍。

其操作步骤如下：

命令：_scale　　　　　　　　　//单击"修改"工具栏上的"缩放"按钮▢
选择对象：　　　　　　　　　　//选择三角形和圆
选择对象：　　　　　　　　　　//回车
指定基点：　　　　　　　　　　//捕捉圆心
指定比例因子或［复制（C）/参照（R）］<1.0000>：0.5
　　　　　　　　　　　　　　　//输入 0.5

②【复制（**C**）】：输入"C"响应，系统将先复制对象，再将复制的对象按设定的比例缩放。

③【参照（**R**）】：输入"R"响应，将以参照"相对比例"方式确定缩放比例。回车后系统提示：

指定参照长度<1.0000>：　　　　//指定一个参考长度，也可用光标在屏幕点
　　　　　　　　　　　　　　　　选两点以两点距离为参考长度
指定新的长度或［点（P）］<1.0000>：
　　　　　　　　　　　　　　　//输入对象新的长度或指定一点以这点和基
　　　　　　　　　　　　　　　　点长度为对象新的长度

此时系统根据用户指定的参考长度和新长度计算出缩放比例因子，对图形进

行缩放。图形对象围绕指定基点的实际缩放比例为：实际缩放比例＝新长度/参照长度。如果新长度大于参照长度，则图形被放大；否则，图形被缩小。

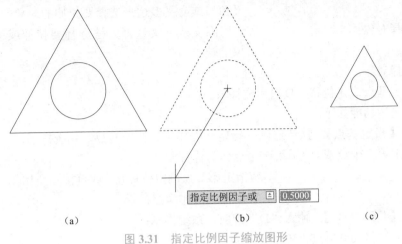

（a）　　　　　　　　　　（b）　　　　　　　　　　（c）

图 3.31　指定比例因子缩放图形

（a）原图形；（b）比例因子为 0.5；（c）结果

在图 3.32（a）中左图是右图大小的 2 倍，把左图参照缩放，指定参照长度为 100，指定新长度为 50，只要新长度为参照长度 2 倍即可把左图缩小成与右图一样的图形，结果如图 3.32（b）。

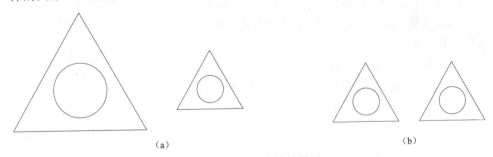

（a）　　　　　　　　　　　　　　　（b）

图 3.32　参照方式缩放图形

（a）参照方式缩放对象；（b）参照方式缩放结果

3.2.10　拉伸命令

拉伸命令主要用于非等比缩放，使用它可以对选中对象进行形状或比例上的改变。可以用如下方法执行该命令：

① 菜单：【修改（M）/拉伸（H）】；

② 工具栏：单击"修改"工具栏上的"拉伸"按钮 ；

③ 命令行：STRETCH 或 S。

命令：_stretch

以交叉窗口或交叉多边形选择要拉伸的对象...

//此处省略了关键的提示，完整的提示应为"以交叉窗口或交叉多边形选择要拉伸的对象的端点"

选择对象：　　　　　　　//使用圈交或交叉选择方法选择要拉伸或移动对象的端点

选择对象：　　　　　　　//回车

指定基点或［位移（D）］<位移>：

各选项功能如下：

①【指定基点】：默认选项，指定一点作为拉伸的基点，系统提示：

指定第二个点或<使用第一个点作为位移>：

//指定第二点确定位移量，或直接回车用第一点的坐标矢量作为位移量

②【位移（D）】：输入"D"响应，系统提示：

指定位移<0.0000,0.0000,0.0000>：

//以输入的一个坐标矢量作为位移量

【例3.7】　将如图3.33所示图（a）编辑成图（d）。

操作步骤如下：

命令：_stretch　　　　　　//单击"修改"工具栏上的"拉伸"按钮

以交叉窗口或交叉多边形选择要拉伸的对象...

选择对象：　　　　　　　//使用交叉选择方法从1～2指定一矩形窗口

选择对象：　　　　　　　//回车

指定基点或［位移（D）］<位移>：

方法一：选择上端矩形最上一条边中点，系统将出现提示：

指定第二个点或<使用第一个点作为位移>：300

//打开正交，将光标移到刚指定点的正上方某处，输入300，回车。如图3.33（c）所示

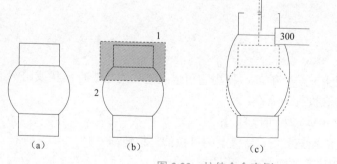

图3.33　拉伸命令实例

（a）原图；（b）使用交叉窗口选择对象；（c）拉伸300；（d）结果

方法二：若选择【位移（D）】选项，即输入"D"响应，系统将出现提示：

指定位移<0.0000,0.0000,0.0000>：0，300　　//输入0，300后回车

对于上端的矩形，因为交叉窗口将其所有端点选中，所以其拉伸的效果是向上移动300；对于左、右的圆弧，交叉窗口仅选中上端要拉伸的端点，所以其拉伸的效果是拉长图形，未拉伸的下端端点保持原位置不变。

注意：使用拉伸命令时，必须用交叉窗口或交叉多边形的方式来选择对象。如果将对象全部选中，则该命令相当于移动命令；如果选择了部分对象，则拉伸命令只移动选择范围内的对象的端点，而其他端点保持不变。

3.2.11　拉长命令

拉长命令可以更改对象的长度和圆弧的包含角。可以用如下方法执行该命令：

① 菜单：【修改（M）/拉长（G）】；

② 命令行：LENGTHEN 或 LEN。

命令：_lengthen

选择对象或［增量（DE）/百分数（P）/全部（T）/动态（DY）]：

各选项功能如下：

① 【选择对象】：默认选项，拾取要编辑的对象，此时系统显示该对象的长度、包含角等信息。

② 【增量（DE）】：输入"DE"响应，以增量的方式改变直线或圆弧的长度，回车后系统将提示：

输入长度增量或［角度（A）］<0.0000>：

其各选项功能如下：

【输入长度增量】：若输入正值则可以增加线段的长度，负值则缩短线段的长度；若是编辑圆弧，则是修改圆弧的弧长。

【角度（A）】：输入"A"响应，切换到"角度"方式，系统将提示：

输入角度增量<0>：

　　　　　　　　　　//输入圆弧圆心角的增量，正值增加圆弧的圆心

　　　　　　　　角，负值减少圆心角

输入增量值回车后，系统出现提示：

选择要修改的对象或［放弃（U）］：

　　　　　　　　　//此时选择编辑圆弧的某一端，则系统加长或缩短

　　　　　　　　某一端以增加或减少圆心角

选择要修改的对象或［放弃（U）］：

　　　　　　　　　//回车

③ 【百分数（P）】：输入"P"响应，将以要编辑对象的总长的百分比值来改变对象的长度，新长度等于原长度与该百分比的乘积，回车后系统提示：

输入长度百分数<100.0000>：　　　　　　//输入百分数值回车

选择要修改的对象或［放弃（U）］：　　//选择对象的某一端

选择要修改的对象或［放弃（U）］：　　//此时若继续点击对象的某一端，系统
　　　　　　　　　　　　　　　　　　　　　　将会以增长后的对象的长度为原长度

④【全部（T）】：输入"T"响应，通过指定对象新的总长度来替换对象原来的长度，回车后系统将提示：

指定总长度或［角度（A）］<1.0000>：

【指定总长度】：默认选项，输入直线的总长度值或圆弧的总弧长，回车后系统显示：

选择要修改的对象或［放弃（U）］：　　//选择对象的某一端

选择要修改的对象或［放弃（U）］：　　//此时若继续点击对象的某一端，系统
　　　　　　　　　　　　　　　　　　　　　　将会改变此端使对象的长度改变为新
　　　　　　　　　　　　　　　　　　　　　　长度

【角度（A）】：输入"A"响应，切换到角度方式，系统提示：

指定总角度<当前值>：　　　　　　　　　//输入圆弧的总圆心角值回车

选择要修改的对象或［放弃（U）］：　　//选择圆弧的某一端

选择要修改的对象或［放弃（U）］：　　//回车

⑤【动态（DY）】：输入"DY"响应，可以用光标拖动的方式改变对象的长度。回车后系统提示：

选择要修改的对象或［放弃（U）］：　　//选择对象的某一端，此时这端将可以
　　　　　　　　　　　　　　　　　　　　　　改变，移动光标，该端点随之移动，
　　　　　　　　　　　　　　　　　　　　　　系统出现提示

指定新端点：　　　　　　　　　　　　　//确定对象新的端点

选择要修改的对象或［放弃（U）］：　　//回车

【例3.8】　将图3.34（a）中的点划线各端拉长5 mm。

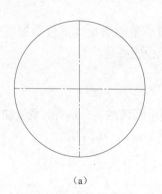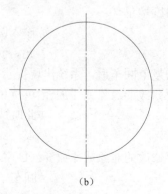

（a）　　　　　　　　　　　　　　　　　　（b）

图3.34　拉长命令实例

（a）原图形；（b）拉长后的图形

操作如下：

命令：_lengthen（单击菜单【修改（A）/拉长（G）】）

选择对象或［增量（DE）/百分数（P）/全部（T）/动态（DY）］：de

//输入 de，回车

输入长度增量或［角度（A）］<20.0000>：5

//输入增量 5，回车

选择要修改的对象或［放弃（U）］：　//选择需拉长的水平线右端

选择要修改的对象或［放弃（U）］：　//选择需拉长的水平线左端

选择要修改的对象或［放弃（U）］：　//选择需拉长的垂直线上端

选择要修改的对象或［放弃（U）］：　//选择需拉长的垂直线下端，回车

3.2.12　修剪命令

修剪命令以某一对象作为剪切边界，将被修剪对象超过此边界的那部分剪掉。可以用如下方法执行该命令：

① 菜单：【修改（M）/修剪（T）】；

② 工具栏：单击"修改"工具栏上的"修剪"按钮 ；

③ 命令行：TRIM 或 TR。

命令：_trim

当前设置：投影＝UCS，边＝无

选择剪切边...

选择对象或<全部选择>：　　　　　　//选择某一对象或键入回车选择所有对

象做剪切边

选择对象或<全部选择>：　　　　　　//回车

选择要修剪的对象，或按住【Shift】键选择要延伸的对象，或

［栏选（F）/窗交（C）/投影（P）/边（E）/删除（R）/放弃（U）］：

//选择要修剪对象相对于剪切边的某一

侧部分，或输入选项命令

选择要修剪的对象，或按住【Shift】键选择要延伸的对象，或

［栏选（F）/窗交（C）/投影（P）/边（E）/删除（R）/放弃（U）］：

//回车

各选项功能如下：

①【选择要修剪的对象】：默认选项，通过选择要修剪对象相对于剪切边的某一侧来修剪掉多余的部分。

② 按住【Shift】键选择要延伸的对象：如果剪切边和要剪切对象没有相交，按住【Shift】键，可以选择要剪切对象，用修剪命令作延伸效果，将要剪切对象延伸到剪切边界。

③【栏选（<u>F</u>）】：可以用栏选的方式一次选择多个要修剪的对象作修剪命令。

④【窗交（<u>C</u>）】：可以用交叉窗口选择方式选择多个要修剪对象作修剪命令。

⑤【投影（<u>P</u>）】：用来确定修剪执行的空间。这时可以将空间两个对象投影到某一平面上执行修剪操作。回车后系统提示：

输入投影选项［无（N）/Ucs（U）/视图（V）］<Ucs>:

【无（<u>N</u>）】：该命令只修剪与三维空间中的剪切边相交的对象。

【Ucs（<u>U</u>）】：系统在当前用户坐标系（UCS）的 XY 平面上修剪，该命令将修剪不与三维空间中的剪切边相交的对象。

【视图（<u>V</u>）】：系统在当前视图平面上修剪，该命令将修剪与当前视图中的边界相交的对象。

⑥【边（<u>E</u>）】：可以确定修剪方式，回车后系统提示：

输入隐含边延伸模式［延伸（E）/不延伸（N）］<不延伸>:

【延伸（<u>E</u>）】：系统按延伸的方式修剪，当要修剪的对象与剪切边未相交时依然能进行修剪命令。

【不延伸（<u>N</u>）】：系统按不延伸的方式修剪，当要修剪的对象与剪切边未相交时不能修剪。这种方式是系统的默认方式。

⑦【删除（<u>R</u>）】：可以删除对象，回车后系统提示：

选择要删除的对象或<退出>:　　　//此时选择要删除的对象，回车即可删除
　　　　　　　　　　　　　　　　　对象

⑧【放弃（<u>U</u>）】：可以取消前一次操作，可连续返回直到取消命令。

【例3.9】　将图 3.35（a）中的图形修剪成为矩形。

方法一：分别选择四条线作为剪切边。

命令：_trim　　　　　　　　　//单击"修改"工具栏上的"修剪"按钮
当前设置：投影＝UCS，边＝无
选择剪切边...
选择对象或<全部选择>:　　　　//选择 AB
选择对象:　　　　　　　　　　//回车，结束剪切边的选择
选择要修剪的对象，或按住【Shift】键选择要延伸的对象，或
［栏选（F）/窗交（C）/投影（P）/边（E）/删除（R）/放弃（U）］://选择 AC
选择要修剪的对象，或按住【Shift】键选择要延伸的对象，或
［栏选（F）/窗交（C）/投影（P）/边（E）/删除（R）/放弃（U）］://选择 DB
选择要修剪的对象，或按住【Shift】键选择要延伸的对象，或
［栏选（F）/窗交（C）/投影（P）/边（E）/删除（R）/放弃（U）］:
　　　　　　　　　　　　　　//回车，结果如图 3.35（c）。
再分别选择其余三条边，同样方法操作，最后可得矩形。

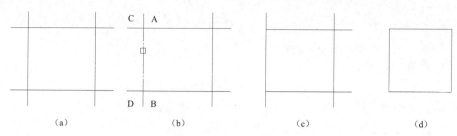

（a）　　　　　　（b）　　　　　　　（c）　　　　　　　（d）

图 3.35　修剪命令实例

（a）原图形；（b）选择剪切边 AB；（c）剪掉 AC、BD；（d）结果

方法二：对象既可为剪切边，也可以是被修剪的对象，所以可以同时选择四条边为剪切边。

命令：_trim

当前设置：投影＝UCS，边＝无

选择剪切边...

选择对象或<全部选择>：　　　　　//选择这四条线段

选择对象或<全部选择>：　　　　　//回车，结束剪切边的选择

选择要修剪的对象，或按住【Shift】键选择要延伸的对象，或

[栏选（F）/窗交（C）/投影（P）/边（E）/删除（R）/放弃（U）]：

　　　　　　　　　　　　　　//依次点击所需剪切的线段端

选择要修剪的对象，或按住【Shift】键选择要延伸的对象，或

[栏选（F）/窗交（C）/投影（P）/边（E）/删除（R）/放弃（U）]：

　　　　　　　　　　　　//回车，结果如图 3.35（d）所示。

3.2.13　延伸命令

延伸命令以某一对象作为延伸边界，将其他对象延伸到此边界，与修剪命令使用方法、各选项命令功能均相似。可以用如下方法执行该命令：

① 菜单：【修改（M）/延伸（D）】；

② 工具栏：单击"修改"工具栏上的"延伸"按钮┅∕；

③ 命令行：EXTEND 或 EX。

【例 3.10】　对图 3.36（a）中的图形进行延伸操作。

（a）　　　　　　　　　（b）　　　　　　　　（c）

图 3.36　延伸命令实例

（a）延伸对象；（b）选择延伸边界；（c）延伸结果

命令：_extend　　　　　　　　　//单击"修改"工具栏上的"延伸"按钮→/

当前设置：投影＝UCS，边＝无

选择边界的边…

选择对象或<全部选择>：　　　　//选择竖线做延伸边界

选择对象或<全部选择>：　　　　//回车，结束延伸边界选择

选择要延伸的对象，或按住【Shift】键选择要修剪的对象，或

[栏选（F）/窗交（C）/投影（P）/边（E）/删除（R）/放弃（U）]：//选择横线

选择要延伸的对象，或按住【Shift】键选择要修剪的对象，或

[栏选（F）/窗交（C）/投影（P）/边（E）/放弃（U）]：　　　　//回车

3.2.14　打断命令

打断命令可以去除图形对象或图形对象的某一部分，或将图形对象一分为二。可以用如下方法执行该命令：

① 菜单：【修改（M）/打断（K）】；

② 工具栏：单击"修改"工具栏上的"打断"按钮；

③ 命令行：BREAK 或 BR。

打断对象有两种方式：

1. 删除两点间的部分（如图 3.37 所示）

命令：_break　　　　　　　　　//单击"修改"工具栏上的"打断"按钮

选择对象：　　　　　　　　　　//选择要打断的对象，此时拾取对象的点 A
　　　　　　　　　　　　　　　　即为打断的第一点

指定第二个打断点或 [第一点（F）]：
　　　　　　　　　　　　　　　　//拾取打断对象的第二个断点 B

注意：如果第二个断点不在对象上，捕捉对象上的最近点为第二个断点。

（a）　　　　　　　　　　　　　　（b）

图 3.37　打断图形

（a）打断对象；（b）打断结果

2. 分离对象（如图 3.38 所示）

命令：_break　　　　　　　　　//单击"修改"工具栏上的"打断"按钮

选择对象：　　　　　　　　　　//选择直线

指定第二个打断点：或［第一点（F）］：_f

　　　　　　　　　　　　　　　//输入 F，回车

指定第一个打断点：　　　　　　//单击直线的中点

指定第二个打断点：@　　　　　//指定第二个点与第一个点相同

注意【打断🔲】按钮只用于分离对
象，图 3.38（b）所示，将一条直线分离
为两部分。

3.2.15　合并命令

合并命令将相似的对象合并成一个
完整的对象，要合并的对象必须位于相
同的平面上。每一类对象均具有附加约束。可以用如下方法执行该命令：

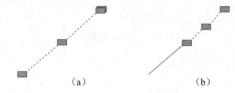

图 3.38　分离图形

（a）分离对象；（b）分离结果

① 菜单:【修改（M）】/【合并（J）】；

② 工具栏：单击"修改"工具栏上的"合并"按钮➤；

③ 命令行：JOIN 或 J。

能够进行合并的对象有直线、多段线、圆弧、椭圆弧和样条曲线。发出命令
后，系统根据不同合并对象进行提示。

① 直线（如图 3.39）

选择源对象：　　　　　　　　　//选择一条直线

选择要合并到源的直线：　　　　//选择另一条直线回车

注意：直线对象必须共线（位于同一无限长的直线上），但是它们之间可以有
间隙。

② 多段线

选择源对象：　　　　　　　　　//选择一条多段线

选择要合并到源的对象：　　　　//选择一个或多个对象回车

注意：对象可以是直线、多段线或圆弧。对象之间不能有间隙，并且必须位
于与 UCS 的 XY 平面平行的同一平面上。

③ 圆弧（如图 3.40）

选择源对象：　　　　　　　　　//选择一条圆弧，如图 3.40 中左边的圆弧

选择圆弧，以合并到源或进行［闭合（L）］：

　　　　　　　　　　　　　　　//选择图 3.40 下边和右边的圆弧回车

注意：圆弧对象必须位于同一假想的圆上，但是它们之间可以有间隙；【闭合
（L）】选项可将源圆弧转换成圆；合并两条或多条圆弧时，将从源对象开始按逆
时针方向合并圆弧。

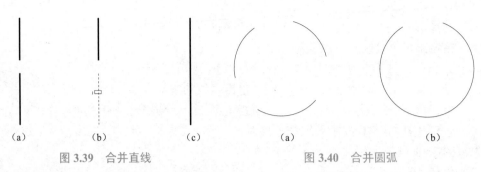

（a）　　　　　（b）　　　　　（c）　　　　　　　　（a）　　　　　　（b）

　　图 3.39　合并直线　　　　　　　　　图 3.40　合并圆弧

（a）原直线；（b）选择源对象；（c）结果　　　　　（a）源圆弧；（b）结果

④ 椭圆弧

选择源对象：　　　　　　　　　　　//选择一条椭圆弧

选择椭圆弧，以合并到源或进行［闭合（L）］：

注意：椭圆弧必须位于同一椭圆上，但是它们之间可以有间隙；【闭合（L）】选项可将源椭圆弧闭合成完整的椭圆；合并两条或多条椭圆弧时，将从源对象开始按逆时针方向合并椭圆弧。

⑤ 样条曲线

选择源对象：　　　　　　　　　　　//选择一条样条线

选择要合并到源的样条曲线：　　　//选择一条或多条样条曲线回车

注意：样条曲线对象必须位于同一平面内，并且必须首尾相邻（端点到端点放置）。

3.2.16　倒角命令

许多机械零件都有倒角，倒角的绘制在机械制图中经常应用。倒角命令可以将两条相交的直线倒棱角，也可以对多段线进行倒角。可以用如下方法执行该命令：

① 菜单：【修改（M）/倒角（C）】；

② 工具栏：单击"修改"工具栏上的"倒角"按钮；

③ 命令行：CHAMFER 或 CHA。

命令：_chamfer

（"修剪"模式）当前倒角距离 1 = 0.0000，距离 2 = 0.0000

选择第一条直线或［放弃（U）/多段线（P）/距离（D）/角度（A）/修剪（T）/方式（E）/多个（M）］：

"倒角"命令中各选项含义如下：

①【放弃（U）】：可以取消上一次倒角操作。

②【多段线（P）】：对整个多段线倒角。

③【距离（D）】：设置倒角距离。

④【角度（A）】：指定第一个倒角距离和倒角的角度来。

⑤【修剪（T）】：可以设置修剪模式。回车后系统提示：

输入修剪模式选项［修剪（T）/不修剪（N）］<修剪>：

//输入"T"响应，此时作倒角的两条直线修剪；输入"N"响应，作倒角的两条直线不修剪而创建一根棱角的线段

⑥【方式（E）】：可以选择倒角的方式。

⑦【多个（M）】：可以对多个对象倒角，而不用重复启动倒角命令。

⑧ 按住【Shift】键选择要应用角点的直线，可以快速创建零距离倒角。

系统采用两种方法确定连接两个线型对象的斜线：指定倒角两端的距离和指定一端的距离和倒角的角度。下面分别介绍这两种方法：

1. 指定倒角两端的距离进行倒角

下面以图 3.41（a）为例进行倒角操作，结果如图 3.41（b）所示。

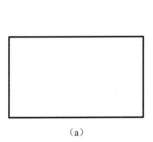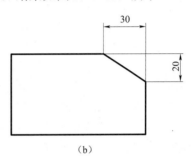

图 3.41　指定距离进行倒角

（a）矩形；（b）倒角

命令：_chamfer　　　　//单击"修改"工具栏上的"倒角"按钮

（"修剪"模式）当前倒角距离 1＝0.0000，距离 2＝0.0000

选择第一条直线或［放弃（U）/多段线（P）/距离（D）/角度（A）/修剪（T）/方式（E）/多个（M）］：d

指定第一个倒角距离<0.0000>：20　　//输入倒角距离 20

指定第二个倒角距离<20.0000>：30　//输入倒角距离 30

选择第一条直线或［放弃（U）/多段线（P）/距离（D）/角度（A）/修剪（T）/方式（E）/多个（M）］：　　//选择倒角中的一条线

选择第二条直线，或按住【Shift】键选择要应用角点的直线：

//选择倒角中的另一条线，完成操作

2. 指定长度和角度进行倒角

下面以图 3.41（a）为例进行倒角操作，结果如图 3.42 所示。

命令：_chamfer　　　　//单击"修改"工具栏上的"倒角"按钮

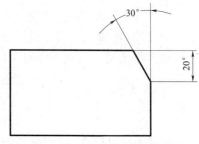

图 3.42　指定长度和角度进行倒角

（"修剪"模式）当前倒角距离 1 = 20.0000，距离 2 = 30.0000

选择第一条直线或［放弃（U）/多段线（P）/距离（D）/角度（A）/修剪（T）/方式（E）/多个（M）］：a

指定第一条直线的倒角长度<0.0000>：20

指定第一条直线的倒角角度<0>：30

选择第一条直线或［放弃（U）/多段线（P）/距离（D）/角度（A）/修剪（T）/方式（E）/多个（M）］：
//选择倒角中的一条线

选择第二条直线，或按住【Shift】键选择要应用角点的直线：
//选择倒角中的另一条线，完成操作

3. 多段线倒角

相交多段线线段在每个多段线顶点被倒角，倒角成为多段线的新线段。如果多段线包含的线段过短以至于无法容纳倒角距离，则不对这些线段倒角。

下面以图 3.43（a）多段线图形为例进行倒角操作。

命令：_chamfer

（"修剪"模式）当前倒角长度 = 20.0000，角度 = 30

选择第一条直线或［放弃（U）/多段线（P）/距离（D）/角度（A）/修剪（T）/方式（E）/多个（M）］：D

指定第一个倒角距离<20.0000>：5

指定第二个倒角距离<5.0000>：　　//回车

选择第一条直线或［放弃（U）/多段线（P）/距离（D）/角度（A）/修剪（T）/方式（E）/多个（M）］：P

选择二维多段线：　　　　　　//单击多段线，完成操作

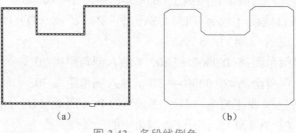

(a)　　　　　　　　　　　　(b)

图 3.43　多段线倒角

(a) 选择多段线；(b) 倒角结果

3.2.17　圆角命令

圆角的绘制在机械制图中也经常应用，许多铸造零件都有圆角。圆角命令用

指定的半径，对两个对象或多段线进行光滑的圆弧连接。可以用如下方法执行该命令：

① 菜单：【修改（M）/圆角（F）】；

② 工具栏：单击"修改"工具栏上的"圆角"按钮 ；

③ 命令行：FILLET 或 F。

命令：_fillet

当前设置：模式＝修剪，半径＝0.0000

选择第一个对象或［放弃（U）/多段线（P）/半径（R）/修剪（T）/多个（M）］：

选择第二个对象，或按住【Shift】键选择要应用角点的直线：

注意：

① 圆角命令各选择项功能与操作基本与倒角命令相似。

② 执行倒角或圆角命令时，如果修改了修剪方式，则倒角命令和圆角命令的修剪方式都会同时发生改变，这是由系统变量 TRIMMODE 控制的。TRIMMODE＝1 时为"修剪"模式，TRIMMODE＝0 时为"不修剪"模式。

3.2.18 分解命令

将复杂对象分解为各组成部分，可以分解的对象包括块、多段线、尺寸标注及面域等。可以用如下方法执行该命令：

① 菜单：【修改（M）/分解（X）】；

② 工具栏：单击"修改"工具栏上的"分解"按钮 ；

③ 命令行：EXPLODE 或 X。

命令：_explode

选择对象：//画图 3.43（a）中所示多段线再选择它

选择对象：//回车

图 3.44 为分解后结果。

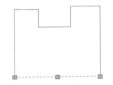

图 3.44　分解多段线对象

3.2.19 对齐命令

对齐命令是通过移动、旋转对象来使对象与另一个对象对齐，可以应用在二维平面绘图，也可以应用在三维立体空间绘图。可以用如下方法执行该命令：

① 菜单：【修改（M）/三维操作（3）/对齐（L）】；

② 命令行：ALIGN 或 AL。

1. 指定一对源点定义对齐的对象

命令：_align　　　　　　//单击菜单【修改/三维操作/对齐】

选择对象：　　　　　　//选择图 3.45（a）中的六边形

指定第一个源点：　　　　//捕捉点 1

指定第一个目标点：　　　//捕捉点 2，回车完成对齐操作，如图 3.45（b）所示

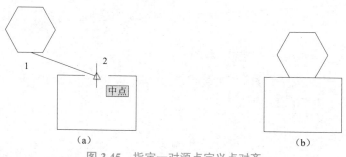

图 3.45　指定一对源点定义点对齐

（a）指定源点和目标点；（b）对齐结果

当只选择一对源点和目标点时，选定对象将在二维空间从源点（1）移动到目标点（2）。

2. 指定两对源点定义点对齐的对象

命令：_align

选择对象：　　　　　　　　　　//选择图 3.46（a）中的虚线显示的图形

指定第一个源点：　　　　　　　//选择图 3.46（b）点 1

指定第一个目标点：　　　　　　//选择（b）图中点 2

指定第二个源点：　　　　　　　//选择端点 3

指定第二个目标点：　　　　　　//选择端点 4

指定第三个源点<继续>：　　　　//回车

是否基于对齐点缩放对象？［是（Y）/否（N）］<否>：y

　　　　　　　　　　　　　　　//回车，对齐结果如图 3.46（c）

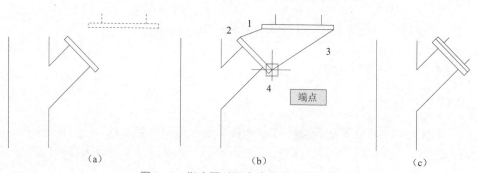

图 3.46　指定两对源点定义点缩放对齐

（a）选择对齐对象；（b）指定源点和目标点；（c）完成四点缩放对齐

3.2.20　编辑图案填充命令

用编辑图案填充命令可以修改现有的图案填充或填充，但只可以修改特定于图案填充的特性，例如现有图案填充的图案、比例、角度和关联性，而不能修改它的边界。可以用如下方法执行该命令：

① 菜单：【修改（**M**）/对象（**O**）/图案填充（**H**）】；

② 工具栏：单击"修改Ⅱ"工具栏上的"编辑图案填充"按钮；

③ 命令行：HATCHEDIT 或 HE。

命令：_hatchedit

选择图案填充对象：   //使用对象选择方法

显示"图案填充编辑"对话框。

如果在命令提示下输入 HATCHEDIT，则将显示选项。

3.2.21 编辑多段线命令

对多段线对象进行编辑，或将对象合并成多段线加以编辑。此命令经常应用在三维绘图中创建封闭二维平面对象。可以用如下方法执行该命令：

① 菜单：【修改（**M**）/对象（**O**）/多段线（**P**）】；

② 工具栏：单击"修改Ⅱ"工具栏上的"多段线"按钮；

③ 命令行：PEDIT 或 PE。

命令：_pedit

选择多段线或［多条（M）］：   //选择多段线、直线或圆弧，或输入"M"命
                                  令选择多个对象，可以同时包括多段线、直
                                  线、圆弧

选定的对象不是多段线   //若所选对象不是多段线才会出现

是否将其转换为多段线?<Y> //输入"Y"则将对象转变为多段线，输入"N"
                                  则不转换

输入选项［闭合（C）/合并（J）/宽度（W）/编辑顶点（E）/拟合（F）/样条曲线（S）/非曲线化（D）/线型生成（L）/放弃（U）］：
                                  //如果所选的对象是封闭多段线,则选项命令
                                  中的【闭合（**C**）】将会变为【打开（**O**）】

各选项功能如下：

①【闭合（**C**）】：可以使一条打开的多段线封闭，如图 3.47 所示。若多段线的最后一段是线段，则用这条多段线的最后一个线段的规则完成封闭段；如最后一段是圆弧，则以圆弧的规则完成封闭段。

②【打开（**O**）】：可以使一条封闭的多段线打开，删除多段线的最后一段。

③【合并（**J**）】：可以将多个首尾相连的线段、圆弧、多段线转换并连接到当前多段线上。

④【宽度（**W**）】：改变多段线的宽度，将各段宽度不同的多段线替换为一条宽度相等的多段线，如图 3.48 所示。

输入 W，系统提示：

指定所有线段的新宽度：   //输入新的宽度值

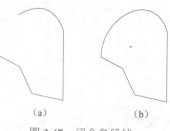

图 3.47　闭合多段线

（a）开放的多段线；（b）闭合结果

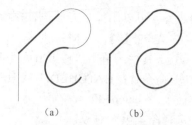

图 3.48　改变多段线宽度

（a）不等宽多段线；（b）等宽多段线

⑤【编辑顶点（E）】：可以编辑多段线的各顶点，这是一个十分灵活的多选项，系统用斜十字叉"×"标记当前顶点，并出现以下提示：

输入顶点编辑选项

［下一个（N）/上一个（P）/打断（B）/插入（I）/移动（M）/重生成（R）/拉直（S）/切向（T）/宽度（W）/退出（X）］<N>：

【下一个（N）/上一个（P）】：使用"N"和"P"响应，可以依次遍历多段线的所有顶点，并把所访问的顶点设置为当前顶点。

【打断（B）】：删除多段线中的线段或将多段线分成两部分。图 3.49 是对图 3.48（b）中多段线打断的结果。

输入 B，系统提示：

输入选项［下一个（N）/上一个（P）/执行（G）/退出（X）］<N>：

　　　　　　//确定第二点后，选择"G"响应执行打断选项，则系统将删除第一断开点至第二断开点之间的所有线段）

【插入（I）】：可以在当前顶点前插入一个新的顶点。系统出现提示：

指定新顶点的位置：

【移动（M）】：可以移动当前顶点到新的位置。系统出现提示：

指定标记顶点的新位置：

【重生成（R）】：重新生成该多段线，但并不重新生成整个图形。

【拉直（S）】：将两顶点间的部分以直线代替。图 3.50 就把 1 和 3 两顶点之间部分被拉为直线。

图 3.49　打断后的多段线

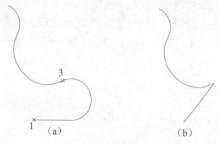

图 3.50　拉直多段线

（a）拉直前的多段线；（b）拉直后的多段线

【切向（<u>T</u>）】：可以为当前顶点增加切线方向或者给定角度，当进行曲线拟合时，PEDIT 命令的【拟合（<u>F</u>）】选项使用这个切线方向，所生成的曲线在该顶点处与给定角度相切。所增加的切线方向对样条拟合（SPLINE）没有影响。

【宽度（<u>W</u>）】：可以设置多段线各顶点的宽度，将多段线的各线段设置为宽度不同的线段。以当前顶点为起点，下一点为终点设置多段线某段的起始线宽和终点线宽，功能与操作与 PLINE 命令的 WIDTH 选项相同。系统出现提示：

指定下一条线段的起点宽度<0.0000>：

指定下一条线段的端点宽度<0.0000>：

【退出（<u>X</u>）】：将退出编辑顶点命令。

⑥【拟合（<u>F</u>）】：系统采用圆弧拟合的方式绘制一条通过多段线各顶点的光滑曲线，如图 3.51（b）所示。

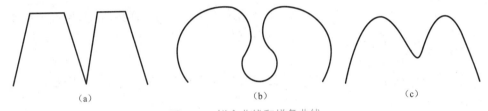

图 3.51　拟合曲线和样条曲线

（a）原多段线；（b）拟合曲线；（c）样条曲线

⑦【样条曲线（<u>S</u>）】：对多段线曲线拟合，形成样条曲线，如图 3.51（c）所示。多段线的各顶点为样条曲线的控制点。和拟合不同的是，样条曲线产生的样条曲线不一定通过多段线的顶点，但曲线更光滑。

⑧【非曲线化（<u>D</u>）】：系统恢复多段线原来的形状，或者用直线段取代多段线中所有的曲线，包括 PLINE 命令创建的圆弧、PEDIT 命令拟合的光滑曲线。

⑨【线型生成（<u>L</u>）】：控制多段线线型的生成方式，系统出现提示：

输入多段线线型生成选项［开（ON）/关（OFF）］<关>：

如果选择【开（<u>ON</u>）】，则按整条多段线分配线型；如果选择【关（<u>OFF</u>）】，则按多段线的每段线段分配线型，这样可能导致一些过短的线段不能体现出所使用的线型。如图 3.52 所示分别为选择【开（<u>ON</u>）】和【关（<u>OFF</u>）】时的多段线绘制效果。

⑩【反转】：反转多段线顶点的顺序。使用此选项可反转使用包含文字线型的对象的方向。例如，根据多段线的创建方向，线型中的文字可能会倒置显示。

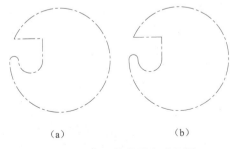

图 3.52　多段线线型生成示例

（a）线型生成"OFF"；（b）线型生成"ON"

3.2.22　编辑样条曲线命令

对样条曲线对象进行编辑。可以用如下方法执行该命令：

① 菜单：【修改（**M**）/对象（**O**）/样条曲线（**S**）】；

② 工具栏：单击"修改Ⅱ"工具栏上的"样条曲线"按钮 ；

③ 命令行：SPLINEDIT 或 SPE。

命令：_splinedit

选择样条曲线：　　　　　　　　//选择要编辑的样条曲线，此时样条曲线上的控制点会显示出来

输入选项［拟合数据（F）/闭合（C）/移动顶点（M）/精度（R）/反转（E）/放弃（U）］：

　　　　　　　　　　　　　　//如果所选的对象是封闭样条曲线，则选项命令中的【闭合（**C**）】将会变为【打开（**O**）】。

各选项功能如下：

①【拟合数据（**F**）】：将样条曲线的控制点显示变为拟合点显示。回车后系统提示：

输入拟合数据选项

［添加（A）/闭合（C）/删除（D）/移动（M）/清理（P）/相切（T）/公差（L）/退出（X）］<退出>：

输入这些拟合数据选项可以对样条曲线的拟合点进行修改，从而改变样条曲线的形状。

【添加（**A**）】：添加一个拟合点。如图 3.53 所示，为样条曲线添加拟合点。

指定控制点<退出>：　　　　　　//指定图 3.53（a）亮显的任一点

指定新点<退出>：　　　　　　　//在图 3.53（b）中指定新点

指定新点<退出>：　　　　　　　//按【Enter】键，结果如图 3.53（c）

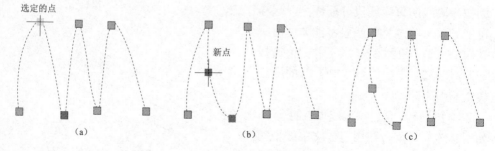

图 3.53　样条曲线的控制点显示和拟合点显示

（a）指定控制点；（b）指定新点；（c）结果

【闭合（<u>C</u>）】：用一条光滑的样条曲线连接选中样条曲线的首尾拟合点，使样条曲线闭合。若选中的是封闭样条曲线，则此时显示的是【打开（<u>O</u>）】命令，系统将删除样条曲线的最后一段。

【删除（<u>D</u>）】：系统将删除选定的拟合点，用剩余的点调整样条曲线。

【移动（<u>M</u>）】：移动拟合点到一个新的位置上。

【清理（<u>P</u>）】：删除样条曲线的拟合点，样条曲线回到控制点显示状态，回到上一级命令。

【相切（<u>T</u>）】：改变样条曲线起点和终点的切线方向。

【公差（<u>L</u>）】：改变样条曲线允许公差值。若公差值为 0，则样条曲线通过每个拟合点；若公差值大于 0，则样条曲线与拟合点的距离在该公差范围内。

【退出（<u>X</u>）】：退回到上一级命令。

②【闭合（<u>C</u>）】：用一条光滑的样条曲线连接选中样条曲线的首尾拟合点，使样条曲线闭合，与【拟合数据（<u>F</u>）】中的【闭合（<u>C</u>）】相同。

③【打开（<u>O</u>）】：删除样条曲线的最后一段，打开封闭的样条曲线，与【拟合数据（<u>F</u>）】中的【打开（<u>O</u>）】相同。

④【移动顶点（<u>M</u>）】：移动样条曲线的控制点，同时清除拟合点，与【拟合数据（<u>F</u>）】中的【移动（<u>M</u>）】相同，如图 3.54 所示。回车后系统显示：

指定新位置或［下一个（N）/上一个（P）/选择点（S）/退出（X）］<下一个>：

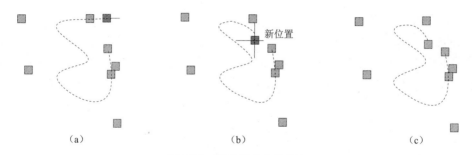

新位置

(a)　　　　　　　　　　(b)　　　　　　　　　　(c)

图 3.54　移动样条曲线顶点

（a）原样条曲线；（b）新位置；（c）移动顶点后

⑤【精度（<u>R</u>）】：可以对控制点进一步操作，调整样条曲线的形状。回车后系统提示：

输入精度选项［添加控制点（A）/提高阶数（E）/权值（W）/退出（X）］<退出>：

【添加控制点（<u>A</u>）】：增加控制点的数量，改变样条曲线形状使样条曲线更精确。

【提高阶数（<u>E</u>）】：改变样条曲线的阶数来控制样条曲线的精度。样条曲线的阶数是样条曲线多项式的次数加一。阶数越高，控制点越多，样条曲线越精确。

【权值（W）】：改变样条曲线的权值来控制样条曲线的精度。增加控制点的权值将把样条曲线进一步拉向该点。

【退出（X）】：退回到上一级命令。

⑥【反转（E）】：使样条曲线反转方向，起点变终点，终点变起点。

⑦【转换为多段线（P）】：将样条曲线转换为多段线。回车后系统提示：

指定精度<10>：　　　　　　　//输入新的精度值或按【Enter】键

精度值决定结果多段线与源样条曲线拟合的精确程度，有效值为 0～99 之间的整数。

注意：高精度值可能会引发性能问题。PLINECONVERTMODE 系统变量可决定是使用线性线段还是使用圆弧段绘制多段线。PEDIT 和 SPLINEDIT 中的转换将遵循 DELOBJ 系统变量。

⑧【放弃（U）】：取消最后一次操作，可以重复使用。

⑨【退出（X）】：退出编辑样条曲线命令。

3.2.23　编辑多线命令

AutoCAD 专门提供了编辑多线命令对多线对象进行编辑，将多线对象进行连接。此命令在建筑图形中经常用于绘制墙体连接或编辑窗和门的位置。可以用如下方法执行该命令：

① 菜单：【修改（M）/对象（O）/多线（M）】；

② 命令行：MLEDIT。

执行 MLEDIT 命令，系统弹出"多线编辑工具"对话框，如图 3.55 所示。该对话框将显示多线编辑工具，并以四列显示样例图像。第一列控制交叉的多线，第二列控制 T 形相交的多线，第三列控制角点结合和顶点，第四列控制多线中的打断。各工具按钮功能如下：

① 形成两条多线的十字形交点，有三种结果：

【十字闭合】：在两条多线之间创建闭合的十字交点。

【十字打开】：在两条多线之间创建打开的十字交点。打断将插入第一条多线的所有元素和第二条多线的外部元素。

【十字合并】：在两条多线之间创建合并的十字交点。选择多线的次序并不重要。

② 形成两条多线的 T 字形交点，有三种结果：

【T 形闭合】：在两条多线之间创建闭合的 T 形交点。将第一条多线修剪或延伸到与第二条多线的交点处。

【T 形打开】：在两条多线之间创建打开的 T 形交点。将第一条多线修剪或延伸到与第二条多线的交点处。

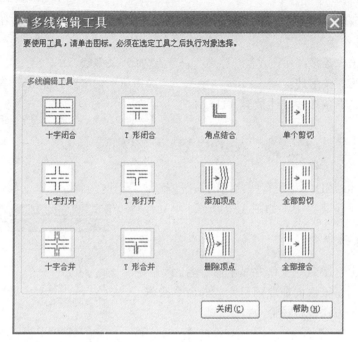

图 3.55 "多线编辑工具"对话框

【T形合并】：在两条多线之间创建合并的 T 形交点。将多线修剪或延伸到与另一条多线的交点处。

③ 编辑多线的顶点，有三种结果：

【角点结合】：在多线之间创建角点结合。将多线修剪或延伸到它们的交点处。

【添加顶点】：向多线上添加一个顶点。

【删除顶点】：从多线上删除一个顶点。

④ 对多线中的元素进行修剪或延伸，有三种结果：

【单个剪切】：在选定多线元素中创建可见打断。

【全部剪切】：创建穿过整条多线的可见打断。

【全部接合】：将已被剪切的多线线段重新接合起来。

下面结合对图 3.56 所示图形进行编辑来说明编辑多线命令的具体操作方法。

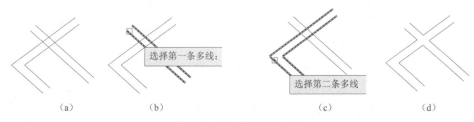

（a）　　　　　（b）　　　　　　　　　　　　（c）　　　　　　　（d）

图 3.56 "十字打开"多线

（a）原图；（b）选择第一条多线；（c）选择第二条多线；（d）结果

启动编辑多线命令，在如图 3.55 的对话框中单击【十字打开】按钮，命令行提示如下：

选择第一条多线： //选择一条多线

选择第二条多线： //选择第二条多线，完成十字打开

选择第一条多线或［放弃（U）］： //回车

3.3　AutoCAD 系统编辑命令

在 AutoCAD 中，还有些常用的系统编辑命令。这些命令基本上都包含在【编辑（E）】下拉菜单中，如图 3.57 所示。

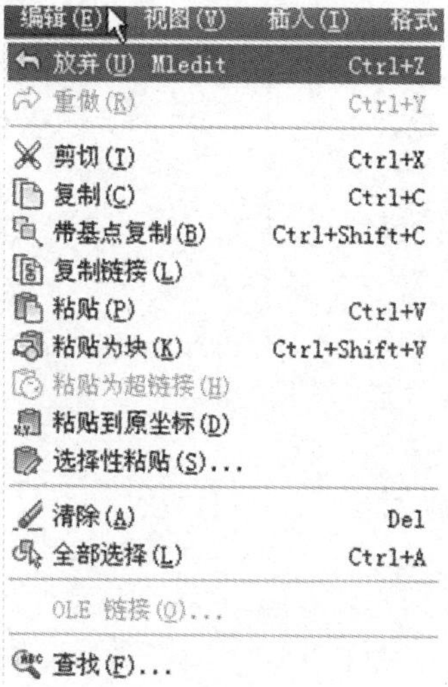

3.3.1　放弃命令

取消上一次命令操作并显示命令名。该命令可重复使用，依次向前取消已完成的命令操作。可以用如下方法执行该命令：

① 菜单：【编辑（E）/放弃（U）】；

② 工具栏：单击"标准"工具栏中的"放弃"按钮 ；

③ 命令行：U。

3.3.2　多重放弃命令

一次取消 N 个已完成的命令操作。调用方式如下：

命令行：UNDO

命令：_undo

当前设置：自动＝开，控制＝全部，合并＝是

输入要放弃的操作数目或［自动（A）/控制（C）/开始（BE）/结束（E）/标记（M）/后退（B）］<1>：

各选项功能如下：

①【输入要放弃的操作数目】：默认选项，输入数值 N，就可以放弃已完成的 N 个命令操作。

②【自动（A）】：可以设置是否将一次菜单选择项操作作为一个命令。回车后系统提示：

输入 UNDO 自动模式［开（ON）/关（OFF）］<开>：

③【控制（C）】：可关闭 UNDO 命令或将其限制为只能一次取消一个操作，像 U 命令一样。

图 3.57　编辑下拉菜单

④【开始（BE）/结束（E）】：可以将多个命令设置为一个命令组，UNDO 命令将这个命令组作为一个命令来处理。用"BE"命令来标记命令组开始，用"E"命令来标记命令组结束。

⑤【标记（M）】：可以在命令的输入过程中设置标记。

⑥【后退（B）】：可以取消用"M"命令标记的命令后的全部命令。

3.3.3 重做命令

重做刚用放弃命令所取消的命令操作。可以用如下方法执行该命令：

① 菜单：【编辑（E）/重做（R）】；

② 工具栏：单击"标准"工具栏中的"重做"按钮；

③ 命令行：REDO。

3.3.4 剪切命令

将对象复制到剪贴板并从图中删除此对象。可以用如下方法执行该命令：

① 菜单：【编辑（E）/剪切（T）】；

② 工具栏：单击"标准"工具栏中的"剪切"按钮；

③ 命令行：CUTCLIP。

命令：_cutclip

选择对象：   //选择要复制的对象

说明：在 AutoCAD【编辑（E）】菜单中，【带基点复制（B）】命令（COPYBASE）复制对象时需要指定基点，其他操作方式与【复制（C）】命令相同。

3.3.5 复制链接命令

将当前视图复制到剪贴板上，以便链接到其他应用程序上。可以用如下方法执行该命令：

① 菜单：【编辑（E）/复制链接（L）】；

② 命令行：COPYLINK。

3.3.6 粘贴为超链接命令

向选定的对象粘贴超级链接。可以用如下方法执行该命令：

① 菜单：【编辑（E）/粘贴为超链接（H）】；

② 命令行：PASTEASHYPERLINK。

3.3.7 选择性粘贴命令

插入剪贴板数据并控制数据格式。可以用如下方法执行该命令：

① 菜单：【编辑（E）/选择性粘贴（S）】；

② 命令行：PASTESPEC。

执行 PASTESPEC 命令，系统弹出"选择性粘贴"对话框，如图 3.58 所示。其各选项功能如下：

①【来源】标签：显示包含已复制信息的文档名称。还显示已复制文档的特定部分。

②【粘贴（P）】单选钮：将剪贴板内容粘贴到当前图形中作为内嵌对象。

③【粘贴链接（L）】单选钮：将剪贴板内容粘贴到当前图形中。如果源应用程序支持 OLE 链接，程序将创建与原文件的链接。

④【作为（A）】列表框：显示有效格式，可以以这些格式将剪贴板内容粘贴到当前图形中。如果选择"AutoCAD 图元"，程序将把剪贴板中的图元文件格式的图形转换为 AutoCAD 对象。如果没有转换图元文件格式的图形，图元文件将显示为 OLE 对象。

⑤【显示为图标（D）】复选框：插入应用程序图标的图片而不是数据。要查看和编辑数据，请双击该图标。

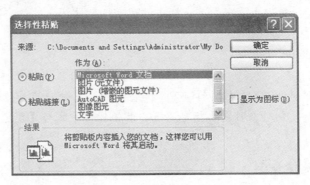

图 3.58　"选择性粘贴"对话框

3.4　编辑对象特性

在 AutoCAD 中，用户可以对图形对象预先指定相关特性，还可以对已绘制图形进行特性编辑、查看和修改对象特性，其主要方法有以下三种，下面分别介绍。

3.4.1　利用"图层"工具栏和"对象特性"工具栏编辑对象

1. 利用"图层"工具栏改变图层

在绘图过程中，若绘制的图形没有放在预先设定的图层上，此时可以先将绘制的图形选中，然后单击"图层"工具栏中的下拉列表框选择对象应在的图层，则对象移动至新的图层。

2. 利用"对象特性"工具栏中的"线型"选项框改变线型

① 如果未选择任何对象，选项框中为当前线型。用户可选择选项框中其他线型来将其设置为当前线型。

② 如果选择了一个对象，选项框中显示该对象的线型设置（如图 3.59 中直线 AB 线型为 ByLayer）。用户可选择选项框中的其他线型来改变对象所使用的线型（如图 3.60 中选 CENTER 线型，则 AB 线型发生改变）。

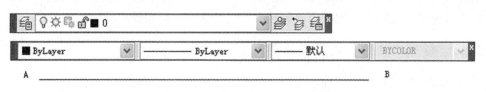

图 3.59　AB 直线为 ByLyer 线型

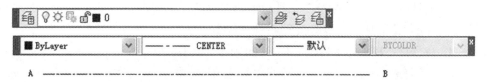

图 3.60　AB 直线改变为 CENTER 线型

③ 如果选择了多个对象，并且所有选定对象都具有相同的线型，选项框中显示公共的线型；而如果任意两个选定对象不具有相同的线型，则选项框显示为空。用户可选择选项框中其他线型来同时改变当前选中的对象的线型。

3. 利用"对象特性"工具栏中的"线宽"选项框改变线宽

① 如果未选择任何对象，选项框中为当前线宽。用户可选择选项框中其他线宽来将其设置为当前线宽。

② 如果选择了一个对象，选项框中显示该对象的线宽设置（如图 3.59 中直线 AB 线宽为默认）。用户可选择选项框中的其他线宽来改变对象所使用的线宽（如图 3.61 中选 0.70 mm 线宽，则 AB 线宽发生改变）。

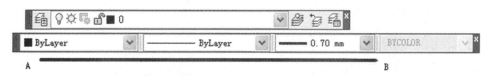

图 3.61　AB 直线改变为 0.70 mm 线宽

③ 如果选择了多个对象，并且所有选定对象都具有相同的线宽，选项框中显示公共的线宽；而如果任意两个选定对象不具有相同的线宽，则选项框显示为空。用户可选择选项框中其他线宽来同时改变当前选中的对象的线型。

4. 利用"对象特性"工具栏中的"颜色"选项框改变颜色

① 如果未选择任何对象，选项框中为当前颜色。用户可选择选项框中其他颜色来将其设置为当前颜色。

② 如果选择了一个对象，选项框中显示该对象的颜色设置。用户可选择选项框中的其他颜色来改变对象所使用的颜色。

③ 如果选择了多个对象，并且所有选定对象都具有相同的颜色，选项框中显示公共的颜色；而如果任意两个选定对象不具有相同的颜色，则选项框显示为空。用户可选择选项框中其他颜色来同时改变当前选中的对象的线型。

3.4.2 利用"特性"选项板编辑对象

查询和修改对象的特性，可用"特性"选项板。调用它的方法如下：

① 菜单：【修改（M）/特性（P）】；

② 工具栏：单击"标准"工具栏中的"特性"按钮；

③ 菜单：【工具（T）/选项板/特性（P）】；

④ 命令行：PROPERTIES、DDMODIFY 或 CH。

如果当前选中一个对象，在【特性】选项板中将显示该对象的详细属性；如果已选中多个对象，在【特性】选项板中显示他们的共同属性。例如图 3.62 是只选择圆的选项板显示的内容，图 3.63 是选中圆和直线选项板的内容。

图 3.62　选中圆的"特性"选项板

图 3.63　选中圆和直线的"特性"选项板

在特性选项板的上方有【快速选择】 、【选择对象】 和【切换 PICKADD 系统变量的值】 三个工具按钮，它们作用如下：

① 单击【快速选择】 工具按钮会弹出【快速选择】对话框，从中可以快速选择对象并可快速地浏览其各项属性。

② 单击【选择对象】 工具按钮可以在图形空间选择对象，并在【特性】选项板中显示其属性。

③ 单击【切换 PICKADD 系统变量的值】 工具按钮，如果工具图标上出现"+"符号，表示【特性】选项板中显示将一次显示所选择的所有属性；如果工具上出现"1"符号，表示【特性】选项板中将依次显示所选对象的属性，并且一次只显示一个对象的属性。

3.4.3 特性匹配命令

将一个源对象的特性匹配到其他目标对象上，如图层的特性等。可以用如下方法执行该命令：

① 菜单：【修改（M）/特性匹配（M）】；

② 工具栏：单击"标准"工具栏中的"特性匹配"按钮 ；

③ 命令行：MATCHPROP、PRINTER 或 MA。

命令：_matchprop

选择源对象：   //选择要将特性匹配给其他对象的对象，此时拾取框变为小刷子形状

当前活动设置：颜色 图层 线型 线型比例 线宽 厚度 打印样式 文字 标注 填充图案 多段线 视口 表格

选择目标对象或［设置（S）］：

①【选择目标对象】：默认选项，可以选择一个或多个对象作为目标对象，将特性修改成与源对象一样。

②【设置（S）】：可以设置匹配的内容。此时，弹出一个"特性设置"对话框，如图 3.64 所示。

该对话框设置匹配的内容，包括颜色、图层、线型、线型比例、线宽、厚度、打印样式、标注、文字、填充图案、多段线、视口、表格、材质阴影显示多重引线。

特性匹配不仅可以将源对象的特性匹配给同一个图形文件中的目标对象，也可以匹配给其他图形文件中的目标对象。

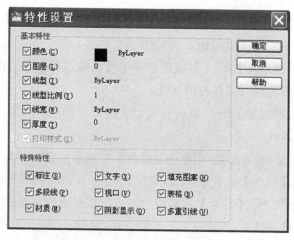

图 3.64　"特性设置"对话框

【例 3.11】　把图 3.65（a）中的矩形线型用特性匹配方法改为与圆形一样的线型。

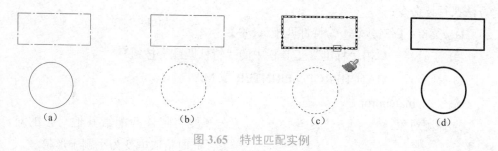

（a）　　　　　　　　　（b）　　　　　　　　　（c）　　　　　　　　　（d）

图 3.65　特性匹配实例

（a）原图；（b）选择圆为源对象；（c）选择矩形；（d）结果

命令：'_matchprop　　　　　//单击"标准"工具栏中的"特性匹配"按钮
选择源对象：　　　　　　　//选择圆
当前活动设置：颜色　图层　线型　线型比例　线宽　厚度　打印样式　标注　文字　填充图案　多段线　视口　表格材质　阴影显示　多重引线
选择目标对象或［设置（S）］://选择矩形，回车，完成操作。

3.5　查询图形信息

在 AutoCAD 中，利用查询命令可以了解其运行状态、查询图形对象的数据信息、计算距离、面积和质量特性等，是进行计算机辅助设计的重要工具。查询命令可以用以下方式调用：

① 在文本行输入查询命令。在 AutoCAD 中，每一个查询命令都对应一个指令，可以在命令行输入执行该命令。一些常用的命令有其快捷键。

② 调出查询命令工具栏，单击其中的每个工具按钮，即可完成相应命令的输入，如图 3.66 所示。

图 3.66　查询工具栏

③ 工具下拉菜单中的查询选项。在 AutoCAD 工作界面的主菜单中，单击【工具（T）】菜单，即会弹出工具下拉菜单列表，选择【查询（Q）】选项，单击其中的选项即可完成相应命令的输入。

3.5.1　查询点坐标

"定位点"命令用于查询指定点的坐标值。调用该命令方法如下：

① 菜单：【工具（T）/查询（Q）/点坐标（I）】；

② 工具栏：单击"查询"工具栏中的"定位点"按钮；

③ 命令行：ID。

执行该命令后，命令行将指定点的 X、Y、Z 坐标值，系统即把这个点作为最后生成点计入系统变量 LASTPOINT 中。在后续命令中，输入"@"即可调用此点。

注意：定位点命令可以透明使用。

3.5.2　查询距离

用户使用距离命令可以方便查询两点之间的距离，以及该直线与 X 轴的夹角。可以如下方法执行该命令：

① 菜单：【工具（T）/查询（Q）/距离（D）】；

② 工具栏：单击"查询"工具栏中的"距离"按钮；

③ 命令行：DIST 或 DI。

下面以查询图 3.67 中正六边形 AB 边长度为例，叙述该命令的操作。

命令：_distance　　　//单击"查询"工具栏中的"距离"按钮

指定第一点：　　　　//单击正六边形顶点 A

指定第二个点或［多个点（M）］：

　　　　　　　　　　//单击正六边形顶点 B，此时命令行将显示如下信息：

距离 = 600.0000，XY 平面中的倾角 = 0，与 XY 平面的夹角 = 0

X 增量 = 600.0000，Y 增量 = 0.0000，Z 增量 = 0.0000

输入选项［距离（D）/半径（R）/角度（A）/面积（AR）/体积（V）/退出（X）］<距离>：X

3.5.3　查询半径

用户使用半径命令可以方便查询圆或圆弧的半径和直径。可单击【工具（T）/查询（Q）/半径（R）】菜单项调用该命令。

下面以查询图 3.67 中圆的半径叙述该命令的操作。

命令：_measuregeom　　　//单击【工具（T）/查询（Q）/半径（R）】

输入选项［距离（D）/半径（R）/角度（A）/面积（AR）/体积（V）］<距离>：_radius

选择圆弧或圆：　　　　　//单击图中的圆，此时命令行将显示如下信息：

半径=100.0000

直径=200.0000

输入选项［距离（D）/半径（R）/角度（A）/面积（AR）/体积（V）/退出（X）］<半径>：X

3.5.4　查询角度

用户使用角度命令可以方便测量指定圆弧、圆、直线或顶点的角度。可以如下方法执行该命令：

菜单：【工具（T）/查询（Q）/角度（A）】。

下面以查询图3.67中∠ABC的角度叙述该命令的操作。

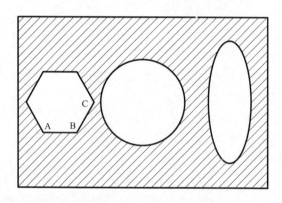

图3.67　计算阴影部分面积

命令：_measuregeom　　//单击【工具（T）/查询（Q）/角度（A）】

输入选项［距离（D）/半径（R）/角度（A）/面积（AR）/体积（V）］<距离>：_angle

选择圆弧、圆、直线或<指定顶点>：

　　　　　　　　　　//选择AB

选择第二条直线：　　//选择BC，此时命令行将显示如下信息：

角度=120°

输入选项［距离（D）/半径（R）/角度（A）/面积（AR）/体积（V）/退出（X）］<角度>：X

3.5.5　查询面积

用户使用面积命令可以方便测量对象或定义区域的面积和周长。指定对象或定义区域的面积和周长显示在命令提示下和工具提示中。该命令可以使用加模式和减模式来计算组合面积。可以如下方法执行该命令：

① 菜单：【工具（T）/查询（Q）/面积（AR）】；

② 工具栏：单击"查询"工具栏中的"面域/质量特性"按钮；

③ 命令行：AREA。

命令：_area

指定第一个角点或［对象（O）/加（A）/减（S）］：

各选项功能如下：

①【指定第一个角点】：默认选项，指定第一个点后系统提示：

指定下一个角点或按【Enter】键全选：

//选择下一个点直至选择完毕按回车结束

面积=（以各点依次连接所形成的封闭区域的面积）周长=（各点连线的总长）

②【对象（O）】：可以计算指定对象的面积和周长，回车后系统提示：

选择对象：

注意：此选项查询的对象只能是圆、椭圆、矩形、正多边形、多段线、样条曲线。若对象是未封闭的多段线或样条曲线，则系统用一条看不见的辅助直线连接多段线或样条曲线的起点和端点形成封闭区域，计算区域的面积和多段线或样条曲线的实际长度。

③【加（A）】：可以将后面测量的面积累加到前面计算出的面积中，回车后系统提示：

指定下一个角点或［对象（O）/减（S）］：

//选择下一点

指定下一个角点或按【Enter】键全选（"加"模式）：

//选择下一点直至完毕回车结束

面积=当前以各点依次连接的封闭区域的面积；周长=当前各点连线的总长；总面积=累加的总面积。

④【减（S）】：从总面积中扣除通过选择角点或对象所计算出的面积，系统显示当前所选区域的面积和周长以及扣除这个面积后得到的面积。与【加（A）】操作相似。

注意：若要计算区域的边界对象有直线、圆弧，可以将轮廓编辑成多段线，再进行计算，否则要分割成几部分计算再累加。

【例3.12】 计算如图3.67所示阴影部分的面积。

使用面积命令计算的操作步骤如下：

命令：_measuregeom   //单击【工具（T）/查询（Q）/面积（AR）】菜单

输入选项［距离（D）/半径（R）/角度（A）/面积（AR）/体积（V）］<距离>：_area

指定第一个角点或［对象（O）/增加面积（A）/减少面积（S）/退出（X）］<对象（O）>：A

指定第一个角点或［对象（O）/减少面积（S）/退出（X）］：O

（"加"模式）选择对象：　//选择矩形，命令行显示如下信息

面积=240000.0000，周长=2000.0000

总面积=240000.0000

（"加"模式）选择对象：　//回车

指定第一个角点或［对象（O）/减少面积（S）/退出（X）］：S

指定第一个角点或［对象（O）/增加面积（A）/退出（X）］：O

（"减"模式）选择对象：　//挖去正六边形面积

面积=16 627.6878，周长=480.0000

总面积=223372.3122

（"减"模式）选择对象：　//挖去圆面积

面积=31 415.9265，圆周长=628.3185

总面积=191956.3857

（"减"模式）选择对象：　//挖去椭圆面积

面积=22302.1180，周长=638.2613

总面积=169654.2677

（"减"模式）选择对象：　//按【Enter】键，取消

3.5.6　查询面域/质量特性

用户使用面域/质量特性命令可以方便计算面域或三维实体的质量特性。可以如下方法执行该命令：

① 菜单：【工具（T）/查询（Q）/面域/质量特性（M）】；

② 工具栏：单击"查询"工具栏中的"面域/质量特性"按钮 ；

③ 命令行：MASSPROP。

命令：_massprop

选择对象：　　　　　　　//选择面域或实体对象

说明：如果用户选择了多个面域，AutoCAD只接受那些与第一个选定面域共面的面域。选择完毕回车后，MASSPROP命令在文本窗口中显示质量特性，并出现提示询问用户是否将质量特性写入到文本文件中。

【例3.13】　查询如图3.68所示面域的质量特性。

3.5.7　列表查询

用户使用列表命令可以显示选定对象的特性，然后将其复制到文本文件中。文本窗口将显示对象类型、对象图层、相对于当前用户坐标系（UCS）的X、Y、

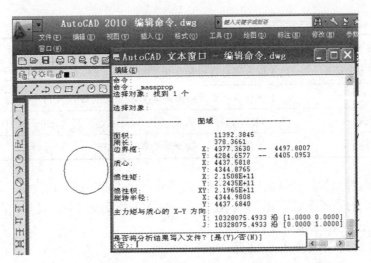

图 3.68 查询圆面域质量特性

Z 位置以及对象是位于模型空间还是图纸空间。此外，根据选定对象的不同，该命令还将给出相关的附加信息。

可以如下方法执行该命令：

① 菜单：【工具（T）/查询（Q）/列表（L）】；

② 工具栏：单击"查询"工具栏中的"列表"按钮；

③ 命令行：LIST 或 LI。

除列表显示命令外，AutoCAD 还提供了一个"DBLIST"命令，该命令可依次列出图形中所有对象的数据（每个对象的显示数据都与"LIST"命令相同）。

3.5.8 系统变量的查看和设置

1. 系统变量的作用和类型

在 AutoCAD 中提供了各种系统变量，用于存储操作环境设置、图形信息和一些命令的设置（或值）等。利用系统变量可以显示当前状态，也可控制 AutoCAD 的某些功能和设计环境、命令的工作方式。

系统变量通常有 6～10 个字符长的缩写名称，且都有一定的类型（整数型、实数型、点、开关或文本字符串等），具体类型见表 3.1。

表 3.1 系统变量的类型及说明

类型	说 明
整数型（用于选择）	用不同的整数值来确定相应的状态，如变量 SNAPMODE
整数型（用于数值）	用不同的整数值来进行设置，如变量 ZOOMFACTOR
实数型	用于保存实数值，如变量 AREA

续表

类型	说　　　明
点型（用于坐标）	用于保存坐标点，如变量 LIMMAX
点型（用于距离）	用于保存 X、Y 方向的距离值，如变量 GRIDUIT
开关	具有 ON/OFF 两种状态，用于设置状态的开关，如变量 HIDETEXT
文本字符串	用于保存字符串，如变量 DWGNAME

有些系统变量具有只读属性，用户只能查看而不能修改只读变量；而对于没有只读属性的系统变量，用户可以在命令行输入系统变量名或者使用"设置变量"命令来改变这些变量的值。

2. 系统变量的查看和设置

通常，一个系统变量的取值可以通过相关的命令来改变。例如当使用"距离"命令查询距离时，只读系统变量 DISTANCE 将自动保持最后一个"距离"命令的查询结果。除此之外，用户可通过如下两种方式直接查看和设置系统变量。

（1）在命令行直接输入系统变量的名称并按【Enter】键。对于只读变量，系统显示其变量值；而对于非只读变量，系统在显示其变量值的同时还允许用户输入一个新值来设置该变量。

（2）使用"设置变量"命令来指定系统变量。对于只读变量，系统将显示其变量值；而对于非只读变量，系统在显示其变量的同时还允许用户输入一个新值来设置该变量。

"设置变量"命令不仅可以对指定的变量进行查看和设置，还可以使用"？"选项来查看全部的系统变量。此外，对于一些与系统命令相同的变量，如 AREA 等，只能用"设置变量"命令来查看。

调用"设置变量"命令的方法如下：

① 菜单：【工具（T）/查询/（Q）设置变量（V）】；
② 命令行：SETVAR 或 SET。

注意："设置变量"命令可透明使用。

3.6　夹 点 编 辑

夹点就是对象上的控制点，在 AutoCAD 中用户可以拖动夹点直接而快速地编辑对象。

3.6.1　对象的夹点

对象的夹点就是对象本身的一些特征。首先选取欲编辑的对象（可以选取多个对象），则在被选取的对象上就会出现如图 3.70 所示的若干小方格，这些小方格称为该对象的特征点。

使用夹点进行编辑要先选择一个作为夹点的夹点，这个被选定的夹点显示为红色实心正方形，称为基夹点，也叫热点；其他未被选中的夹点称为温点。如果选择了某个对象后，在按【Shift】键的同时再次选择该对象，则其将不处于选择状态（即不亮显），但其夹点仍显示，这时的夹点被称为冷点。如果某个夹点处于热点状态，则按【Esc】键可以使之变为温点状态，再次按【Esc】键可取消所有对象的夹点显示。

3.6.2 夹点的控制

在选择对象之前，用户可根据自己的习惯设置选择对象时的各种模式。启动设置对象选择模式的方法如下：

① 命令行：DDSELECT；

② 下拉菜单：【工具（T）/选项（N）.../选择集】。

执行 DDSELECT 命令后，系统将弹出"选项"对话框，单击【选择】选项卡，其界面如图 3.69 所示。其各选项功能如下：

①【拾取框大小（P）】选项组：通过移动滑块，可以设置选择对象时的拾取框的大小，滑块向左移动，拾取框变小，向右移动，拾取框变大。

②【选择集预览】选项组：用于设置是否显示选择预览。

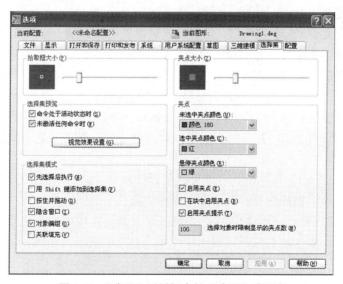

图 3.69 "选项"对话框中的"选项"选项卡

【命令处于活动状态时（S）】复选框：选中表示命令处于激活状态时，显示选择预览。

【未激活任务命令时（**W**）】复选框：选中表示命令处于未激活状态时，显示选择预览。

【视觉效果设置（**G**）...】按钮：在该对话框中，可以设置预览效果和选择有效区域的颜色。

③【选择模式】选项组：用于设置构造选择集的模式。

【先选择后执行（**N**）】复选框：选中该复选框，可以先选择要编辑的对象，然后再执行编辑命令，也可以先执行编辑命令，再选择要编辑的对象。否则，只能先执行编辑命令，再选择要编辑的对象。

【用 Shift 键添加到选择集（**F**）】复选框：选中该复选框，当要给已存在的选择集添加对象时，必须先按住【Shift】键，才能点击要添加的对象，否则，将会用添加的对象替换原来的选择集。

【按住并拖动（**D**）】复选框：选中该复选框，此时用窗口选择物体时，必须用鼠标拖动的方式才能形成窗口。

【隐含窗口（**I**）】复选框：选中该复选框，系统将窗口方式和交叉窗口方式与直接点选方式都作为默认的选择方式。否则在"选择对象："提示符下，键入 W 或 C 才能用窗口方式或交叉窗口方式选择实体。

【对象编组（**O**）】复选框：选中该复选框，当选择某个对象组中的一个对象时，将会选中该对象组的所有对象。

【关联填充（**V**）】复选框：选中该复选框，确定在选择关联填充剖面线时，也选中剖面线的边界线。

④【夹点大小（**Z**）】选项组：用于设置对象夹点标记的大小。移动滑块向左，对象的夹点标记变小，向右移动，对象的夹点标记变大。

⑤【夹点】选项组：用于设置夹点的特性。

【未选中夹点颜色（**U**）】下拉列表框：可以设置选中对象后，夹点显示的颜色。

【选中夹点颜色（**C**）】下拉列表框：可以设置点击夹点后夹点显示的颜色。

【悬停夹点颜色（**R**）】下拉列表框：可以设置光标处于未选中夹点时夹点显示的颜色。

【启用夹点（**E**）】复选框：可以设置是否打开夹点编辑功能，选中该复选框，点选物体后，显示物体的夹点，否则不显示夹点。

【在块中启用夹点（**B**）】复选框：可以设置是否在块中启用夹点编辑功能，选中该复选框，点选块对象后，显示块中每个对象的夹点，否则只显示块的插入点夹点。

【启用夹点提示（**T**）】复选框：可以设置是否在使用夹点编辑时进行提示。当光标悬停在支持夹点提示的自定义对象的夹点上时，显示夹点的特定提示。

【显示夹点时限制对象选择（**M**）】文本框：当初始选择集包括多于指定数目的对象时，抑制夹点的显示。有效值的范围从 1～32 767。默认设置是 100。

3.6.3 夹点的编辑操作

单击要进行编辑的对象，先选取一个特征点作为操作，即将光标移到希望成为基点的特征点上，则该点成为操作基点，并以红色高亮度显示，如图3.70所示。选取基点后就可以利用钳夹功能对对象进行移动、镜像、旋转、比例缩放、拉伸和复制编辑操作。

1．移动

把对象从当前位置移动到新位置。例如将如图3.70所示的左侧圆移动到右侧球中心。

单击左侧圆，将光标移到圆心，以圆心为操作基点，单击操作基点，命令行提示：

** 拉伸 **

指定拉伸点或［基点（B）/复制（C）/放弃（U）/退出（X）］：

//拖动鼠标向右捕捉右侧球心，单击左键，按【Esc】键完成移动操作，结果如图3.71所示

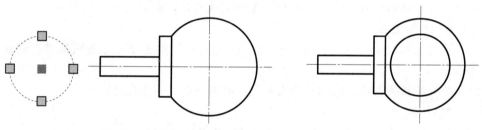

图3.70 选取圆心为基点　　　　　　　　图3.71 移动结果

2．镜像

把对象按指定的镜像线进行镜像变换且镜像变化后删除原对象。例如将如图3.72所示的对象进行镜像操作。

将光标移到圆心作为基点，单击基点，命令行提示：

** 拉伸 **

指定拉伸点或［基点（B）/复制（C）/放弃（U）/退出（X）］：

//输入"MI"，按回车键

** 镜像 **

指定第二点或［基点（B）/复制（C）/放弃（U）/退出（X）］：

//移动鼠标单击竖直点划线的端点，结果如图3.73所示

命令：*取消*

3．旋转

把对象绕基点或操作点旋转。例如将如图3.71所示的对象进行30°旋转操作。

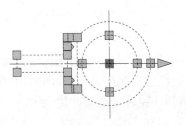

图 3.72　选取圆心为基点

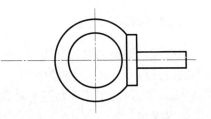

图 3.73　镜像结果

将光标移到圆心，以圆心作为基点，单击基
点，命令行提示：

**　拉伸　**

指定拉伸点或［基点（B）/复制（C）/
放弃（U）/退出（X）］：ro

　　　//输入 ro，回车

**　旋转　**

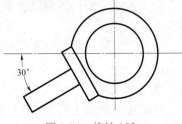

图 3.74　旋转 30°

指定旋转角度或［基点（B）/复制（C）/放弃（U）/参照（R）/退出（X）］：
30　　　//输入 30，回车，按【Esc】键完成操作，结果如图 3.74 所示

4. 比例缩放

把对象相对于操作点或基点进行缩放。例如将如图 3.75 所示的对象进行缩放
操作。

将光标移到圆心，以圆心作为基点，单击基点，命令行提示：

**　拉伸　**

指定拉伸点或［基点（B）/复制（C）/放弃（U）/退出（X）］：sc

　　　//输入 sc，回车

**　比例缩放　**

指定比例因子或［基点（B）/复制（C）/放弃（U）/参照（R）/退出（X）］：
0.5　　　//输入 0.5，回车，按【Esc】键，完成操作，结果如图 3.76 所示

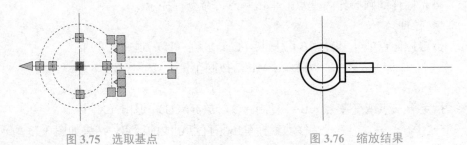

图 3.75　选取基点　　　　　　　　　　图 3.76　缩放结果

5. 拉伸

拉伸或移动对象。例如将如图 3.77 所示的对象进行拉伸操作。

按住【Shift】键单击点 1 和点 2 作为基点，左键单击中点 3，命令行提示：

** 拉伸 **

指定拉伸点或［基点（B）/复制（C）/放弃（U）/退出（X）］：150

       //向下拖动鼠标，输入 150，回车

命令：*取消*　　//按【Esc】键，结束操作，结果如图 3.78 所示

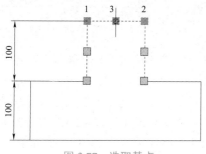

图 3.77　选取基点

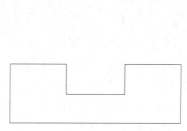

图 3.78　拉伸结果

6. 复制

允许用户进行多次操作。例如将如图 3.79 所示的圆复制成图 3.80 所示。

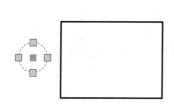

图 3.79　选取基点

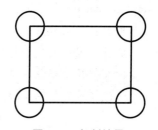

图 3.80　复制结果

选中左侧圆，将光标移到圆心，以圆心作为基点，单击基点，命令行提示：

** 拉伸 **

指定拉伸点或［基点（B）/复制（C）/放弃（U）/退出（X）］：C

       //输入 C，回车

** 拉伸（多重）**

指定拉伸点或［基点（B）/复制（C）/放弃（U）/退出（X）］：

       //拖动鼠标把圆心移动到矩形左上角，单击左键，完成一
个圆的复制

重复上述方法，完成其他圆的复制，最后输入"X"退出，结果如图 3.80
所示。

第 3 章　图形编辑命令

第4章 尺寸标注

尺寸标注是工程图样中的一项重要内容，它是建筑施工、零件制造和零部件装配的重要依据。AutoCAD 提供了一套完整的尺寸标注技术，系统按照图形的测量值和标注样式进行标注，同时 AutoCAD 还提供了功能强大的尺寸编辑功能。由于不同专业的工程图样其尺寸标注的格式与要求有所不同，AutoCAD 2010 系统允许用户创建不同的尺寸标注样式来满足不同专业的需要。本章将介绍 AutoCAD 2010 的尺寸标注样式的创建以及常用尺寸标注命令和编辑命令的使用方法与技巧。

本章学习目的：

（1）熟悉国家制图标准中对尺寸标注的相关规定；
（2）掌握符合国标的尺寸标注样式的设置方法；
（3）掌握各种尺寸标注命令使用方法及编辑尺寸标注的方法；
（4）了解标注尺寸公差、形位公差的方法。

4.1 尺寸的组成及类型

在工程制图中，完整的尺寸标注是由尺寸界线（延伸线）、尺寸线、尺寸箭头和尺寸文本所组成，如图 4.1 所示。在 AutoCAD 系统中，尺寸标注是作为一个特殊块的形式进行处理。

AutoCAD 提供了六种尺寸标注类型：线性尺寸、直径尺寸、半径尺寸、角度尺寸、坐标尺寸、引线和公差标注。

如图 4.1 所示，尺寸 30、尺寸 20、尺寸 60、尺寸 40、尺寸 12 和尺寸 18 为线性尺寸；尺寸 φ16 为直径尺寸；尺寸 R5 为半径尺寸；尺寸 70° 为角度尺寸；2×45° 为引线尺寸。

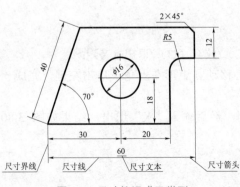

图 4.1 尺寸的组成及类型

4.2 标注样式管理器

在进行尺寸标注前,用户必须创建好一个符合我国制图标准的尺寸标注样式。AutoCAD 系统提供了一系列控制尺寸线、延伸线（尺寸界线）、尺寸箭头和尺寸文本及其位置的尺寸标注变量,用户可以在"标注样式管理器"对话框中，通过调整相关变量的值,使尺寸标注样式符合我国国家标准的要求。"标注样式管理器"对话框的调用方法如下：

① 下拉菜单：选择【格式（O）/标注样式（D）...】或【标注（N）/标注样式（S）...】；

② 工具栏：单击"标注"或"样式"工具栏上的"标注样式..."按钮；

③ 命令行：DIMSTYLE。

执行 DIMSTYLE 命令后,系统将弹出如图 4.2 所示的"标注样式管理器"对话框,该对话框用于创建新样式、设置当前样式、修改样式、设置当前样式的替代以及比较样式,其各项含义如下：

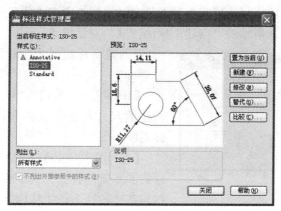

图 4.2 "标注样式管理器"对话框

【当前标注样式】标签：在此说明哪个尺寸标注样式是当前尺寸标注样式,在 Acadiso.dwt 的图形模板中,AutoCAD 系统默认为 ISO-25 样式。

【样式（S）】列表：显示图形中的所有标注样式。当前样式被亮显。列表中的选定项目将控制显示的标注样式,要将某样式置为当前,请选择该样式并单击"置为当前（U）"按钮。在"样式（S）"列表中单击右键显示快捷菜单,可用于设置当前标注样式、重命名样式和删除样式。但不能删除当前样式或当前图形使用的样式。

【列出（L）】下拉列表：控制显示哪种标注样式的选项,即所有样式和正在使用的样式。

【不列出外部参照中的样式（D）】复选框：在"样式（S）"列表中确定是否显示外部参照图形中的标注样式。

【置为当前（U）】按钮：在"样式（S）"列表中将选定的标注样式设置为当前标注样式。

【新建（N）...】按钮：用于创建新标注样式。单击"新建（N）..."按钮，系统将显示"创建新标注样式"对话框。

【修改（M）...】按钮：用于修改标注样式。单击"修改（M）..."按钮，系统将显示"修改标注样式"对话框。

【替代（O）...】按钮：设置标注样式的临时替代值。单击"替代（O）..."按钮，系统将显示"替代当前样式"对话框，AutoCAD 系统将替代值作为未保存的更改结果显示在"样式（S）"列表中。

【比较（C）...】按钮：用于比较两种标注样式的特性或列出一种样式的所有特性。点击"比较（C）..."按钮，系统将显示"比较标注样式"对话框。

4.2.1 创建标注样式

在图 4.2 所示的"标注样式管理器"对话框中，点击"新建（N）..."按钮，系统将显示如图 4.3 所示的"创建新标注样式"对话框。

图 4.3 "创建新标注样式"对话框

"创建新标注样式"对话框中各项含义如下：

【新样式名（N）】编辑框：用于输入新创建的尺寸标注样式的名称，比如输入国标 GB。

【基础样式（S）】下拉列表：设置作为新样式的基础的样式。对于新样式，仅修改那些与基础特性不同的特性。这里选择 ISO-25 的样式作为基础样式，这种样式比较符合我国的习惯，但仍需对其进行修改，以符合我国的制图标准。一般在进行尺寸标注前，应首先建立符合国标（GB）的样式。

【注释性（A）】复选框：用于设置是否指定尺寸标注为注释性。

【用于（U）】下拉列表：创建一种仅适用于特定标注类型的标注子样式。可以指定新创建的尺寸标注样式仅用于线性标注、角度标注、半径标注、直径标注、坐标标注、引线和公差标注中的一种，缺省值为所有标注。

【继续】按钮：单击此按钮将显示"新建标注样式"对话框，从中可以定义新的标注样式特性。

在设置选择完成后，单击"继续"按钮，将显示如图 4.4 所示的"新建标注样式：GB"对话框。该对话框中，共有 7 个不同的选项卡，即"线"选项卡、"符号和箭头"选项卡、"文字"选项卡、"调整"选项卡、"主单位"选项卡、"换算单位"选项卡、"公差"选项卡,它们控制尺寸组成部分的外观。

4.2.2　设置线选项卡

"线"选项卡,如图 4.4 所示,用于设置尺寸线、延伸线(尺寸界线)格式和特性。下面对该对话框作一些简要介绍。

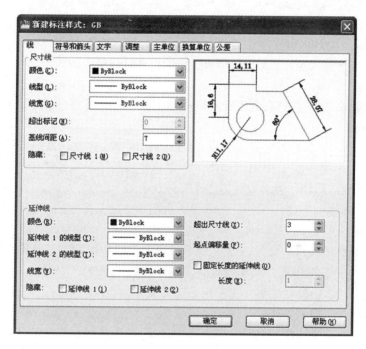

图 4.4　"新建标注样式:GB:线"选项卡

1)【尺寸线】选项组

用于设置尺寸线的特性。其中:

【颜色(C)】下拉列表:显示并设置尺寸线的颜色。如果单击"选择颜色"(在"颜色"列表的底部),将显示"选择颜色"对话框。也可以输入颜色名或颜色号。可以从 255 种 AutoCAD 颜色索引颜色、真彩色和配色系统颜色中选择颜色。建议选择缺省值 ByBlock。

【线型(L)】下拉列表:用于设置尺寸线的线型,建议选择缺省值 ByBlock。

【线宽(G)】下拉列表:用于设置尺寸线的线宽,建议选择缺省值 ByBlock。

【超出标记(N)】编辑框:用于设置尺寸线超出延伸线的长度。只有当箭头使用倾斜,建筑标记、积分和无时,才能为其指定数值;否则该框呈灰显状态。

【基线间距(A)】编辑框:用于设置当使用基线标注时,各尺寸线之间的距离。按照我国国家制图标准，此值一般应设置为 7～10 mm。

【尺寸线 1（M）】复选框：用于隐藏尺寸线 1 的显示。

【尺寸线 2（D）】复选框：用于隐藏尺寸线 2 的显示。

2）【延伸线】选项组

用于控制延伸线（尺寸界线）的外观。其中：

【颜色（R）】下拉列表：用于设置延伸线的颜色，如果单击"选择颜色"（在"颜色"列表的底部），将显示"选择颜色"对话框。也可以输入颜色名或颜色号。可以从 255 种 AutoCAD 颜色索引颜色、真彩色和配色系统颜色中选择颜色。建议选择缺省值 ByBlock。

【延伸线 1 的线型（I）】下拉列表：用于设置延伸线 1 的线型，建议选择缺省值 ByBlock。

【延伸线 2 的线型（T）】下拉列表：用于设置延伸线 2 的线型，建议选择缺省值 ByBlock。

【线宽（W）】下拉列表：用于设置延伸线的线宽，建议选择缺省值 ByBlock。

【超出尺寸线（X）】编辑框：用于指定延伸线超出尺寸线的距离。按照我国国家制图标准，此值一般应设置为 2～3 mm。

【起点偏移量（F）】编辑框：用于设置自图形中定义标注的点到延伸线的偏移距离。按照我国国家制图标准，一般设置为 0。

【固定长度的尺寸界限（O）】复选框：用于控制是否弃用固定长度的延伸线。

【长度（E）】编辑框：用于设置固定延伸线的长度值。

【延伸线 1（1）】复选框：用于隐藏延伸线 1 的显示。

【延伸线 2（2）】复选框：用于隐藏延伸线 2 的显示。

对于各个设置选项的具体含义，可以在设置的过程中随时按【F1】键进入 AutoCAD 帮助文件查看，AutoCAD 帮助文件提供了详细的说明。

4.2.3 设置符号和箭头选项卡

单击"符号和箭头"选项卡，将显示如图 4.5 所示的"符号和箭头"对话框。"符号和箭头"选项卡用于设置箭头、圆心标记、折断标注、弧长符号、半径折弯标注和线性折弯标注的格式和位置。下面对该对话框作一些简单介绍。

1）【箭头】选项组

用于控制帮助箭头的外观。其中：

【第一个（T）】下拉列表：用于设置第一条尺寸线的箭头。当改变第一个箭头的类型时，第二个箭头将自动改变以同第一个箭头相匹配。要指定用户定义的箭头块，请选择"用户箭头"。显示"选择自定义箭头块"对话框。选择用户定义的箭头块的名称。

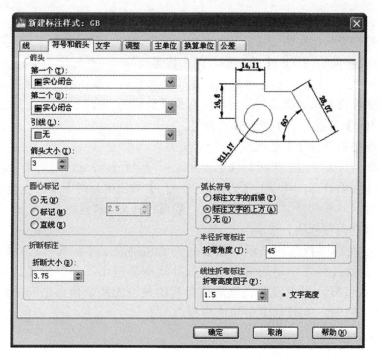

图 4.5 "符号和箭头"选项卡

　　机械图样中箭头选用"实心闭合"箭头；在建筑图样对于线性尺寸箭头采用"建筑标记"，其他类型尺寸与机械图样相同。

　　【第二个（**D**）】下拉列表：用于设置第二条尺寸线的箭头。

　　【引线（**L**）】下拉列表：用于设置引线箭头。

　　【箭头大小（**I**）】编辑框：用于设置和显示箭头的大小。工程图样中箭头长度一般取 3 mm。

　　2）【圆心标记】选项组

　　用于控制直径标注和半径标注的圆心标记和中心线的外观。DIMCENTER、DIMDIAMETER 和 DIMRADIUS 命令使用中心标记和中心线。对于 DIMDIAMETER 和 DIMRADIUS，仅当将尺寸线放置到圆或圆弧外部时，才绘制圆心标记。其中：

　　【无（**N**）】复选框：不创建圆心标记或中心线。

　　【标记（**M**）】复选框：用于创建圆心标记，圆心标记的大小可在其右侧编辑框中设置。

　　【直线（**E**）】复选框：用于创建中心线，中心线标记的大小可在其右侧编辑框中设置。

　　3）【折断标注】选项组

　　用于控制折断标注的间距宽度。

　　【折断大小（**B**）】编辑框：用于显示和设置折断标注的间距大小。

4）【弧长符号】选项组

用于控制弧长标注中圆弧符号的显示。其中：

【标注文字的前缀（P）】复选框：用于将弧长符号放在标注文字的前面。

【标注文字的上方（A）】复选框：用于将弧长符号放在标注文字的上方。按照我国制图标准要求，弧长符号应标注在弧长数值的上方。

【无（O）】复选框：不显示弧长符号。

5）【半径折弯标注】选项组

控制折弯（Z 字型）半径标注的显示。折弯半径标注通常用于半径较大，且圆心点位于页面外部。其中的【折弯角度（T）】数值框，用于设置连接半径标注的延伸线和尺寸线的横向直线的角度，一般可设置为 45° 角。

6）【线性折弯标注】选项组

控制线性标注折弯的显示。当标注不能精确表示实际尺寸时，通常将折弯线添加到线性标注中。通常，实际尺寸比所需值小。其中的【折弯高度因子（E）】数值框，用于设置通过形成折弯的角度的两个顶点之间的距离确定折弯高度。例如，机械制图中的"折线"。

4.2.4　设置文字选项卡

单击"文字"选项卡，将显示如图 4.6 所示的"文字选项卡"对话框，"文字"选项卡用于设置标注文字的格式、放置和对齐。此对话框中各选项的含义如下：

1）【文字外观】选项组

用于设置标注文字的格式和大小。其中：

【文字样式（Y）】下拉列表：用于设置和显示标注文字所用的样式。如要创建新的或修改标注文字样式，则可单击其右侧的按钮，系统将弹出"文字样式"对话框，从中可以创建或修改文字样式。

【文字颜色（C）】下拉列表：用于设置标注文字的颜色。

【填充颜色（C）】下拉列表：用于设置标注中文字背景的颜色。

【文字高度（T）】编辑框：用于设置当前标注文字样式的高度。在文本框中输入值。如果在"文字样式"中将文字高度设置为固定值，则该高度将替代此处设置的文字高度。如果要使用在"文字"选项卡上设置的高度，请确保"文字样式"中的文字高度设置为 0。

【分数高度比例（H）】编辑框：用于设置相对于标注文字的分数比例。仅当在"主单位"选项卡上选择"分数"作为"单位格式"时，此选项才可用。在此处输入的值乘以文字高度，可确定标注分数相对于标注文字的高度。

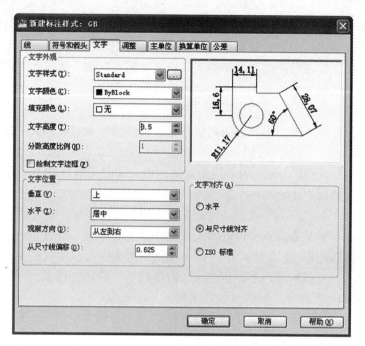

图 4.6 "文字"选项卡

【绘制文字边框（F）】复选框：若选择此选项，则将在标注文字周围绘制一个边框。

2）【文字位置】选项组

用于控制标注文字的位置。其中：

【垂直（V）】下拉列表：用于设置标注文字相对于尺寸线的位置。

垂直位置选项包括：

居中：将标注文字放在尺寸线的两部分中间。

上方：将标注文字放在尺寸线上方。从尺寸线到文字的最低基线的距离就是当前的文字间距。请参见"从尺寸线偏移"选项。

外部：将标注文字放在尺寸线上远离第一个定义点的一边。

JIS：按照日本工业标准（JIS）放置标注文字。

下方：将标注文字放在尺寸线下方。从尺寸线到文字的最低基线的距离就是当前的文字间距。请参见"从尺寸线偏移"选项。

【水平（Z）】下拉列表：用于控制标注文字在尺寸线上相对于延伸线的水平位置。

水平位置选项包括：

居中：将标注文字沿尺寸线放在两条延伸线的中间。

第一条延伸线：沿尺寸线与第一条延伸线左对正。延伸线与标注文字的距离是箭头大小加上文字间距之和的两倍。请参见"箭头"和"从尺寸线偏移"。

第二条延伸线：沿尺寸线与第二条延伸线右对正。延伸线与标注文字的距离是箭头大小加上文字间距之和的两倍。请参见"箭头"和"从尺寸线偏移"。

第一条延伸线上方：沿第一条延伸线放置标注文字或将标注文字放在第一条延伸线之上。

第二条延伸线上方：沿第二条延伸线放置标注文字或将标注文字放在第二条延伸线之上。

【观察方向（**D**）】下拉列表：用于控制标注文字的观察方向。

观察方向包括以下选项：

从左到右：按从左到右阅读的方式放置文字。

从右到左：按从右到左阅读的方式放置文字。

【从尺寸线偏移（**O**）】编辑框：用于设置当前文字与尺寸线之间的间距，字线间距是指当尺寸线断开以容纳标注文字时标注文字周围的距离。一般可采用缺省值 0.625 mm。此值也用作尺寸线段所需的最小长度。

仅当生成的线段至少与文字间距同样长时，才会将文字放置在延伸线内侧。仅当箭头、标注文字以及页边距有足够的空间容纳文字间距时，才将尺寸线上方或下方的文字置于内侧。

3）【文字对齐（**A**）】选项组

用于控制标注文字放在延伸线外边或里边时的方向是保持水平还是与延伸线平行。其中：

【水平】选项：文字水平放置。按照我国国家制图标准，角度尺寸的尺寸文本应水平放置。

【与尺寸线对齐】选项：文字与尺寸线对齐。按照我国国家制图标准，线性尺寸、半径尺寸和直径尺寸的尺寸文本可以与尺寸线方向平行放置。

【ISO 标准】选项：当文字在延伸线内时，文字与尺寸线对齐。当文字在延伸线外时，文字水平排列。按照我国国家制图标准，较小的半径尺寸和直径尺寸的尺寸文本通常也可以引出后水平放置。

由于对于不同类型的尺寸标注设置不同，但是在设置时只能选择一个选项。所以将在完成"GB"标注样式的创建后再来创建仅适用于特定标注类型的各种标注子样式。从而完成对不同标注类型的不同设置。详细设置方法将在随后加以说明。

4.2.5　设置调整选项卡

单击"调整"选项卡，显示如图 4.7 所示的"调整选项卡"对话框，"调整"选项卡用于进一步控制标注文字、箭头、引线以及尺寸线的放置及标注特征比例。

此对话框中各选项的含义如下：

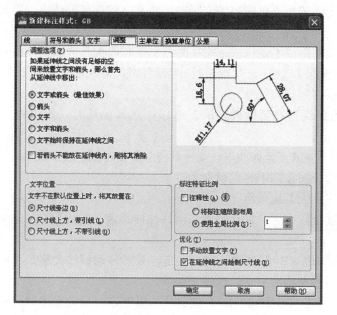

图 4.7 "调整"选项卡

1)【调整选项（F）】选项组

控制基于延伸线之间可用空间的文字和箭头的位置。如果有足够大的空间，文字和箭头都将放在延伸线内。否则，将按照"调整"选项放置文字和箭头。

【文字或箭头（最佳效果）】选项：这是缺省选项。选择此项时，AutoCAD系统将按照最佳效果将文字或箭头移动到延伸线外：

当延伸线间的距离足够放置文字和箭头时，文字和箭头都放在延伸线内。否则，将按照最佳效果移动文字或箭头。

当延伸线间的距离仅够容纳文字时，将文字放在延伸线内，而箭头放在延伸线外。

当延伸线间的距离仅够容纳箭头时，将箭头放在延伸线内，而文字放在延伸线外。

当延伸线间的距离既不够放文字又不够放箭头时，文字和箭头都放在延伸线外。

【箭头】选项：先将箭头移动到延伸线外，然后移动文字。选择此项时：

当延伸线间的距离足够放置文字和箭头时，文字和箭头都放在延伸线内。

当延伸线间距离仅够放下箭头时，将箭头放在延伸线内，而文字放在延伸线外。

当延伸线间距离不足以放下箭头时，文字和箭头都放在延伸线外。

【文字】选项：先将文字移动到延伸线外，然后移动箭头。选择此项时：

当延伸线间的距离足够放置文字和箭头时，文字和箭头都放在延伸线内。

当延伸线间的距离仅能容纳文字时，将文字放在延伸线内，而箭头放在延伸线外。

当延伸线间距离不足以放下文字时，文字和箭头都放在延伸线外。

【文字和箭头】选项：选择此项时，当延伸线间距离不足以放下文字和箭头时，文字和箭头都移到延伸线外。

【文字始终保持在延伸线之间】选项：选择此项时，始终将文字放在延伸线之间。

【若箭头不能放在延伸线内，则将其消除】复选框：选择此项时，如果延伸线内没有足够的空间，则不显示箭头。

2）【文字位置】选项组

用于设置标注文字从默认位置（由标注样式定义的位置）移动时标注文字的位置。

【尺寸线旁边（B）】选项：如果选定，只要移动标注文字尺寸线就会随之移动。按照我国制图标准要求，选择该选项。

【尺寸线上方，带引线（L）】选项：如果选定，移动文字时尺寸线将不会移动。如果将文字从尺寸线上移开，将创建一条连接文字和尺寸线的引线。当文字非常靠近尺寸线时，将省略引线。

【尺寸线上方，不带引线（O）】选项：如果选定，移动文字时尺寸线不会移动。远离尺寸线的文字不与带引线的尺寸线相连。

3）【标注特性比例】选项组

用于设置全局标注比例值或图纸空间比例。

【注释性（A）】复选框：用于控制尺寸标注样式是否为注释性。使用注释性进行尺寸标注，可以减少由于图形输出比例的不同，而给尺寸标注带来的麻烦。若尺寸标注样式设为注释性，则"将标注缩放到布局"和"使用全局比例（S）"选项将灰显不能进行选择。

【将标注缩放到布局】选项：根据当前模型空间视口和图纸空间之间的比例确定比例因子。

【使用全局比例（S）】选项：为所有标注样式设置设置一个比例，这些设置指定了大小、距离或间距，包括文字和箭头大小。该缩放比例并不更改标注的测量值。通常应按照图形打印输出比例的倒数值设置。

4）【优化（T）】选项组

设置其他调整选项。

①【手动放置文字（P）】复选框：忽略所有水平对正设置并把文字放在"尺寸线位置"提示下所指定的位置。按照我国制图标准要求，对于直径型、半径型尺寸的创建，应选择该复选框。

②【在延伸线之间绘制尺寸线（<u>D</u>）】复选框：即使箭头放在测量点之外，也在测量点之间绘制尺寸线。

4.2.6 设置主单位选项卡

单击"主单位"选项卡，将显示如图 4.8 所示的"主单位选项卡"对话框。"主单位"选项卡用于设置主标注单位的格式和精度，并设置标注文字的前缀和后缀及测量单位比例。此对话框中各选项的含义如下：

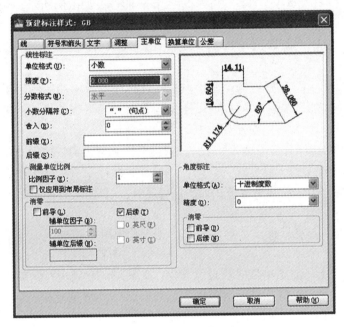

图 4.8 "主单位"选项卡

1）【线性标注】选项组

用于设置线性标注的格式和精度。

【单位格式（<u>U</u>）】下拉列表：设置除角度之外的所有标注类型的当前单位格式。

【精度（<u>P</u>）】下拉列表：显示和设置标注文字中的小数位数。

【分数格式（<u>M</u>）】下拉列表：设置分数的格式。只有当单位格式设置为"建筑"或"分数"格式时，才需要进行设置，否则此处灰显。

【小数分隔符（<u>C</u>）】下拉列表：设置十进制格式分隔符。按照我国制图标准要求，设置为"."（句点）。

【舍入（<u>R</u>）】编辑框：为除"角度"之外的所有标注类型设置标注测量值的舍入规则。如果输入 0.25，则所有标注距离都以 0.25 为单位进行舍入。如果输入

1.0，则所有标注距离都将舍入为最接近的整数。小数点后显示的位数取决于"精度"设置。

【前缀（X）】编辑框：在标注文字中包含前缀。可以输入文字或使用控制代码显示特殊符号。例如，输入控制代码%%C显示直径符号。当输入前缀时，将覆盖在直径和半径等标注中使用的任何默认前缀。如果指定了公差，前缀将添加到公差和主标注中。

【后缀（S）】编辑框：在标注文字中包含后缀。可以输入文字或使用控制代码显示特殊符号。例如，在标注文字中输入mm的结果如图例所示。输入的后缀将替代所有默认后缀。如果指定了公差，后缀将添加到公差和主标注中。

【测量单位比例】选项组：定义线性比例选项。主要应用于传统图形。其中：

【比例因子（E）】编辑框：用于设置线性标注测量值的比例因子。建议不要更改此值的默认值1.00。例如，如果输入2，则1 mm直线的尺寸将显示为2 mm。该值不应用到角度标注，也不应用到舍入值或者正负公差值。

【仅应用到布局标注】复选框：仅将测量单位比例因子应用于布局视口中创建的标注。除非使用非关联标注，否则，该设置应保持取消复选状态。

【消零】选项组：控制是否禁止输出前导零和后续零以及零英尺和零英寸部分。其中：

【前导（L）】复选框：选择此项时，则不输出所有十进制标注中的前导零，例如，0.500变成.500。

辅单位因子：将辅单位的数量设置为一个单位。它用于在距离小于一个单位时以辅单位为单位计算标注距离。例如，如果后缀为m而辅单位后缀为以cm显示，则输入100。

辅单位后缀：在标注值辅单位中包括一个后缀。可以输入文字或使用控制代码显示特殊符号。例如，输入cm可将.96 m显示为96 cm。

【后续（T）】复选框：选择此项时，则不输出所有十进制标注的后续零，例如，12.5000变成12.5。

【0英尺（F）】复选框：选择此项时，则当距离小于1英尺时，不输出英尺-英寸型标注中的英尺部分，例如，0′-6 1/2″变成6 1/2″。

【0英寸（I）】复选框：选择此项时，则当距离是整数英尺时，不输出英尺-英寸型标注中的英寸部分。如，1′-0″变成1′。

以上复选框根据"单位格式"设置的不同，有的将灰显，不能进行设置。

2)【角度标注】选项组

设置显示和设置角度标注的当前角度格式。

【单位格式（A）】下拉列表：设置角度单位格式。

【精度（O）】下拉列表：设置角度标注的小数位数。

【消零】选项组栏：控制是否禁止输出前导零和后续零。其中：

【前导（D）】复选框：选择此项时，禁止输出角度十进制标注中的前导零。

【后续（N）】复选框：选择此项时，禁止输出角度十进制标注中的后续零。

4.2.7　设置换算单位选项卡

单击"换算单位"选项卡，将显示如图4.9所示的"换算单位选项卡"对话框。换算单位选项卡用于指定标注测量值中换算单位的显示并设置其格式和精度。此对话框中各选项的含义如下：

1）【显示换算单位（D）】复选框

向标注文字添加换算测量单位。

2）【换算单位】选项组

显示和设置除角度之外的所有标注类型的当前换算单位格式。

【单位格式（U）】下拉列表：设置换算单位格式。

【精度（P）】下拉列表：设置换算单位中的小数位数。

【换算单位系数（M）】编辑框：指定一个乘数，作为主单位和换算单位之间的换算因子使用。例如，要将英寸转换为毫米，请输入25.4。此值对角度标注没有影响，而且不会应用于舍入值或者正、负公差值。

【舍入精度（R）】编辑框：设置除角度之外的所有标注类型的换算单位的舍入规则。如果输入0.25，则所有标注距离都以0.25为单位进行舍入。类似地，如果输入1.0，则所有标注测量值舍入为最接近的整数。小数点后显示位数取决于"精度"设置。

【前缀（F）】编辑框：给换算标注文字指示一个前缀。可以输入文字或用控制代码显示特殊符号。例如，输入控制代码%%C显示直径符号。

【后缀（X）】编辑框：在换算标注文字中包含后缀。可以输入文字或用控制代码显示特殊符号。例如，在标注文字中输入cm，输入的后缀将替代默认后缀。

3）【消零】选项组

控制是否禁止输出前导零和后续零以及零英尺和零英寸部分。其中：各个复选框与"主单位"选项卡中"消零"选项组下复选框意义相同。

4）【位置】选项组

控制标注文字中换算单位的位置。

【主值后（A）】选项：选择此项时，将换算单位放在标注文字中的主单位之后。

【主值下（B）】选项：选择此项时，将换算单位放在标注文字中的主单位下面。

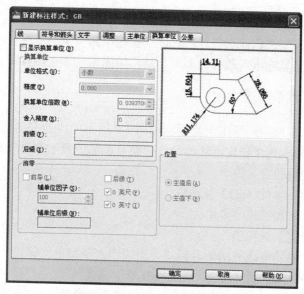

图 4.9 "换算单位"选项卡

4.2.8 设置公差选项卡

单击"公差"选项卡，将显示如图 4.10 所示的"公差选项卡"对话框。"公差"选项卡用于控制标注文字中公差的显示及格式。此对话框中各选项的含义如下：

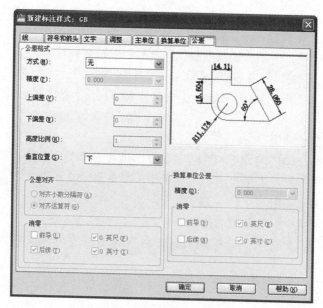

图 4.10 "公差"选项卡

1)【公差格式】选项组

用于控制公差格式。

①【方式（**M**）】下拉列表：用于设置计算公差的方法。其中：

【无】选项：不添加公差。

【对称】选项：添加公差的正/负表达式，通过此表达式将单个变量值应用到标注测量值。在标注后显示"±"号。在"上偏差"中输入公差值，"上偏差"灰显。

【极限偏差】选项：添加正/负公差表达式。不同的正公差和负公差值将应用于标注测量值。将在"上偏差"中输入的公差值前面显示正号（+）；在"下偏差"中输入的公差值前面显示负号（−）。

【极限尺寸】选项：创建极限标注。在此类标注中，将显示一个最大值和一个最小值，一个在上，另一个在下。最大值等于标注值加上在"上偏差"中输入的值，最小值等于标注值减去在"下偏差"中输入的值。

【基本尺寸】选项：创建基本标注。在此类标注中，在整个标注范围周围绘制一个框。

②【精度（**P**）】下拉列表：用于设置小数位数。当"方式"选择"无"时，此下拉列表灰显。

③【上偏差（**V**）】编辑框：用于设置最大公差或上偏差。如果在"方式"中选择"对称"，则此值将用于公差。

④【下偏差（**W**）】编辑框：用于设置最小公差或下偏差。

⑤【高度比例（**H**）】编辑框：用于设置公差文字的当前高度。

⑥【垂直位置（**S**）】下拉列表：用于控制对称公差和极限公差的文字对正方式。

若选择【上】选项，则公差文字与主标注文字的顶部对齐；

若选择【中】选项，则公差文字与主标注文字的中间对齐；

若选择【下】选项，则公差文字与主标注文字的底部对齐。

⑦【公差对齐】选项组：用于堆叠时，控制上偏差值和下偏差值的对齐。

【对齐小数分隔符（**A**）】复选框：通过值的小数分割符堆叠值。

【对齐运算符（**G**）】复选框：通过值的运算符堆叠值。

⑧【消零】选项组：控制是否禁止输出前导零和后续零以及零英尺和零英寸部分。其中：各个复选框与"主单位"选项卡中"消零"选项组下复选框意义相同。

2)【换算单位公差】选项组

设置换算公差单位的精度和消零规则。当"换算单位"选项卡中设置为不显示换算单位时，此选项组将灰显。

①【精度（O）】下拉列表：设置和显示小数位数。

②【消零】选项组：控制是否禁止输出前导零和后续零以及零英尺和零英寸部分。其中：各个复选框与"主单位"选项卡中"消零"选项组下复选框意义相同。

这里设置公差的显示及格式仅应用于图纸上各处均具有相同的公差数值的标注。但是在实际工程图样中，不可能所有的结构具有相同的公差数值，为此，通常将公差格式的"方式"下拉列表框设置为"无"，即不添加公差。工程图样中尺寸公差标注将采用其他的方法进行标注，具体方法将在 5.7.2 中详细叙述。

4.2.9　创建标注子样式

在进行尺寸标注之前，应创建符合我国制图标准有关规定的尺寸标注样式及其适合特定要求的各种标注子样式，如设置角度、半径、直径等类型的标注子样式等，并置该标注样式为当前标注样式。

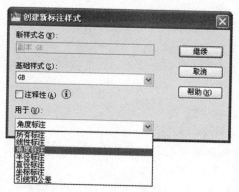

图 4.11　"创建新标注样式"对话框

执行 **DIMSTYLE** 命令后，系统将弹出"标注样式管理器"对话框。如果要对"GB"标注样式下的标注子样式进行设置，则在"样式（S）"列表中点击"GB"，然后单击"新建（N）…"按钮，系统将显示"创建新标注样式"对话框。在"用于（U）"下拉列表中选择"角度标注"，系统将显示如图 4.11 所示的"创建新标注样式"对话框。此时"新样式名（N）"编辑框灰显。单击"继续"按钮，将显示如图 4.12 所示的"新建标注样式：GB：角度"对话框。角度标注子样式设置的关键在于将"文字"选项卡的"文字对齐（A）"方式设置为"水平"。

用同样的方法可以设置"半径标注"子样式和"直径标注"子样式。对于"半径标注"子样式和"直径标注"子样式进行设置时，应将"文字"选项卡的"文字对齐（A）"方式设置为"ISO"标准。

设置完成后点击"确定"按钮，系统将弹出如图 4.13 所示的"标注样式管理器"对话框。在该话框的"样式（S）"列表中，"GB"标注样式中包含了"角度""半径""直径"子样式。

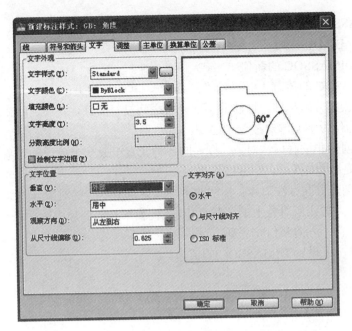

图 4.12 "新建标注样式：GB：角度"对话框

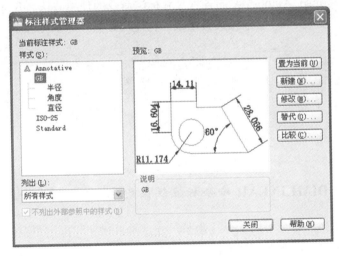

图 4.13 "标注样式管理器"对话框

4.2.10 标注对象的关联性

前面提到在 AutoCAD 系统中，尺寸标注对象是作为一个特殊块的形式进行处理。若用 DIMASSOC 命令进行设置，可以将尺寸标注对象不作为一个特殊块的形式进行处理。

DIMASSOC 命令用于控制标注对象的关联性以及是否分解标注。

命令：DIMASSOC

输入 DIMASSOC 的新值<1>：2

DIMASSOC 的值有"0""1""2"三个，其含义如下：

"0"：创建分解标注。标注的不同元素之间没有关联。直线、圆弧、箭头和标注的文字均作为不同的对象分别绘制。

"1"：创建非关联标注对象。标注的各种元素组成一个单一的对象。如果标注的一个定义点发生移动，则标注将更新。

"2"：创建关联标注对象。标注的各种元素组成单一的对象，并且标注的一个或多个定义点与几何对象上的关联点相联结。如果几何对象上的关联点发生移动，那么标注位置、方向和值将更新。

一般情况下设置 DIMASSOC 的值为"2"。

4.3　尺寸标注命令

建立了符合我国制图标准的尺寸标注样式，即可运用尺寸标注命令进行尺寸标注。本节将介绍 AutoCAD 的各种尺寸标注命令的使用方法，尺寸标注命令的调用可使用"标注（N）"下拉式菜单或"标注"工具栏，如图 4.14 所示。

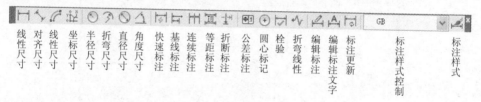

图 4.14　标注工具栏

4.3.1　使用 DIMLINEAR 命令标注线性尺寸

DIMLINEAR 命令可用于标注水平尺寸、垂直尺寸和指定角度的斜线尺寸。

DIMLINEAR 命令的调用方法如下：

① 下拉菜单：选择【标注（N）/线性（L）】；

② 工具栏：单击"标注"工具栏中的"线性"按钮；

③ 命令行：DIMLINEAR。

命令：_dimlinear

指定第一条延伸线原点或<选择对象>：　　//选择要标注尺寸线段的一个端点

指定第二条延伸线原点：　　　　　　　　//选择要标注尺寸线段的另一个端点

说明：如果对"指定第一条延伸线原点或<选择对象>:"的提示直接用回车

响应，则 AutoCAD 系统后续提示为"选择标注对象："用户只要单击所需标注的线段即可。

指定尺寸线位置或［多行文字（M）/文字（T）/角度（A）/水平（H）/垂直（V）/旋转（R）］：

此时，缺省的当前方式为确定尺寸线的位置，而标注的尺寸文本就是系统的测量值标注。

DIMLINEAR 命令行中各选项含义如下：

【多行文字（M）】：选择该选项后，系统将弹出一个"在位文本编辑器"，编辑器中的<>表示系统的测量值。用户可以在测量值前后位置添加前缀或后缀，也可以另外输入文本代替系统测量值。

【文字（T）】：选择该选项后，AutoCAD 系统提示：

输入标注文字<测量值>：　//可输入文字来代替系统的测量值

指定尺寸线位置或［多行文字（M）/文字（T）/角度（A）/水平（H）/垂直（V）/旋转（R）］：

【角度（A）】：选择该选项后，AutoCAD 系统提示：

指定标注文字的角度：　　//可输入一个角度值，以确定尺寸文本与尺寸线的夹角

指定尺寸线位置或［多行文字（M）/文字（T）/角度（A）/水平（H）/垂直（V）/旋转（R）］：

【水平（H）】：选择该选项后，系统将标注类型切换到水平标注。

【垂直（V）】：选择该选项后，系统将标注类型切换到垂直标注。

【旋转（R）】：选择该选项后，AutoCAD 系统提示：

指定尺寸线的角度<0>：

指定尺寸线位置或［多行文字（M）/文字（T）/角度（A）/水平（H）/垂直（V）/旋转（R）］：

此时，用户可以输入一个角度值，用来确定尺寸标注后尺寸线及尺寸文本的倾斜角度。

【例 4.1】　标注如图 4.15 所示的尺寸。

命令：_dimlinear

指定第一条延伸线原点或<选择对象>：（捕捉 A 点）

指定第二条延伸线原点：　//捕捉 B 点

指定尺寸线位置或［多行文字（M）/文字（T）/角度（A）/水平（H）/垂直（V）/旋转（R）］：

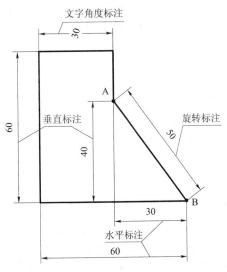

图 4.15　线性尺寸标注

　　　　　　　　　　　　　　　　　　//向下拖动鼠标确定尺寸线的位置，
　　　　　　　　　　　　　　　　　　确定位置后单击鼠标左键，即可标
　　　　　　　　　　　　　　　　　　注出水平尺寸 30

命令：_dimlinear
指定第一条延伸线原点或<选择对象>：　//捕捉 A 点
指定第二条延伸线原点：　　　　　　　//捕捉 B 点
指定尺寸线位置或［多行文字（M）/文字（T）/角度（A）/水平（H）/垂直
（V）/旋转（R）]：　　　　　　　　　　//向左拖动鼠标确定尺寸线的位置，
　　　　　　　　　　　　　　　　　　确定位置后单击鼠标左键，即可标
　　　　　　　　　　　　　　　　　　注出水平尺寸 40

命令：_dimlinear
指定第一条延伸线原点或<选择对象>：　//捕捉 A 点
指定第二条延伸线原点：（捕捉 B 点）
指定尺寸线位置或［多行文字（M）/文字（T）/角度（A）/水平（H）/垂直（V）
/旋转（R）]: R
指定尺寸线的角度<0>：　　　　　　　//输入角度
指定尺寸线位置或［多行文字（M）/文字（T）/角度（A）/水平（H）/
垂直（V）/旋转（R）]：　　　　　　　//向左上拖动鼠标确定尺寸线的位置，
　　　　　　　　　　　　　　　　　　确定位置后单击鼠标左键，即可标
　　　　　　　　　　　　　　　　　　注出尺寸 50
其他尺寸的标注方法相同。

4.3.2　使用 DIMALIGNED 命令标注对齐尺寸

DIMALIGNED 命令可标注与两个延伸线起点连线相平行的尺寸线，即对齐尺寸。
DIMALIGNED 命令的调用方法如下：
① 下拉菜单：选择【标注（N）/对齐（G）】；
② 工具栏：单击"标注"工具栏中的"对齐"按钮；
③ 命令行：_DIMALIGNED

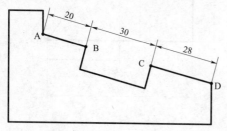

图 4.16　对齐尺寸标注

命令：_dimaligned
指定第一条延伸线原点或<选择对象>：
指定第二条延伸线原点：
指定尺寸线位置或
［多行文字（M）/文字（T）/角度（A）]：
各选项的含义与线性标注相同。
【例 4.2】 标注如图 4.16 所示的尺寸。
命令：_dimaligned

指定第一条延伸线原点或<选择对象>：

        //捕捉 A 点

指定第二条延伸线原点： //捕捉 B 点

指定尺寸线位置或［多行文字（M）/文字（T）/角度（A）］：

     //向左上拖动鼠标确定尺寸线的位置，确定位置

      后单击鼠标左键，即可标注出尺寸 20

尺寸 30 和尺寸 28 可以用后面讲述的标注连续尺寸的方法分别捕捉 C 点和 D 点来进行标注。

4.3.3 使用 DIMARC 命令标注弧长尺寸

  DIMARC 命令用于测量圆弧或多段线圆弧段上的距离。弧长标注的延伸线可以正交或径向。在标注文字的上方或前面将显示圆弧符号。

  DIMARC 命令的调用方法如下：

  ① 下拉菜单：选择【标注（N）/弧长（H）】；

  ② 工具栏：单击"标注"工具栏上的"弧长"按钮；

  ③ 命令行：DIMARC。

命令：_dimarc

选择弧线段或多段线圆弧段：

指定弧长标注位置或［多行文字（M）/文字（T）/角度（A）/部分（P）/］：

  【部分（P）】选项：用于缩短弧长标注的长度。

  【例 4.3】 标注如图 4.17 所示的弧长尺寸。

  命令：_dimarc

  选择弧线段或多段线圆弧段：//捕捉 A 点

  指定弧长标注位置或［多行文字（M）/文字

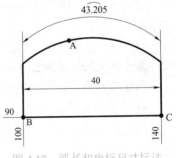

图 4.17 弧长和坐标尺寸标注

（T）/角度（A）/部分（P）/］： //向上拖动鼠标确定弧长标注位置，确定位置后

       单击鼠标左键，即可标注出如图所示的弧长尺寸

4.3.4 使用 DIMARC 命令标注坐标尺寸

  DIMORDINATE 命令坐标标注用于测量从原点（称为基准）到要素（例如部件上的一个孔）的水平或垂直距离。这种标注保持特征点与基准点的精确偏移量，从而避免增大误差。

  DIMORDINATE 命令的调用方法如下：

  ① 下拉菜单：选择【标注（N）/坐标（O）】；

  ② 工具栏：单击"标注"工具栏中的"坐标"按钮；

  ③ 命令行：DIMORDINATE。

命令：_dimordinate

指定点坐标：

创建了无关联的标注。

指定引线端点或［X 基准（X）/Y 基准（Y）/多行文字（M）/文字（T）/角度（A）］：

【指定引线端点】选项：使用点坐标和引线端点的坐标差可确定它是 X 坐标标注还是 Y 坐标标注。如果 Y 坐标的坐标差较大，标注就测量 X 坐标。否则就测量 Y 坐标。

【X 基准（X）】选项：测量 X 坐标并确定引线和标注文字的方向。将显示"引线端点"提示，从中可以指定端点。

【Y 基准（Y）】选项：测量 Y 坐标并确定引线和标注文字的方向。将显示"引线端点"提示，从中可以指定端点。

【例 4.4】　标注如图 4.17 所示的坐标尺寸。

命令：_dimordinate

指定点坐标：　　　　　//捕捉 B 点

创建了无关联的标注。

指定引线端点或［X 基准（X）/Y 基准（Y）/多行文字（M）/文字（T）/角度（A）］：　　　　　//向左拖动鼠标指定引线端点，确定位置后单击鼠标左键，即可标注出如图所示的坐标尺寸 90

命令：_dimordinate

指定点坐标：　　　　　//捕捉 B 点

创建了无关联的标注。

指定引线端点或［X 基准（X）/Y 基准（Y）/多行文字（M）/文字（T）/角度（A）］：　　　　　//向下拖动鼠标指定引线端点，确定位置后单击鼠标左键，即可标注出如图所示的坐标尺寸 100

命令：_dimordinate

指定点坐标：　　　　　//捕捉 C 点

创建了无关联的标注。

指定引线端点或［X 基准（X）/Y 基准（Y）/多行文字（M）/文字（T）/角度（A）］：　　　　　//向下拖动鼠标指定引线端点，确定位置后单击鼠标左键，即可标注出如图所示的坐标尺寸 140

4.3.5　使用 DIMRADIUS 命令标注半径尺寸

DIMRADIUS 命令可标注圆或圆弧的半径尺寸。

DIMRADIUS 命令的调用方法如下：

① 下拉菜单：选择【标注（N）/半径（R）】；

② 工具栏：单击"标注"工具栏中的"半径"按钮◎；

③ 命令行：DIMRADIUS 。

命令：_dimradius

选择圆弧或圆：

标注文字=100

指定尺寸线位置或[多行文字（M）
/文字（T）/角度（A）]：

如果用户要添加尺寸文本的前后
缀或修改尺寸文本,不使用系统的测量
值,则可使用"多行文字（M）"或"文
字（T）"或"角度（A）"来响应。

【例4.5】标注如图4.18所示的半
径尺寸。

命令：_dimradius

选择圆弧或圆：　　//捕捉 A 点

标注文字=8

指定尺寸线位置或［多行文字（M）/文字（T）/角度（A）]：

　　　　//拖动鼠标指定尺寸线位置，确定位置后单击鼠标左键，
　　　　即可标注出如图所示的半径尺寸 R8

R12 和 R33 尺寸标注方法相同。

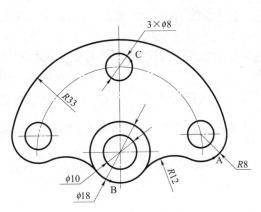

图4.18　直径和半径尺寸标注

4.3.6　使用 DIMJOGGED 命令标注折弯半径

DIMJOGGED 命令在标注圆弧或圆的中心位于布局外并且无法在其实际位置
显示时，可以创建折弯半径标注，也称为"缩放的半径标注"。可以在更方便的位
置指定标注的原点（称为中心位置替代，即接受折弯半径标注的新中心点，以用
于替代圆弧的实际中心点）。

DIMJOGGED 命令的调用方法如下：

① 下拉菜单：选择【标注（N）/折弯（J）】；

② 工具栏：单击"标注"工具栏中的"折弯"按钮↗；

③ 命令行：DIMJOGGED 。

命令：_dimjogged

选择圆弧或圆：

指定图示中心位置：//指定替代圆心的点

标注文字=80

指定尺寸线位置或［多行文字（M）/文字（T）/角度（A）］：

指定折弯位置：　　　　//指定折弯点

【例 4.6】　标注如图 4.19 所示的折弯半径尺寸。

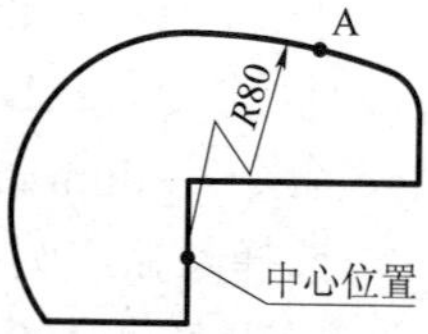

命令：_dimjogged

选择圆弧或圆：　　　　//捕捉 A 点

指定图示中心位置：　　//捕捉中心位置点

标注文字=80

指定尺寸线位置或［多行文字（M）/文字（T）/角度（A）］：

　　　　　　　　//拖动鼠标指定尺寸线位置，单击鼠标左键确定

指定折弯位置：　　　　//拖动鼠标指定折弯位置，单击鼠标左键确定

图 4.19　折弯半径
尺寸标注

4.3.7　使用 DIMDIAMETER 命令标注直径尺寸

DIMDIAMETER 命令标注圆或圆弧的直径尺寸。

DIMDIAMETER 命令的调用方法如下：

① 下拉菜单：选择【标注（N）/直径（D）】；

② 工具栏：单击"标注"工具栏中的"直径"按钮◎；

③ 命令行：DIMDIAMETER。

命令：_dimdiameter

选择圆弧或圆：

标注文字=18

指定尺寸线位置或［多行文字（M）/文字（T）/角度（A）］：

此时，如果用鼠标拾取一点，以确定尺寸线的位置，进行标注尺寸，该方式为系统的缺省方式。如果用户要添加尺寸文本的前后缀或修改尺寸文本，不使用系统的测量值，则可使用"多行文字（M）"或"文字（T）"或"角度（A）"来响应。

【例 4.7】　标注如图 4.18 所示的直径尺寸。

命令：_dimdiameter

选择圆弧或圆：　　　　//捕捉 B 点

标注文字=18

指定尺寸线位置或［多行文字（M）/文字（T）/角度（A）］：

　　　　　　　　//拖动鼠标指定尺寸线位置，确定位置后单击鼠标左
　　　　　　　　键，即可标注出如图所示的直径尺寸$\phi 18$

命令：_dimdiameter

选择圆弧或圆：　　　　//捕捉 C 点

标注文字=8

指定尺寸线位置或［多行文字（M）/文字（T）/角度（A）］：T
　　　　　　　　//对标注文字进行修改

输入标注文字<8>：3×%%C<＞

　　　　　　　　//在测量值前加上文字"3×%%C"

指定尺寸线位置或［多行文字（M）/文字（T）/角度（A）］：

　　　　　　　　//拖动鼠标指定尺寸线位置，确定位置后单击鼠标左
　　　　　　　　　键，即可标注出如图所示的直径尺寸 3×ϕ8 尺寸ϕ10
　　　　　　　　　的标注方法相同。

4.3.8　使用 DIMANGULAR 命令标注角度尺寸

DIMANGULAR 命令可标注圆、圆弧以及两直线间的角度尺寸。

DIMANGULAR 命令的调用方法如下：

① 下拉菜单：选择【标注（N）/角度（A）】；

② 工具栏：单击"标注"工具栏中的"角度"按钮；

③ 命令行：DIMANGULAR。

命令：_dimangular

选择圆弧、圆、直线或<指定顶点>：

选择第二条直线：

指定标注弧线位置或［多行文字（M）/文字（T）/角度（A）/象限点（Q）］：

对"选择圆弧、圆、直线或<指定顶点>："的提示，如果选择对象"圆弧"，则标注的是圆弧的夹角；如果选择对象"圆"，则选择点作为确定角度大小的第一点，指定圆上的第二点后，标注出圆弧上相应弧段的夹角。如果标注两直线间的夹角，标注时，可回车后选择顶点和边来确定其夹角。

【例 4.8】 标注如图 4.20 所示的角度尺寸。

命令：_dimangular

选择圆弧、圆、直线或<指定顶点>：

　　　　　　　　//选择 A 线

选择第二条直线：　　//选择 B 线

指定标注弧线位置或［多行文字（M）/文

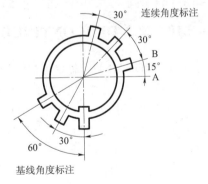

图 4.20　角度尺寸标注

字（T）/角度（A）/象限点（Q）］：

　　　　　　　　//拖动鼠标指定标注弧线线位置，确定位置后单击鼠标
　　　　　　　　　左键，即可标注出如图所示的角度尺寸 15°

标注文字=15

左下方的 30°角度尺寸标注方法相同。另外两个 30°角度尺寸可在标注完 15°角度尺寸后用连续标注命令来完成标注。60°角度尺寸可在左下方的 30°角度尺寸标注完成后用基线标注命令来完成标注。

4.3.9　使用 DIMBASELINE 命令标注基线尺寸

DIMBASELINE 命令从上一个标注或选定标注的基线处创建线性标注、角度标注或坐标标注。即所需标注尺寸是在上一次尺寸或用户选定的尺寸基础上，以其第一条延伸线作为第一条延伸线，第二条延伸线由用户指定。

DIMBASELINE 命令的调用方法如下：

① 下拉菜单：选择【标注（N）/基线（B）】；

② 工具栏：单击"标注"工具栏中的"基线"按钮 🔲；

③ 命令行：DIMBASELINE。

命令：_dimbaseline

指定第二条延伸线原点或［放弃（U）/选择（S）］<选择>：

标注文字=50

指定第二条延伸线原点或［放弃（U）/选择（S）］<选择>：

//按【Enter】键

选择基准标注：

//选择第一条延伸线，如要退出命令按 Enter 键

如果在当前任务中未创建标注，AutoCAD 将提示用户选择线性标注、坐标标注或角度标注，以用作基线标注的基准。否则，AutoCAD 将跳过该提示，并在当前任务中使用上一次创建的标注对象的第一条延伸线作为基线标注的基准。如图 4.21（b）所示，尺寸 45 和尺寸 55 为连续型尺寸标注。

4.3.10　使用 DIMCONTINUE 命令标注连续型尺寸

DIMCONTINUE 命令可标注连续型尺寸。自动从创建的上一个线性标注、角度标注或坐标标注继续创建其他标注，或者从选定的延伸线继续创建其他标注。将自动排列尺寸线。所谓连续型尺寸标注就是将选择的尺寸标注或上一次尺寸标注的第二条延伸线作为第一条延伸线，而第二条延伸线由用户指定。连续型尺寸标注的尺寸线均位于同一条直线上。

DIMCONTINU 命令的调用方法如下：

① 下拉菜单：选择【标注（N）/连续（C）】；

② 工具栏：单击"标注"工具栏中的"连续"按钮 🔳；

③ 命令行：DIMCONTINUE。

命令：_dimcontinue

选择连续标注：

指定第二条延伸线原点或［放弃（U）/选择（S）］<选择>：

标注文字=15

指定第二条延伸线原点或［放弃（U）/选择（S）］<选择>：

//按 Enter 键

选择连续标注：　　　　　　　//选择第一条延伸线，如要退出命令按【Enter】键

如果在当前任务中未创建标注，AutoCAD 将提示用户选择线性标注、坐标标注或角度标注，以用作连续标注的基准。否则，AutoCAD 将跳过该提示，并在当前任务中使用上一次创建的标注对象的第一条延伸线作为连续标注的基准。如图4.21（a）所示，尺寸 15 和尺寸 10 为连续型尺寸标注。

【例 4.9】　标注如图 4.21 所示的连续尺寸与基线尺寸。

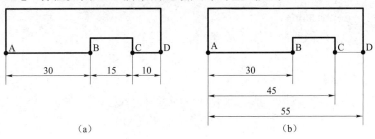

（a）　　　　　　　　　　　　　　（b）

图 4.21　连续尺寸与基线尺寸

在标注连续尺寸与基线尺寸之前，先要分别用 DIMLINEAR 命令（对应"标注"工具栏中的"线性"按钮　）完成两图中尺寸 30 的标注。

完成如图 4.21（a）所示的连续尺寸标注操作如下：

命令：_dimlinear

指定第一条延伸线原点或<选择对象>：

　　　　　　　　　　　　　//捕捉 A 点

指定第二条延伸线原点：　//捕捉 B 点

指定尺寸线位置或［多行文字（M）/文字（T）/角度（A）/水平（H）/垂直（V）/旋转（R）］：　　　　　　　//向下拖动鼠标确定尺寸线的位置，确定位置后单

　　　　　　　　　　　　　击鼠标左键，即可标注出水平尺寸 30

命令：_dimcontinue

指定第二条延伸线原点或［放弃（U）/选择（S）］<选择>：

　　　　　　　　　　　　　//捕捉 C 点

标注文字=15

指定第二条延伸线原点或［放弃（U）/选择（S）］<选择>：

　　　　　　　　　　　　　//捕捉 D 点

标注文字=10

指定第二条延伸线原点或［放弃（U）/选择（S）］<选择>：

　　　　　　　　　　　　　//按 Enter 键

选择连续标注：　　　　　　//按 Enter 键

完成如图 4.21（b）所示的基线尺寸标注操作如下：

命令：_dimlinear

指定第一条延伸线原点或<选择对象>： //捕捉 A 点

指定第二条延伸线原点： //捕捉 B 点

指定尺寸线位置或［多行文字（M）/文字（T）/角度（A）/水平（H）/垂直（V）/旋转（R）］： //向下拖动鼠标确定尺寸线的位置，

确定位置后单击鼠标左键，即可标

注出水平尺寸 30

命令：_dimbaseline

指定第二条延伸线原点或［放弃（U）/选择（S）］<选择>：

//捕捉 C 点

标注文字=45

指定第二条延伸线原点或［放弃（U）/选择（S）］<选择>：

//捕捉 D 点

标注文字=55

指定第二条延伸线原点或［放弃（U）/选择（S）］<选择>：

//按【Enter】键

选择基准标注： //按【Enter】键

4.3.11 使用 MLEADER 命令进行多重引线标注

MLEADER 命令可标注引出线而进行注释说明。

MLEADER 命令的调用方法如下：

① 下拉菜单：选择【标注（N）/多重引线（E）】；

② 工具栏：单击"标注"工具栏中的"多重引线"按钮 ；

③ 命令行：MLEADER。

命令：_mleader

指定引线箭头的位置或［引线基线优先（L）/内容优先（C）/选项（O）］<选项>：//输入中括号中的"L""C""O"选项可以对标注的多重引线样式进行设置，AutoCAD 另外提供了设置多重引线样式的命令 MLEADERSTYLE

指定下一点：

指定引线基线的位置：//拖动鼠标指定引线基线的位置，单击鼠标左键确定

在指定引线基线的位置后系统将弹出"在位编辑器"。通过"在位编辑器"输入注释说明文字。

在进行多重引线标注之前要按照我国国家制图标准对多重引线样式创建和修改。创建和修改多重引线样式的命令是 MLEADERSTYLE。

MLEADERSTYLE 命令的调用方法如下：

① 下拉菜单：选择【格式（O）/多重引线样式（I）】；

② 工具栏：单击"多重引线"工具栏中的"多重引线样式"按钮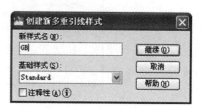；

③ 命令行：MLEADERSTYLE。

命令：_mleaderstyle

执行 MLEADERSTYLE 命令后，系统将显示如图 4.22 所示的"多重引线样式管理器"对话框。该命令用于设置当前多重引线样式，以及创建、修改和删除多重引线样式。

"多重引线样式管理器"对话框中各项含义与"标注样式管理器"对话框相似。

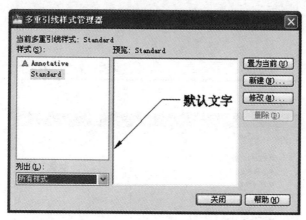

图 4.22 "多重引线样式管理器"对话框

在图 4.22 所示的"多重引线样式管理器"对话框中，单击"新建（N）…"按钮，系统将显示如图 4.23 所示的"创建新多重引线样式"对话框。"新样式名（N）"编辑框中"GB"，创建符合我国国家制图标准的多重引线样式。单击"继续（O）"按钮，系统将显示如图 4.24 所示的"修改多重引线样式：GB"对话框。用于控制多重引线的常规外观。

图 4.23 "创建新多重引线样式"对话框

该对话框中，共有 3 个不同的选项卡，即"引线格式"选项卡、"引线结构"选项卡、"内容"选项卡。"引线格式"选项卡用于确定引线类型；可以选择直引线、样条曲线或无引线。"引线结构"选项卡用于控制多重引线的约束。"内容"选项卡用于确定多重引线是包含文字还是包含块。"修改多重引线样式"对话框各选项卡中各项含义与"新建标注样式"对话框相似。对于各个设置选项的具体含义，可以在设置的过程中随时按【F1】键进入 AutoCAD 帮助文件查看，AutoCAD 帮助文件提供了详细的说明。

按照我国国家制图标准的要求，分别对 3 个选项卡进行设置，如图 4.24、图 4.25、图 4.26 所示。

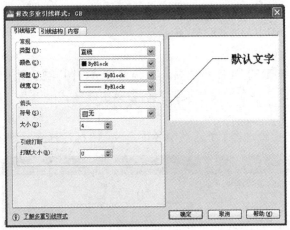

图 4.24 "修改多重引线样式"对话框

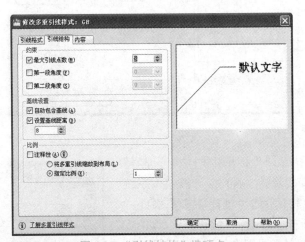

图 4.25 "引线结构"选项卡

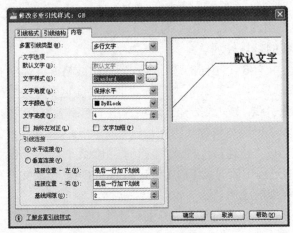

图 4.26 "内容"选项卡

【例 4.10】 标注如图 4.27 所示的多重引线标注。

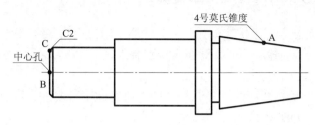

图 4.27 多重引线标注

命令：_mleader

指定引线箭头的位置或［引线基线优先（L）/内容优先（C）/选项（O）］
<选项>： //捕捉 A 点

指定下一点： //向左上方拖动鼠标确定下一点的位置,确定位置后单
击鼠标左键

指定引线基线的位置： //向左拖动鼠标确定下一点的位置,确定位置后单击鼠
标左键

系统将弹出"在位编辑器"。在"在位编辑器"输入"4 号莫氏锥度"。单击
"确定"按钮。

命令：_mleader

指定引线箭头的位置或［引线基线优先（L）/内容优先（C）/选项（O）］
<选项>： //捕捉 B 点

指定下一点： //向左上方拖动鼠标确定下一点的位置,确定位置后单
击鼠标左键

指定引线基线的位置： //向左拖动鼠标确定下一点的位置,确定位置后单击鼠
标左键

系统将弹出"在位编辑器"。在"在位编辑器"输入"中心孔"。单击"确定"
按钮。

命令：_mleader

指定引线箭头的位置或［引线基线优先（L）/内容优先（C）/选项（O）］
<选项>： //捕捉 C 点

指定下一点： //向右上方 45°角拖动鼠标确定下一点的位置，确定
位置后单击鼠标左键

指定引线基线的位置： //向右拖动鼠标确定下一点的位置,确定位置后单击鼠
标左键

系统将弹出"在位编辑器"。在"在位编辑器"输入"C2"。单击"确定"
按钮。

4.3.12　使用 QDIM 命令进行快速标注

使用 QDIM 命令可以快速创建一系列标注。创建系列基线或连续标注，或者为一系列圆或圆弧创建标注时，此命令特别有用。

QDIM 命令的调用方法如下：

① 工具栏：单击"标注"工具栏中的"快速标注"按钮 ；

② 命令行：QDIM 。

命令：_qdim

关联标注优先级=端点

选择要标注的几何图形：　　//选择图形

选择要标注的几何图形：　　//按【Enter】键

指定尺寸线位置或［连续（C）/并列（S）/基线（B）/坐标（O）/半径（R）/直径（D）/基准点（P）/编辑（E）/设置（T）] <连续>：

各选项含义如下：

【连续（C）】：创建一系列连续标注。

【并列（S）】：创建一系列交错标注。

【基线（B）】：创建一系列基线标注。

【坐标（O）】：创建一系列坐标标注。

【半径（R）】：创建一系列半径标注。

【直径（D）】：创建一系列直径标注。

【基准点（P）】：为基线和坐标标注设置新的基准点。

【编辑（E）】：编辑一系列标注。AutoCAD 系统将提示在已有的尺寸标注中进行添加或删除点。系统提示如下：

指定要删除的标注点或［添加（A）/退出（X）] <退出>：

此时，用户可以指定点进行删除延伸线，或输入 A 选择添加方式，对所选尺寸进行添加延伸线，并以【Enter】键返回上一个提示。

【设置（T）】：为指定延伸线原点设置默认对象捕捉。系统提示如下：

关联标注优先级［端点（E）/交点（I）] <端点>：

4.4　标注形位公差

机械零件尺寸不可能制造得绝对准确，同样也不可能制造出绝对准确的形状和表面间的相对位置。为了满足使用要求，零件尺寸可由尺寸公差加以限制。尺寸公差没有单独的标注命令，尺寸公差的标注可采用在标注尺寸时输入特定的多行文字的方法来实现。零件的表面形状和表面间的相对位置，则由形状和位置公差加以限制。AutoCAD 系统提供了 TOLERANCE 命令用于创建形位公差标注。

TOLERANCE 命令的调用方法如下：

① 下拉菜单：选择【标注（**N**）/公差（**E**）…】；

② 工具栏：单击"标注"工具栏中的"公差…"按钮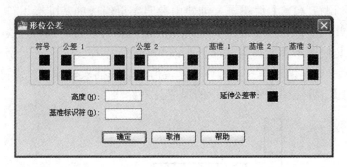；

③ 命令行：TOLERANCE。

执行该命令后，系统将弹出如图 4.28 所示的"形位公差"对话框。该对话框为形位公差特征控制框指定符号和值。主要内容如下：

图 4.28 "形位公差"对话框

【符号】区：用于显示形位公差特性符号。单击"符号"下方的小黑方块，将弹出如图 4.29 所示的"特征符号"对话框。对话框中显示所有的形位公差特性符号。可用鼠标左键单击选择一个符号或单击其中的白底框关闭此对话框。选择一个符号后，该符号会显示在"符号"下方的小黑方块中。

【公差 1】区：在特征控制框中创建第一个公差值。公差值指明了几何特征相对于精确形状的允许偏差量。可在公差值前插入直径符号，在其后插入包容条件符号。单击中间白框，可在框中输入值。在单击左侧的小黑方块，将插入一个直径符号。单击右侧的小黑方块，将弹出如图 4.30 所示的"附加符号"对话框。用户可从中选择包容条件符号。

图 4.29 "特征符号"对话框   图 4.30 "附加符号"对话框

【公差 2】区：在特征控制框中创建第二个公差值。方法与第一个公差值相同。

【基准 1】区：在特征控制框中创建第一级基准参照。基准参照由值和修饰符号组成。基准是理论上精确的几何参照，用于建立特征的公差带。左侧白框用于输入数值，单击右侧的小黑方块，将弹出"附加符号"对话框。用户可从中选择包容条件符号。

【基准2】区：在特征控制框中创建第二级基准参照，方法与第一级基准参照相同。

【基准3】区：在特征控制框中创建第三级基准参照，方式与第一级基准参照相同。

【高度（**H**）】编辑框：创建特征控制框中的投影公差零值。投影公差带控制固定垂直部分延伸区的高度变化，并以位置公差控制公差精度。在框中输入值。

【基准标识符（**D**）】编辑框：创建由参照字母组成的基准标识符。基准是理论上精确的几何参照，用于建立其他特征的位置和公差带。点、直线、平面、圆柱或者其他几何图形都能作为基准。在该框中输入字母。

【延伸公差带】编辑框：在延伸公差带值的后面插入延伸公差带符号。

【例 4.11】 标注如图 4.31 所示的形位公差标注。

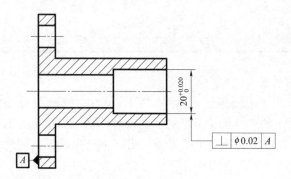

图 4.31 形位公差标注

命令：_tolerance //执行命令后，系统弹出"形位公差"对话框，对话框各选项图 4.32 所示，单击"确定"按钮，系统提示如下：

输入公差位置： //拖动鼠标指定特征控制框的位置，确定位置后单击鼠标左键

特征控制框左侧的引线既可以利用有箭头的多段线，也可以用多重引线绘制。此时要对前面设置的多重引线样式进行修改，将"引线格式"选项卡中"箭头"的"符号（S）"选项设置成"实心闭合"；将"内容"选项卡中"多重引线类型（M）"选项设置成"无"。

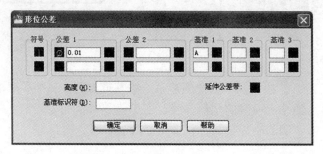

图 4.32 "形位公差"对话框

4.5　尺寸标注的编辑

当用户要修改已有的尺寸标注样式时，除可以使用前面介绍的特性命令 PROPERTIES 外，还可以使用本节介绍的 DIMEDIT、DIMTEDIT、DIMSPACE、DIMBREAK、DIMJOGLINE、DIMOVERRIDE、-DIMSTYLE 和 DIMREASSOCIATE 等命令。

4.5.1　使用 DIMEDIT 命令编辑标注

DIMEDIT 命令用于旋转、修改或恢复标注文字。更改延伸线的倾斜角。

DIMEDIT 命令的调用方法如下：

① 工具栏：单击"标注"工具栏中的"编辑标注"按钮 ；

② 命令行：DIMEDIT。

命令：_dimedit

输入标注编辑类型［默认（H）/新建（N）/旋转（R）/倾斜（O）］<默认>：

各选项意义如下：

【默认（H）】：系统将已移动或旋转的尺寸文本恢复到系统缺省的位置。

【新建（N）】：系统将弹出"在位文本编辑器"。此时，可使用编辑器修改尺寸文本。

【旋转（R）】：系统将提示"指定标注文字的角度："，此时，可输入尺寸文本的角度，则系统将尺寸文本旋转指定的角度。

【倾斜（O）】：系统将延伸线倾斜指定角度，而尺寸文本不倾斜。该选项也可以通过选择下拉菜单"标注（N）/倾斜（Q）"菜单项来执行。

【例 4.12】　将图 4.33（a）所示的尺寸标注编辑成如图 4.33（b）所示。

命令：_dimedit

输入标注编辑类型［默认（H）/新建（N）/旋转（R）/倾斜（O）］<默认>：R

指定标注文字的角度：15

选择对象：找到 1 个　//选择尺寸 25

选择对象：　　　　　　//按【Enter】键

命令：_dimedit

输入标注编辑类型［默认（H）/新建（N）/旋转（R）/倾斜（O）］<默认>：O

选择对象：找到 1 个　//选择尺寸 ϕ22

选择对象：　　　　　　//按【Enter】键

输入倾斜角度（按【Enter】表示无）：20

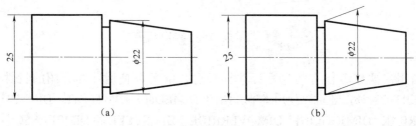

图 4.33　编辑标注

4.5.2　使用 DIMTEDIT 命令编辑标注文字

DIMTEDIT 命令用于移动和旋转标注文字并重新定位尺寸线。

DIMTEDIT 命令的调用方法如下：

① 工具栏：单击"标注"工具栏中的"编辑标注"按钮；

② 命令行：DIMTEDIT 。

命令：_dimtedit

选择标注：

为标注文字指定新位置或［左对齐（L）/右对齐（R）/居中（C）/默认（H）/角度（A）］：

此时拖动鼠标，尺寸文本以及尺寸线的位置将随着光标的移动而移动。用户可以拾取一个点，以确定尺寸文本以及尺寸线的新位置。各选项意义如下：

【左对齐（L）】：沿尺寸线左对正标注文字。适用于线性、直径和半径标注。

【右对齐（R）】：沿尺寸线右对正标注文字。适用于线性、直径和半径标注。

【居中（C）】：将标注文字放在尺寸线的中间。

【默认（H）】：将标注文字移回默认位置。

【角度（A）】：修改标注文字的角度。

在下拉菜单"标注（N）/对齐文字（X）"子菜单中也 5 个相同的菜单项。可以通过选择下拉菜单来执行上述 5 个选项的操作。

图 4.34 为分别进行了"居中""左对齐""右对齐"和"角度"操作后的尺寸标注。

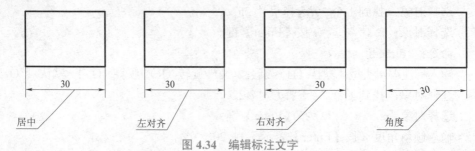

图 4.34　编辑标注文字

4.5.3 使用 DIMSPACE 命令调整尺寸线的间距

DIMSPACE 命令用于调整线性标注或角度标注之间的间距。

DIMSPACE 命令的调用方法如下：

① 下拉菜单：选择【标注（**N**）/标注间距（**P**）】；

② 工具栏：单击"标注"工具栏中的"等距标注"按钮 ；

③ 命令行：DIMSPACE。

命令：_DIMSPACE

选择基准标注：　　　　　　//选择平行线性标注或角度标注

选择要产生间距的标注：　//选择平行线性标注或角度标注以从基准标注均匀

　　　　　　　　　　　　　　　隔开，并按【Enter】键

选择要产生间距的标注：　//按【Enter】键

输入值或［自动（A）］<自动>：

注：若"输入值"为 0，则使一系列线性标注或角度标注的尺寸线齐平。若选择"自动（A）"，则系统将依据尺寸文本高度的两倍来设置两尺寸线之间的距离。

【例 4.13】　进行如图 4.35 所示的尺寸间距调整。

命令：_DIMSPACE

选择基准标注：　　　　　　//选择尺寸 30

选择要产生间距的标注：找到 1 个

　　　　　　　　　　　　　//选择尺寸 15

选择要产生间距的标注：　//按【Enter】键

输入值或［自动（A）］<自动>：0

命令：_DIMSPACE

选择基准标注：　　　　　　//选择尺寸 30

选择要产生间距的标注：找到 1 个

　　　　　　　　　　　　　//选择尺寸 45

选择要产生间距的标注：　//按【Enter】键

输入值或［自动（A）］<自动>：7

命令：_DIMSPACE

选择基准标注：　　　　　　//选择尺寸 30

选择要产生间距的标注：找到 1 个

　　　　　　　　　　　　　//选择尺寸 45

选择要产生间距的标注：　//按【Enter】键

输入值或［自动（A）］<自动>：A

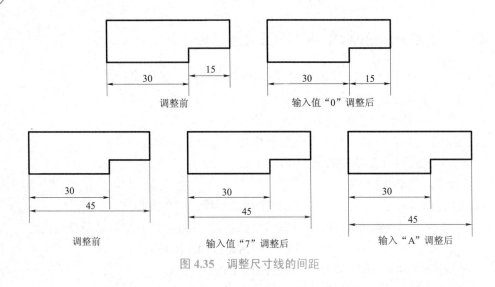

图 4.35　调整尺寸线的间距

4.5.4　使用 DIMBREAK 命令对尺寸标注进行折断

DIMBREAK 命令用于在标注和延伸线与其他对象的相交处打断或恢复标注和延伸线。

DIMBREAK 命令的调用方法如下：

① 下拉菜单：选择【标注（**N**）/标注打断（**K**）】；

② 工具栏：单击"标注"工具栏中的"折断标注"按钮；

③ 命令行：DIMBREAK。

命令：_DIMBREAK

选择要添加/删除折断的标注或［多个（M）］：

　　　　　　　　　　　　//选择标注

选择要折断标注的对象或［自动（A）/手动（M）/删除（R）］＜自动＞：

　　　　　　　　　　　　//选择与标注相交或与选定标注的延伸线相

　　　　　　　　　　　　　交的对象，输入选项，或按【Enter】键

选择要折断标注的对象：　　//按【Enter】键

DIMBREAK 命令中各选项含义如下：

【多个（**M**）】：指定要向其中添加折断或要从中删除折断的多个标注。

【自动（**A**）】：自动将折断标注放置在与选定标注相交的对象的所有交点处。修改标注或相交对象时，会自动更新使用此选项创建的所有折断标注。在具有任何折断标注的标注上方绘制新对象后，在交点处不会沿标注对象自动应用任何新的折断标注。要添加新的折断标注，必须再次运行此命令。

【手动（**M**）】：手动放置折断标注。为折断位置指定标注或延伸线上的两点。如果修改标注或相交对象，则不会更新使用此选项创建的任何折断标注。使用此

选项，一次仅可以放置一个手动折断标注。

【删除（R）】从选定的标注中删除所有折断标注。

【例4.14】 对如图4.36所示的尺寸标注进行打断。

命令：_DIMBREAK

选择要添加/删除折断的标注或［多个（M）］：

　　　　　　　　　　//选择角度尺寸标注

选择要折断标注的对象或［自动（A）/手动（M）/删除（R）］＜自动＞：

　　　　　　　　　　//选择线A

选择要折断标注的对象： //按【Enter】键

1个对象已修改

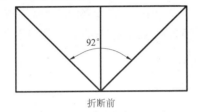
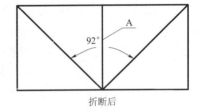

折断前　　　　　　　　　　折断后

图4.36　折断尺寸标注

4.5.5　使用DIMJOGLINE命令对线性标注或对齐标注添加折弯线

DIMJOGLINE命令用于在线性标注或对齐标注中添加或删除折弯线。标注中的折弯线表示所标注的对象中的折断。标注值表示实际距离，而不是图形中测量的距离。

DIMJOGLINE命令的调用方法如下：

① 下拉菜单：选择【标注（N）/折弯线性（T）】；

② 工具栏：单击"标注"工具栏中的"折弯线性"按钮 ；

③ 命令行：DIMJOGLINE。

命令：_DIMJOGLINE

选择要添加折弯的标注或［删除（R）］：

　　　　　　　　　　//选择线性标注或对齐标注。

指定折弯位置（或按【Enter】键）：

　　　　　　　　　　//拖动鼠标指定尺寸线上的折弯位置点，或按【Enter】

　　　　　　　　　　键将折弯放在标注文字和第一条延伸线之间的中

　　　　　　　　　　点处，或基于标注文字位置的尺寸线的中点处

在系统提示"选择要添加折弯的标注或［删除（R）］："时输入"R"选项，系统将提示"选择要删除的折弯："此时选择要从中删除折弯的线性标注或对齐标注。

注：给尺寸添加折弯，仅用于线性标注或对齐标注线性尺寸。

图 4.37 为线性尺寸 80 进行折弯前后的图形。

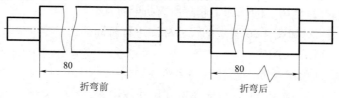

折弯前   折弯后

图 4.37　折弯线性尺寸标注

4.5.6　使用 DIMOVERRIDE 命令替代已有的尺寸标注

DIMOVERRIDE 命令用于控制选定标注中使用的系统变量的替代值。通过对某些标注变量的修改，实现对尺寸标注样式的局部修改，而不必修改整个尺寸标注的样式。如果用户只需对某一个尺寸标注进行修改而不想影响其他尺寸标注，可使用该命令。

DIMOVERRIDE 命令的调用方法如下：

① 下拉菜单：选择【标注（N）/替代（V）】；

② 命令行：DIMOVERRIDE 。

下面的操作将选定标注对象中的文字高度从原来的"3.5"更改为"5"。

命令：_dimoverride

输入要替代的标注变量名或［清除替代（C）］：dimtxt

输入标注变量的新值<3.5000>：5

输入要替代的标注变量名：　　//按【Enter】键，将提示选择对象。

选择对象：找到 1 个　　　　//选择尺寸标注

选择对象：　　　　　　　　//按【Enter】键，不再选择对象，完成替代，退
　　　　　　　　　　　　　　出命令

下面的操作是清除选定标注对象的所有替代值。将标注对象返回到其标注样式所定义的设置。

命令：_dimoverride

输入要替代的标注变量名或［清除替代（C）］：C

选择对象：找到 1 个（选择尺寸标注）

选择对象：　　　　　　　　//按【Enter】键，不再选择对象，完成清除，退
　　　　　　　　　　　　　　出命令

使用该命令的需要记忆大量的标注变量名，操作比较麻烦；建议还是使用前面介绍的特性命令 PROPERTIES 进行修改。

4.5.7　更新尺寸标注

使用-DIMSTYLE 命令中的"应用（A）"选项。可以将当前尺寸标注系统变量设置应用到选定标注对象，永久替代应用于这些对象的任何现有标注样式。

要更新尺寸标注，方法如下：

① 下拉菜单：选择【标注（N）/更新（U）】；

② 工具栏：单击"标注"工具栏中的"标注更新"按钮；

③ 命令行：-DIMSTYLE（选择"应用（A）"选项）。

命令：_-dimstyle

当前标注样式：尺寸–35　　注释性：否

输入标注样式选项

[注释性（AN）/保存（S）/恢复（R）/状态（ST）/变量（V）/应用（A）/?]
<恢复>：_apply

　　选择对象：找到1个　　　　　　//选择一个尺寸

　　选择对象：找到1个，总计2个　　//选择一个尺寸

　　选择对象：找到1个，总计3个　　//选择一个尺寸

　　选择对象：　　　　　　　　　　//按【Enter】键

系统将自动将当前尺寸标注系统变量设置应用到选定标注对象，永久替代应用于这些对象的任何现有标注样式。

使用- DIMSTYLE 命令还可以对尺寸标注样式进行一些其他操作。

命令：_-dimstyle

当前标注样式：尺寸–35　　注释性：否

输入标注样式选项

[注释性（AN）/保存（S）/恢复（R）/状态（ST）/变量（V）/应用（A）/?]
<恢复>：

　　各选项的含义如下：

　　【注释性（AN）】：创建注释性标注样式。

　　【保存（S）】：将标注系统变量的当前设置保存到标注样式。

　　【恢复（R）】：将尺寸标注系统变量设置恢复为选定标注样式的设置。

　　【状态（ST）】：显示所有标注系统变量的当前值。列出变量后，DIMSTYLE 命令将结束。

　　【变量（V）】：列出某个标注样式或选定标注的标注系统变量设置，但不修改当前设置。

　　【应用（A）】：将当前尺寸标注系统变量设置应用到选定标注对象，永久替代应用于这些对象的任何现有标注样式。

　　【?】：列出当前图形中的命名标注样式。

输入选项后，系统将给出下一步提示，详细情况可去 AutoCAD 帮助文件查看。

4.5.8　使用 DIMREASSOCIATE 命令将尺寸标注与对象相关联

DIMREASSOCIATE 命令将选定的标注关联或重新关联至对象或对象上的点。

DIMREASSOCIATE 命令的调用方法如下：

① 下拉菜单：选择【标注（**N**）/重新关联标注（**N**）】；

② 命令行：DIMREASSOCIATE。

命令：_dimreassociate

选择要重新关联的标注...

选择对象：找到 1 个　　//选择一个线性尺寸

选择对象：　　　　　　　//按 Enter 键，结束选择

指定第一个延伸线原点或［选择对象（S）］<下一个>：

指定第二个延伸线原点<下一个>：

选择好要关联的尺寸对象后，依次亮显每个选定的标注，并显示适于选定标注的关联点的提示。每个关联点提示都显示一个标记。如果当前标注的定义点与几何对象无关联，则标记将显示为 X；如果定义点与几何图像相关联，则标记将显示为框内的 X。

应注意的是，对不同类型的尺寸，AutoCAD 系统的提示是不一样的。上述是选择线性尺寸时，AutoCAD 系统的提示。下面是上述是选择直径尺寸时，AutoCAD 系统的提示。

命令：_dimreassociate

选择要重新关联的标注...

选择对象：找到 1 个　　//选择一个直径尺寸

选择对象：　　　　　　　//按 Enter 键，结束选择

选择弧或圆<下一个>：

第5章 图块及绘图组织技术

如果图形中有大量相同或相似的几何形体，则可以把这些需重复绘制的图形元素创建成块（也称为图块），并可根据需要为块添加属性，指定块的名称、用途及设计者等信息，在需要时直接插入它们，从而提高绘图效率。当然，用户也可以把已有的图形文件以参照的形式插入到当前图形中（即外部参照），或是通过AutoCAD 设计中心浏览、查找、预览、使用和管理 AutoCAD 图形、块、外部参照等不同的资源文件。

在绘制工程图样前，应在 AutoCAD 中构造一个规范而合理的作图环境，这需要创建一个样板图文件。在实际绘图前，除精心设计绘图环境外，还要合理地对其绘图工作进行组织和安排，只有这样才能加速绘图和设计的进程。

本章学习目的：

（1）掌握块的定义、引用及一致性修改技术；
（2）掌握属性的定义和使用；
（3）了解在图形中附着外部参照图形的方法；
（4）了解 AutoCAD 设计中心；
（5）熟悉 AutoCAD 样板图创建的方法和过程；
（6）掌握 AutoCAD 绘图组织技术；
（7）掌握工程图样中常用表达方法的画法。

5.1 块的定义与引用

图块是由一组图形实体组合而成的一个独立的有名（即块名）的集合体。按照不同的比例和旋转角度可以把图块插入到图中的任意位置，块也可以单独被存储在磁盘上备用。AutoCAD 把块当做单一目标对象处理，用户可通过指定块内任意图形元素而实现"目标选择"，就像选择一条直线实体一样，与块的内部结构和复杂性无关。使用块具有增加绘图的准确性、提高绘图速度和减小文件大小等优点。

5.1.1　创建块

用户可以使用 BLOCK 命令定义并命名块。

BLOCK 命令的调用方法如下：

① 下拉菜单：选择【绘图（<u>D</u>）/块（<u>K</u>）/创建（<u>M</u>）…】；

② 工具栏：单击"绘图"工具栏上的"创建块"按钮；

③ 命令行：BLOCK。

执行命令后，系统将弹出如图 5.1 所示的"块定义"对话框。

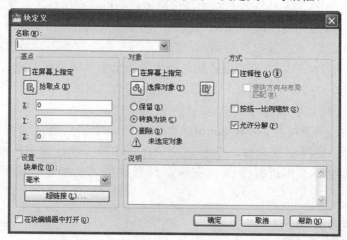

图 5.1　"块定义"对话框

该对话框中各选项含义如下：

①【名称（<u>N</u>）】下拉列表：指定块的名称。名称最多可以包含 255 个字符，包括字母、数字、空格，以及操作系统或程序未作他用的任何特殊字符。利用下拉列表可以列出当前图形中所有块的名称。不能用 DIRECT、LIGHT、AVE_RENDER、RM_SDB、SH_SPOT 和 OVERHEAD 作为有效的块名称。

②【基点】选项组：用于指定块的插入基点。默认值是（0，0，0）。可单击"拾取点（K）"按钮切换到绘图窗口，使用定点设备指定插入基点，或输入该点的（X，Y，Z）坐标，来指定块插入点。这个点就是以后块插入图块时的基点，也是块被插入时缩放和旋转的基点。

③【设置】选项组。

【块单位（<u>U</u>）】下拉列表：用于指定块参照插入单位。

【超链接（<u>L</u>）…】按钮：单击该按钮，将弹出"插入超链接"对话框。可以使用该对话框将某个超链接与块定义相关联。

④【对象】选项组。指定新块中要包含的对象，以及创建块之后如何处理这些对象，是保留还是删除选定的对象或者是将它们转换成块实例。

可通过单击"选择对象（T）"按钮切换到绘图窗口中，选择要包括在块定义中的对象，按【Enter】键完成对象选择。

该选项中有三个复选框：

【保留（R）】复选框：表示在创建块以后，将选定对象保留在图形中作为区别对象。

【转换为块（C）】复选框：表示在创建块以后，将选定对象转换成图形中的块实例。

【删除（D）】复选框：表示在创建块以后，从图形中删除选定的对象。

⑤【方式】选项组

【注释性（A）】选项：指定块为注释性。

【使块方向与布局匹配（M）】选项：指定在图纸空间视口中的块参照的方向与布局的方向匹配。如果未选择"注释性"选项，则该选项不可用。

【按统一比例缩放（S）】选项：指定是否阻止块参照不按统一比例缩放。

【允许分解（P）】选项：指定块参照是否可以被分解。

⑥【说明】备注框：用于指定块的文字说明。

【例5.1】 将图5.2所示的电阻符号转换为图块。

操作步骤如下：

创建要在块定义中使用的对象。即绘制图 5.2 所示的电阻符号。

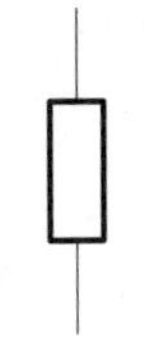

执行 BLOCK 命令，系统将弹出如图5.1所示"块定义"对话框。

在"块定义"对话框中的"名称（N）"下拉列表编辑框中输入块名"R"。

在"对象"选项框中，单击"选择对象（T）"按钮切换到绘图窗口中，选择如图5.2中所示的电阻符号，按【Enter】键完成对象选择。

在"块定义"对话框的"基点"选项框中，单击"拾取点（K）"按钮切换到绘图窗口，使用对象捕捉方式捕捉下面直线的下端点作为插入点。这个点就是以后块插入图块时的插入基点，也是图块被插入时缩放和旋转的基点。

在"说明"备注框中输入块定义的文字说明。

单击"确定"按钮，关闭"块定义"对话框。就完成了图块"R"创建。

注意：组成块的各实体可以分别处在不同层上，可以有不同的颜色和线型。但为了减少混乱，在块定义过程中应遵循下列两条规则：

① 若要块引用具有当前层的颜色和线型，则应该把块中的每一个实体都画在 0 层上。

② 若要块引用具有固定的层、颜色和线型，必须对该块中所有实体明确指定它们的层（非 0 层）、颜色（非 BYBLOCK）及线型（非 BYBLOCK）。

图 5.2 电阻符号

5.1.2　保存块

用 BLOCK 命令定义的图块如果不保存到磁盘上，那么它们就只能在定义了它们的当前图形文件中使用，而不能被其他图形文件调用，这种图块常被称为内部块。为了能在别的文件中也可引用此块，可用 WBLOCK 命令将对象保存为文件或将块转换为文件，即建立外部块。

执行 WBLOCK 命令后，系统将弹出如图 5.3 所示的"写块"对话框。其各选项含义如下：

①【源】选项区：该选项组用于指定块和对象，将其保存为文件并指定插入点。其中：

【块（B）】复选框：指定要存为文件的当前图形中已经存在的图块。可以从列表中选择块。如果当前图形中没有已经创建好的图块，该复选框灰显。

【整个图形（E）】复选框：表示选择当前的整个图形进行写块存储。

【对象（O）】复选框：表示选择当前图形中的某些对象进行写块存储。

【基点】和【对象】选项区的作用和"块定义"对话框中的"基点"和"对象"选项区一样。只有选择"对象（O）"复选框时"基点"和"对象"选项区才可用，否则这两个选项区灰显。

②【目标】选项区：用于指定文件的新名称和新位置以及插入块时所用的测量单位。

【文件名和路径（F）】下拉列表：用于指定保存的文件名和保存路径。

【…】按钮：单击此按钮，将显示"浏览图形文件"对话框，用于指定和选择文件保存路径及文件名。

【插入单位（U）】下拉列表：用于指定存储块插入时的单位。

【例 5.2】　将图 5.4 中所示的螺栓存储为块。

图 5.3　"写块"对话框

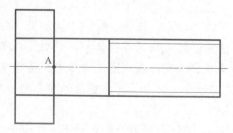

图 5.4　螺栓图块

操作步骤如下：

打开现有或创建如图 5.4 所示的螺栓图形。

执行 WBLOCK 命令，系统将弹出"写块"对话框。

选择"对象（O）"复选框。

在"写块"对话框中的"对象"选项区，如果在图形中要保留用于创建块的原对象，则应确保未选中"从图形中删除（D）"复选框。

单击"选择对象（T）"按钮，选择要包括在新图形中的对象。按【Enter】键完成对象选择。

在"写块"对话框中的"基点"选项区单击"拾取点（K）"按钮，指定图 5.4 所示的 A 点作为基点。

在"文件名和路径（F）"下拉列表编辑框中输入文件名称（比如"螺栓"）和路径，或单击"..."按钮，打开"浏览图形文件"对话框，指定要保存文件名称及路径。最后单击"确定"按钮。完成命令的操作。

5.1.3　在图形中放置块

（1）使用 INSERT 命令插入块

使用 INSERT 命令可以在图形中插入图块或其他图形，并且在插入图块的同时还可以改变所插入图块或图形的比例和旋转角度。INSERT 命令的调用方法如下：

① 下拉菜单：选择【插入（I）/块（B）...】；

② 工具栏：单击"绘图"工具栏上的"插入块"按钮 ；

③ 命令行：INSERT。

命令：_insert

执行命令后，系统将弹出如图 5.5 所示"插入"对话框。

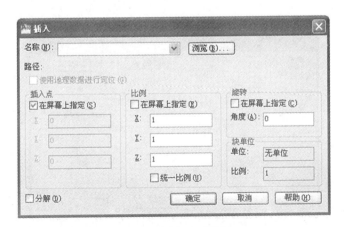

图 5.5　"插入"对话框

该对话框中各选项含义如下：

①【名称（**N**）】下拉列表：用于指定要插入块的名称，或指定要作为块插入的文件的名称。单击向下箭头按钮，可列出当前图形中已创建的块的名称，还可通过单击"浏览（B）…"按钮打开"选择图形文件"对话框来选择不在当前图形文件中的图形文件，如上述保存的"螺栓"文件。"浏览（B）…"右边区域用于显示要插入的指定块的预览。

②【插入点】选项区：用于指定块的插入点。选中"在屏幕上指定（S）"复选框，可在绘图窗口中指定插入点。也可以通过下面的输入框直接输入插入点的X、Y、Z坐标值。

③【比例】选项区：用于指定插入块的缩放比例。如果指定负的X、Y和Z缩放比例因子，则插入块的镜像图像。选中"在屏幕上指定（E）"复选框，可在绘图窗口中用鼠标控制缩放比例。也可以通过下面的输入框直接输入X、Y、Z三个方向的缩放比例因子。如果选中"统一比例（U）"复选框，只需要输入X方向的缩放比例因子。

④【旋转】选项区：用于在当前UCS中指定插入块的旋转角度。选中"在屏幕上指定（C）"复选框，可在绘图窗口中用鼠标控制旋转角度。也可在"角度"文本框中输入角度。

⑤【块单位】选项区：显示插入块的单位和比例。

⑥【分解（**D**）】复选框：选中该复选框，则块插入后分解为各自独立的对象，不再当做块看待。此时，只需要输入X方向的缩放比例因子。

【例5.3】　将上述的"螺栓"图形插入到当前图形中。

操作步骤如下：

执行INSERT命令，弹出如图5.5所示的"插入"对话框。

通过单击"浏览（B）…"按钮打开"选择图形文件"对话框，找到保存好的"螺栓"文件。在其右边区域可看到"螺栓"图形的预览。如图5.6所示。

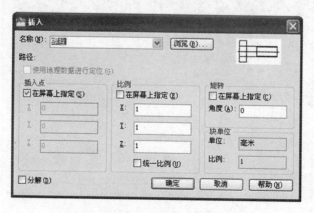

图 5.6　插入对话框

在"插入点""缩放比例"和"旋转"选项区的各个编辑框中分别输入所需的值。单击"确定"按钮完成插入。

说明： 如果在"插入点""缩放比例"和"旋转"选项区均勾选了"在屏幕上指定"复选框，则在命令的执行过程中，命令行会分别提示输入插入点、缩放比例、及旋转角度，读者可根据命令行的提示完成其操作。

（2）使用 MINSERT 命令阵列式插入块

该命令实际上是将阵列命令和块插入命令合二为一的命令。尽管表面上 MINSERT 的效果同 ARRAY 命令一样，但在对象处理方式上是不同的。用 ARRAY 命令产生的每一个目标都是图形文件中的单一对象，而使用 MINSERT 产生的多个块则是一个整体，用户不能单独编辑其中的任何一个图块。在插入过程中，不能像使用 INSERT 那样在块名前使用星号来分解块对象。不能分解使用 MINSERT 命令插入的块。也不能对注释性块使用 MINSERT。MINSERT 命令的执行过程如下：

命令：minsert
输入块名或［?］<R>：
单位：毫米　　转换：1.0000
指定插入点或［基点（B）/比例（S）/X/Y/Z/旋转（R）］：
　　　　　　　　　　　　//单击鼠标左键确定指定插入点的位置
输入 X 比例因子，指定对角点，或［角点（C）/XYZ（XYZ）］<1>：
　　　　　　　　　　　　//按【Enter】键
输入 Y 比例因子或<使用 X 比例因子>：
　　　　　　　　　　　　//按【Enter】键
指定旋转角度<0>：15
输入行数（---）<1>：3
输入列数（|||）<1>：4
输入行间距或指定单位单元（---）：40
指定列间距（|||）：15
此时在屏幕上将显示如图 5.7 所示的电阻阵列。

注意：

① 只能规定一个阵列旋转角，各个插入块之间不能作相对旋转。

② MINSERT 命令能够节省图形的存储空间。

（3）使用拖动的方法插入图形文件

如果 Windows 的资源管理器已经打开，可先调整其窗口大小和位置，使 AutoCAD 窗口仍部分可见，然后用户从资源管理器中选择相应的图形文件，并拖动文件到

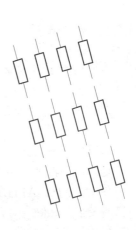

图 5.7 "电阻符号"阵列

AutoCAD 区。此时 AutoCAD 将激活 INSERT 命令，并提示插入参数。

（4）使用 BASE 命令确定图形文件插入基点

BASE 命令为当前图形设置插入基点。基点是用当前 UCS 中的坐标来表示的。向其他图形插入当前图形或将当前图形作为其他图形的外部参照时，此基点将被用作插入基点。

BASE 命令的调用方法如下：

① 下拉菜单：选择；选择【绘图（D）/块（K）/基点（B）】；

② 命令行：BASE 。

命令：_base

输入基点<0.0000，0.0000，0.0000>：//拖动鼠标指定基点位置，单击鼠标左
　　　　　　　　　　　　　　　键确定

5.2　属性定义及其应用

属性是一种存储在块定义中的文字信息，它用来描述该块的某些特征。如电子元件的型号、门窗的规格、零件的材料、价格、制造厂家等。属性在定义和使用后，还可以被编辑和修改。

属性的两个主要用途如下：

① 在插入带有属性的块的过程中，允许给出注释。依据定义属性的方式，它会自动地以预先设定的（不变的）字符串显示出来，或者提示用户在插入块时输入字符串。这一特性允许插入块时，可带有预先设置的文字字符串或者带有它自己的唯一的字符串。

② 可提取保存在图形数据库文件中的关于每个块插入的数据。在图形绘制完成后，可将属性数据从图形中提取出来，并可将其以可用数据库的形式写到一个文件中。

5.2.1　定义属性

ATTDEF 命令定义属性模式、属性标记、属性提示、属性值、插入点和属性的文字设置。

要创建一个块属性有两个步骤，首先定义一个属性，然后再将它随块一起保存。

ATTDEF 命令的调用方法如下：

① 下拉菜单：选择；选择【绘图（D）/块（K）/定义属性（D）…】；

② 命令行：ATTDEF。

命令：_attdef

执行命令后，系统弹出如图 5.8 所示的"属性定义"对话框。其各选项含义如下：

图 5.8 "属性定义"对话框

①【模式】选项区：用于在图形中插入块时，设置与块关联的属性值选项。其中各选项含义如下：

【不可见（I）】复选框：指定插入块时不显示和打印属性值。ATTDISP 将替代"不可见"模式。

【固定（C）】复选框：在插入块时赋予属性固定值。

【验证（V）】复选框：在插入块时提示验证属性值是否正确。

【预置（P）】复选框：插入包含预置属性值的块时，将属性设置为默认值。

【锁定位置（K）】复选框：锁定块参照中属性的位置。解锁后，属性可以相对于使用夹点编辑的块的其他部分移动，并且可以调整多行文字属性的大小。

注意：在动态块中，由于属性的位置包括在动作的选择集中，因此必须将其锁定。

【多行（U）】复选框：指定属性值可以包含多行文字。选定此选项后，可以指定属性的边界宽度。

②【属性】选项区：该选项区用于设置属性数据，最多可以选择 256 个字符。如果属性提示或默认值中需要以空格开始，必须在字符串前面加一个反斜杠（\）；如果第一个字符就是反斜杠，则必须在字符串前面再加一个反斜杠。

其中各选项含义如下：

【标记（T）】编辑框：用于指定标识图形中每次出现的属性。使用任何字符组合（空格除外）输入属性标记。小写字母会自动转换为大写字母。

【提示（M）】编辑框：用于指定在插入包含该属性定义的块时显示的提示。如果不输入提示，属性标记将用作提示。如果在"模式"选项区域选择"固定"模式，"属性提示"选项将不可用。

【值（L）】编辑框：用于指定默认属性值。

单击"值（L）"编辑框后面的"Insert Field"按钮：系统将显示"字段"对话框。可以插入一个字段作为属性的全部或部分值。

③【插入点】选项区：用来指定属性的位置。用于指定属性的插入点位置。选中"在屏幕上指定（O）"复选框，可在绘图窗口中指定插入点。也可以通过下面的输入框直接输入插入点的X、Y、Z坐标值

④【文字设置】选项区：设置属性文字的对正、样式、高度和旋转。如果属性是可见的，则可以使用多种控制方法确定属性的提示，如文字样式、字高和旋转角度。

其中各选项含义如下：

【对正（J）】下拉列表：指定属性文字的对正。关于对正选项的说明，参见TEXT命令。

【文字样式（S）】下拉列表：指定属性文字的预定义样式，显示当前加载的文字样式。要加载或创建文字样式，参见STYLE命令。

【注释性（N）】复选框：用于设置属性是否为注释性。如果块是注释性的，则属性将与块的方向相匹配。

【文字高度（E）】编辑框：用于指定属性文字的高度。可输入值，或单击编辑框后面的"高度"按钮用定点设备指定高度。此高度为从原点到指定的位置的测量值。如果选择有固定高度（任何非0.0值）的文字样式，或者在"对正（J）"下拉列表中选择了"对齐"，则该选项不可用。

【旋转（R）】编辑框：指定属性文字的旋转角度。可输入值，或单击编辑框后面的"旋转"用定点设备指定旋转角度。此旋转角度为从原点到指定的位置的测量值。如果在"对正（J）"下拉列表中选择了"对齐"或"布满"，则该选项不可用。

【边界宽度（W）】按钮：换行前，请指定多线属性中文字行的最大长度。值0.000表示对文字行的长度没有限制。此选项不适用于单行文字属性。

⑤【在上一个属性定义下对齐（A）】复选框：使用该复选框，可将属性标记直接置于前一个定义属性下面。如果以前没有创建属性定义，则该选项不可用。

为了区别起见，属性在它们被包含进块内之前称属性定义，而包含进块内并随块一同插入到图形中后称为属性。因此属性定义只不过是使用ATTDEF命令来定义属性的结果，它是将来在使用BLOCK命令创建图块时的一个组成部分，即所定义的属性一定要包括在创建块时所选择目标的范围中。当插入块时，块中所

包含的属性及其在图形上的可见性是由属性定义所决定的。

【例 5.4】 创建或保存一个附带属性（表面粗糙度值）的表面粗糙度符号，如图 5.9 所示。

图 5.9 表面粗糙度符号

操作步骤如下：

创建一个新图形，利用绘图命令绘出如图 5.9 所示的表面粗糙度基本符号。所绘制的图形要符合国家标准的有关规定。

执行 ATTDEF 命令，系统弹出如图 5.8 所示的"属性定义"对话框。设置各选项如图 5.10 所示。单击"确定"按钮，系统命令行会提示：

指定起点：（拖动鼠标捕捉如图 5.9 所示的属性文字插入点，单击鼠标左键确定，即可完成属性定义设置）

执行 BLOCK 命令，系统弹出"块定义"对话框。具体设置方法与前面例 5.1 完全一样，插入基点应选择如图 5.9 所示的块定义点。唯一的区别是在选择对象时需将表面粗糙度符号和定义好的属性一起选中。单击"确定"按钮可完成操作。

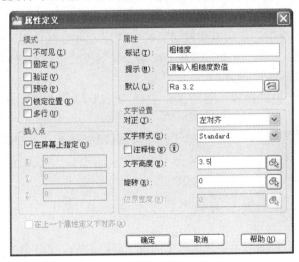

图 5.10 "属性定义"对话框

5.2.2 插入带有属性的块

可以使用 INSERT 命令插入带属性的块。当用户插入带有属性的块或图形文件时，除了插入一般块所进行的操作外，命令行会增加属性输入提示。用户可在各种属性提示下输入属性值或接受缺省值。插入带有属性块的操作如下：

命令：_insert

　　　　　　　　　　//出现"插入"对话框，设置各选项后，单击"确
　　　　　　　　　　　　定"按钮

指定插入点或［基点（B）/比例（S）/X/Y/Z/旋转（R）］：

　　　　　　　　　　　　//单击鼠标左键确定插入点的位置

输入属性值

请输入粗糙度数值<3.2>：　//按【Enter】键，使用缺省值 3.2

5.2.3　控制属性的显示

ATTDISP 命令用于控制图形中所有块属性的可见性覆盖。ATTDEF 命令的调用方法如下：

① 下拉菜单：选择【视图（V）/显示（L）/属性显示（A）】；

② 命令行：ATTDISP。

命令：_attdisp

输入属性的可见性设置［普通（N）/开（ON）/关（OFF）］<普通>：

其中各选项的含义如下：

【普通（N）】选项：恢复每个属性的可见性设置。只显示可见属性。不显示不可见属性。

【开（ON）】选项：使所有属性可见，替代原始可见性设置。

【关（OFF）】选项：使所有属性不可见，替代原始可见性设置。

命令：_attdisp

输入属性的可见性设置［普通（N）/开（ON）/关（OFF）］<普通>：ON
　　　　　　　　　　　　//使所有属性可见

正在重生成模型。　　　　//除非用于控制自动重新生成的变量 REGENAUTO
　　　　　　　　　　　　处于关闭状态,否则修改可见性设置后将重新生
　　　　　　　　　　　　成图形。

5.2.4　图库的一致性修改技术

AutoCAD 的用户图库主要是由许多图块（即以 DWG 文件形式存储在磁盘上的图）构成的。每一图块相当于一个零件或部件图形，可利用它们组装成更复杂的部件或总体图。下面仍以电路图设计为例进行说明，比如将 R.DWG 文件中的电阻符号的矩形外形改为电阻丝形状，在某个图形文件中插入了 R.DWG 文件，要将这个图形中插入的 R.DWG 文件的电阻符号也从矩形外形改为电阻丝形状，只有做如下操作：

① 用鼠标击取【文件（F）/打开（O）...】菜单，这时出现"选择文件"对话框。利用该对话框选取要修改的图形文件，单击【打开（O）】按钮，即可使图形文件成为当前图形文件。

② 使用 INSERT 命令，出现"插入"对话框后，单击"浏览（B）..."按钮；打开"选择图形文件"对话框；从"选择图形文件"对话框中选择"R.DWG"文件，单击"打开（O）"按钮；系统回到"插入"对话框，单击"插入"对话框中的"确定"按钮，这时"AutoCAD"消息框中将显示"R 已定义，是否重定义"，

单击消息框中的"确定"按钮；按【Esc】键结束命令。

注意：利用图库的一致性修改技术，可继承原有图块的插入点、比例因子、旋转角度及属性。内部块的一致性修改技术与此相同；对于已"爆破"而分解的图块，则不可用此方法进行修改。

5.2.5 编辑属性定义

属性在定义后和作为块的一部分之前，它们仍然属于独立的 AutoCAD 文本实体。因此，需要时还可以修改它。DDEDIT 命令用于修改属性定义的标记、提示和默认值。

DDEDIT 命令的调用方法如下：

① 下拉菜单：选择【修改（**M**）/对象（**O**）/文字（**T**）/编辑（**E**）…】；

② 工具栏：单击"文字"工具栏上的"编辑…"按钮 **A**；

③ 命令行：DDEDIT。

在执行 DDEDIT 命令后，系统会弹出如图 5.11 所示的"编辑属性定义"对话框，使用"标记""提示"和"默认"编辑框可以编辑块中定义的标记、提示及默认值属性。在要修改的属性定义标记上双击鼠标，系统也会弹出"编辑属性定义"对话框。

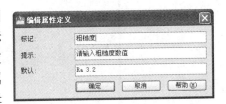

图 5.11 "编辑属性定义"对话框

命令：_ddedit

选择注释对象或［放弃（U）］：

//拖动鼠标到要修改的注释对象上，单击鼠标左键，系统会显示如图 5.11 所示的"编辑属性定义"对话框，修改完成后，单击"确定"按钮

选择注释对象或［放弃（U）］：

//按【Enter】键退出命令，或继续选择其他注释对象进行修改

5.2.6 编辑属性

在插入块的时候，如果输错了属性值，或者设计变更，则需修改插入到图形中块的属性值。使用 ATTEDIT、DDATTE、EATTEDIT 和 DDEDIT 命令都可以完成对插入到图形中块的属性的修改。

ATTEDIT 命令的执行过程如下：

命令：_attedit

选择块参照：//选择要修改属性的块参照

在选择了一个块参照之后，系统将显示如图 5.12 所示"编辑属性"对话框。此对话框中显示了块中包含的前八个属性值，用户可以编辑它，但不能编辑已锁定图层中的属性值。如果块还包含其他属性，则可以使用"上一个（P）"或"下一个（N）"按钮来浏览属性列表。单击"确定"按钮完成修改。

DDATTE 命令的执行过程如下：

命令：_ddatte

选择块参照：　　　　　　//选择要修改属性的块参照

在选择了一个块参照之后，系统也将显示如图 5.12 所示"编辑属性"对话框。通过对话框可以完成对属性值的修改。

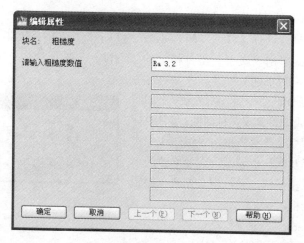

图 5.12　"编辑属性"对话框

EATTEDIT 命令是 ATTEDIT 命令的增强版本，它不但可以修改属性值，还可以修改属性的文本样式以及特性。EATTEDIT 命令的调用方法如下：

① 下拉菜单：选择【修改（M）/对象（O）/属性（A）/单个（S）…】；

② 工具栏：单击"修改 II"工具栏上的"编辑属性…"按钮 ；

③ 命令行：EATTEDIT。

命令：_eattedit

选择块：　　　　　　　　//选择要修改属性的块参照

在选择了一个块之后，系统将显示图 5.13 所示"增强属性编辑器"对话框。

在要修改的属性定义标记上双击鼠标，系统也会弹出"增强属性编辑器"对话框。

在执行 DDEDIT 命令时，如果选择的注释对象是块，系统也会弹出"增强属性编辑器"对话框。

在"增强属性编辑器"对话框中三个选项卡。其中：

【属性】选项卡：用于显示指定给每个属性的标记、提示和值。只能更改属性值。

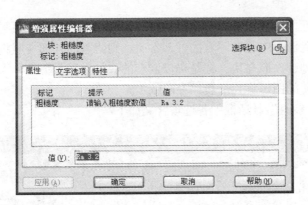

图 5.13 "增强属性编辑器"对话框

【文字选项】选项卡：设置用于定义属性文字在图形中的显示方式的特性。在"特性"选项卡上修改属性文字的颜色。

【特性】选项卡：定义属性所在的图层以及属性文字的线宽、线型和颜色。如果图形使用打印样式，可以使用"特性"选项卡为属性指定打印样式。

5.3 使用外部参照

外部参照提供了比块更为灵活的图形引用方法。外部参照是把已有的其他图形文件链接到当前的图形文件中，打开或重新加载参照图形时，当前图形中将显示对该文件所做的所有更改。外部参照具有以下优点：

① 外部参照中每个图形的数据仍然保存在各自的图形文件中，当前图形中保存的只是外部参照的名称和路径，所以外部参照相对于块来说所占内存比较小。

② 作为外部参照的图形会随原有图形的修改而更新。

在 AutoCAD 中，可以使用 XATTACH 和 EXTERNALREFERENCES 命令来编辑和管理外部参照。

5.3.1 插入外部参照

XATTACH 命令用于插入 DWG 文件作为外部参照。XATTACH 命令的调用方法如下：

① 下拉菜单：选择【插入（I）/DWG 参照（R）…】；

② 工具栏：单击"参照"工具栏上的"附着外部参照"按钮；

③ 命令行：XATTACH。

命令：_xattach

执行命令后，系统弹出如图 5.14 所示的"选择参照文件"对话框。选择要作为外部参照的图形文件后，单击"打开"按钮，系统弹出如图 5.15 所示的"附着外部参照"对话框。通过该对话框可以将图形作为一个外部参照附着。如果附着一个图形，而此图形中包含附着的外部参照，则附着的外部参照将显示在当前图形中。附着的外部参照与块一样是可以嵌套的。如果当前另一个人正在编辑此外部参照，则附着的图形将为最新保存的版本。

"附着外部参照"对话框中各选项含义如下：

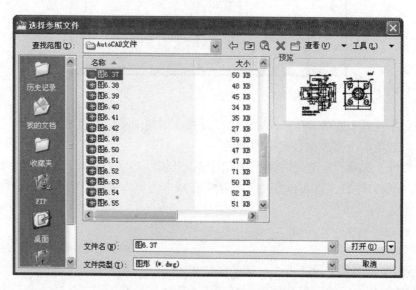

图 5.14 "选择参照文件"对话框

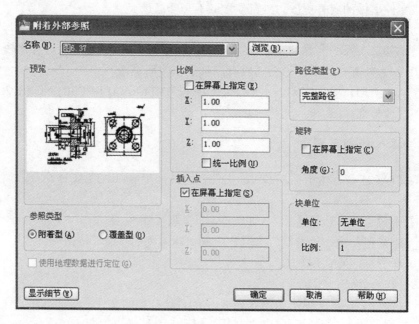

图 5.15 "附着外部参照"对话框

①【名称（N）】下拉列表：标识已选定要进行附着的图形文件名。即前面所选择的文件的名称。单击"浏览（B）…"按钮将显示"选择参照文件"对话框，从中可以为当前图形选择新的外部参照。

②【预览】区：显示已选定要进行附着的图形文件。

③【参照类型】选项组：指定外部参照为附着型还是覆盖型。其中：

【附加型（A）】复选框：表示显示嵌套参照中的嵌套内容。

【覆盖型（O）】复选框：表示不显示。

其他的选项的和前述"插入"对话框中的各选项一样。

5.3.2 管理外部参照

当图形文件中外部参照数目比较多，参照图形比较复杂时，可通过EXTERNALREFERENCES 命令管理外部参照。

EXTERNALREFERENCES 命令的调用方法如下：

① 下拉菜单：选择【插入（I）/外部参照（N）…】或【工具（T）/选项板/外部参照（E）】；

② 工具栏：单击"参照"工具栏上的"外部参照"按钮 ；

③ 命令行：EXTERNALREFERENCES。

命令：_externalreferences

执行命令后，系统弹出如图 5.16 所示"外部参照"选项板。"外部参照"选项板用于组织、显示和管理参照文件，例如 DWG 文件（外部参照）、DWF、DWFx、PDF 或 DGN 参考底图以及光栅图像。只有 DWG、DWF、DWFx、PDF 和光栅图像文件可以从"外部参照"选项板中直接打开。

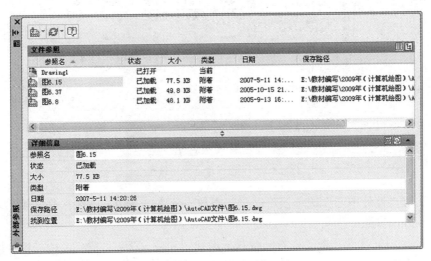

图 5.16 "外部参照"选项板

"外部参照"选项板包含若干按钮，分为两个窗格。上部的窗格称为"文件参照"窗格，可以以列表或树状结构显示文件参照。快捷菜单和功能键提供了使用文件的选项。下部的窗格称为"详细信息/预览"窗格，可以显示选定文件参照的特性，还可以显示选定文件参照的缩略图预览。

5.4　AutoCAD 设计中心

重复利用和共享图形内容是有效管理绘图项目的基础。创建块参照和附着外部参照有助于重复利用图形内容。使用 AutoCAD 设计中心可以管理块参照和外部参照。另外，如果打开多个图形，就可以通过在图形之间复制和粘贴其他内容（如图层定义、布局和文字样式）来简化绘图过程。

用户可以使用 ADCENTER 命令来打开 AutoCAD 设计中心。 ADCENTER 命令的调用方法如下：

① 下拉菜单：选择【工具（T）/选项板/设计中心（D）】；

② 工具栏：单击"标准"工具栏上的"设计中心"按钮；

③ 命令行：ADCENTER。

命令：_adcenter

执行 ADCENTER 命令后，系统弹出如图 5.17 所示的"设计中心"选项板。

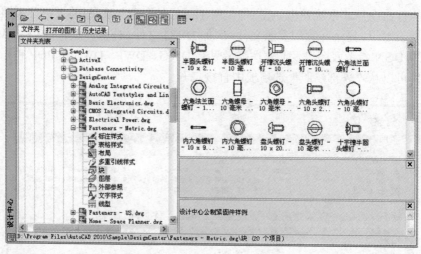

图 5.17　"设计中心"选项板

通过"设计中心"选项板可浏览、查找、预览以及插入内容，包括块、图案填充和外部参照。

"设计中心"选项板的查看区域包括树状图和内容区域。树状图位于设计中心窗口的左部分，内容区域位于右部分。通过在树状图或内容区域中单击鼠标右键，可以访问快捷菜单上的相关内容区域或树状图选项。

AutoCAD 设计中心的树状图用于显示用户计算机和网络驱动器上的文件与文件夹的层次结构、打开图形的列表、自定义内容以及上次访问过的位置的历史记录。选择树状图中的项目以便在内容区域中显示其内容。AutoCAD 安装目录下的"Sample\DesignCenter"文件夹中的图形包含可插入在图形中的特定组织块，这些图形称为符号库图形。使用设计中心顶部的工具栏按钮可以访问树状图选项。

树状图中有四个选项卡：

【文件夹】选项卡：显示计算机或网络驱动器（包括"我的电脑"和"网上邻居"）中文件和文件夹的层次结构。

【打开的图形】选项卡：显示当前工作任务中打开的所有图形，包括最小化的图形。

【历史记录】选项卡：显示最近在设计中心打开的文件的列表。显示历史记录后，在一个文件上单击鼠标右键显示此文件信息或从"历史记录"列表中删除此文件。

【联机设计中心】选项卡：访问联机设计中心网页。建立网络链接时，"欢迎"页面中将显示两个窗格。左边窗格显示了包含符号库、制造商站点和其他内容库的文件夹。当选定某个符号时，它会显示在右窗格中，并且可以下载到用户的图形中。默认情况下，"联机设计中心"选项卡处于禁用状态。可以通过 CAD 管理员控制实用程序启用。

AutoCAD 设计中心的内容区域用于显示树状图中当前选定"容器"的内容。容器是包含设计中心可以访问的信息的网络、计算机、磁盘、文件夹、文件或网址（URL）。根据树状图中选定的容器，内容区域的典型显示如下：

① 含有图形或其他文件的文件夹；

② 图形；

③ 图形中包含的命名对象（命名对象包括标注样式、表格样式、布局、多重引线样式、块图层、外部参照、文字样式和线型）；

④ 表示块或填充图案的图像或图标；

⑤ 基于 Web 的内容；

⑥ 由第三方开发的自定义内容。

在内容区域中，通过拖动、双击或单击鼠标右键并选择"插入为块""附着为外部参照"或"复制"，可以在图形中插入块、填充图案或附着外部参照；可以通过拖动或单击鼠标右键向图形中添加其他内容（如图层、布局、标注样式和文字样式）；可以从设计中心将块和填充图案拖动到工具选项板中。

使用设计中心顶部的工具栏按钮可以显示和访问选项。其功能从左至右依次如下：

【加载】按钮：显示"加载"对话框（标准文件选择对话框），使用"加载"

浏览本地和网络驱动器或 Web 上的文件，然后选择内容加载到内容区域。

【上一页】按钮：返回到历史记录列表中上一次的位置。

【下一页】按钮：返回到历史记录列表中下一次的位置。

【上一级】按钮：显示当前容器的上一级容器的内容。

【停止】按钮（【联机设计中心】选项卡）：停止当前传输。

【重载】按钮（【联机设计中心】选项卡）：重载当前页。

【搜索】按钮：显示"搜索"对话框，从中可以指定搜索条件以便在图形中查找图形、块和非图形对象。搜索也显示保存在桌面上的自定义内容。

【收藏夹】按钮：在内容区域中显示"收藏夹"文件夹的内容。"收藏夹"文件夹包含经常访问项目的快捷方式，要在"收藏夹"中添加项目，可以在内容区域或树状图中的项目上单击右键，然后单击"添加到收藏夹"；要删除"收藏夹"中的项目，可以使用快捷菜单中的"组织收藏夹"选项，然后使用快捷菜单中的"刷新"选项。DesignCenter 文件夹将被自动添加到"收藏夹"中。

【主页】按钮：将设计中心返回到默认文件夹。安装时，默认文件夹被设置为...\Sample\DesignCenter，可以使用树状图中的快捷菜单更改默认文件夹。

【树状图切换】按钮：显示和隐藏树状视图。如果绘图区域需要更多的空间，请隐藏树状图，树状图隐藏后，可以使用内容区域浏览容器并加载内容。在树状图中使用"历史"列表时，"树状图切换"按钮不可用。

【预览】按钮：显示和隐藏内容区域窗格中选定项目的预览。如果选定项目没有保存的预览图像，"预览"区域将为空。

【说明】按钮：显示和隐藏内容区域窗格中选定项目的文字说明。如果同时显示预览图像，文字说明将位于预览图像下面。如果选定项目没有保存的说明，"说明"区域将为空。

【视图】按钮：为加载到内容区域中的内容提供不同的显示格式。可以从"视图"列表中选择一种视图，或者重复单击"视图"按钮在各种显示格式之间循环切换。默认视图根据内容区域中当前加载的内容类型的不同而有所不同。

①【大图标】选项：以大图标格式显示加载内容的名称。

②【小图标】选项：以小图标格式显示加载内容的名称。

③【列表图】选项：以列表形式显示加载内容的名称。

④【详细信息】选项：显示加载内容的详细信息。根据内容区域中加载的内容类型，可以将项目按名称、大小、类型或其他特性进行排序。

【刷新】按钮（只适用于快捷菜单）：刷新内容区域的显示，以反映所作的更改。在内容区域的背景中单击鼠标右键，显示快捷菜单，然后单击快捷菜单中的"刷新（R）"菜单项。

【例 5.5】　向当前图形文件中插入例 5.1 定义的电阻符号图块。

操作步骤如下：

执行 ADCENTER 命令，打开 AutoCAD "设计中心"选项板，在"文件夹列表"框中找到"电阻符号.DWG"文件；

单击该文件，在"设计中心"的内容区域将显示"标注样式""表格样式""块"等图标；

双击"块"图标，则在"设计中心"的内容区域将显示"电阻符号.DWG"文件中所创建的所有图块，在此只创建了"R"块，如图 5.18 所示。

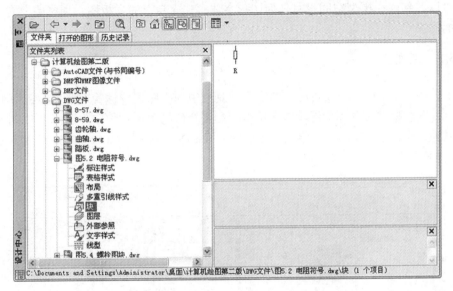

图 5.18　通过"设计中心"插入图块

用鼠标将"R"块拖向当前图形文件的图形窗口，松开鼠标，即可在当前图形文件中插入"R"图块，且该块自动成为在当前图形文件的内部块，以后可直接用 INSERT 命令将该图块插入到该图形文件中，不再需要通过"设计中心"。

5.5　样板图的建立

在绘制工程图样前，应在 AutoCAD 中构造一个规范而合理的作图环境，这需要进行较为繁杂的初始化工作。然而，在相同图幅下，按相同比例绘制同一类型的工程图样时，其图纸的初始化工作完全是一样的。在 AutoCAD 中，初始化信息是可以共享的，这也正是创建样板图的目的。因此，所谓样板图，即是包括初始化信息的一个*.DWT 图形文件，它包括了用 AutoCAD 绘制同一类型的工程图所需的系统环境设置及必要的可见的图形内容。

现在以 A3 图幅为例，介绍 AutoCAD 绘图初始化的过程，进而建立一个实用的作图环境。为了减少初始化的工作量，可在 AutoCAD 提供样板图的基础上建立自己的样板图。使用 NEW 命令（对应"标准"工具栏"新建"按钮），打开"选择样板"对话框，在"文件"列表框中选择"Gb_a3 -Color Dependent Plot Styles.dwt"，然后单击"打开（O）"按钮。这时 AutoCAD 新建一个图形文件，在"Gb A3 标题栏"布局中包含有图框及标题栏等，而且已经开有一个多边形视口，其范围即为作图区域。由于每张工程图样所需的视口个数、大小及布局各不相同，在此不做修改，到具体绘制工程图样时依具体情况再进行设置。单击"模型"标签可以看到，在模型空间没有任何图形实体。建立自己的样板图，通常需要完成下面的操作。

5.5.1　图层的建立

使用 LAYER 命令（对应"图层"工具栏中的"图层特性管理器"按钮），打开"图层特性管理器"选项板。可以看到在新建的图形文件中除图层"0"外还有其他六个图层，这六个图层是"Gb_a3-Color Dependent Plot Styles.dwt"样板图提供的。

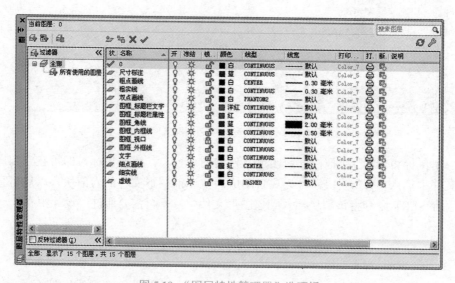

图 5.19　"图层特性管理器"选项板

根据绘制工程图样的需要，一般需新增加粗实线、细实线、虚线、细点划线、粗点划线、双点划线、标注、注释文字等图层，其具体设置如图 5.19 所示。

5.5.2　字型设置

使用 STYLE 命令（对应"样式"或"文字"工具栏中的"文字样式…"按钮），打开如图 5.20 所示的"文字样式"对话框。

从图 5.20 中可以看到在新建的图形文件中已经有"STANDARD"和"工程

字"两种文字样式，其中样式"STANDARD"将用作尺寸标注的文字样式，而样式"工程字"主要用于技术要求、标题栏文字等的书写。这两种文字样式可以满足绘制给出图样的要求，可以不再创建新的文字样式。

5.5.3 尺寸标注样式设置

尺寸标注样式设置是一件比较繁琐的事情，由于不同专业的工程图样，尺寸标注的样式各不相同，需要进行相应的设置。

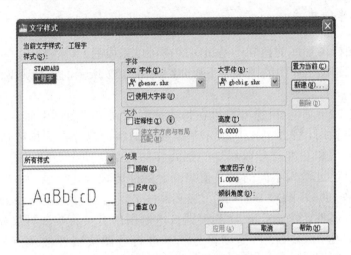

图 5.20 "文字样式"对话框

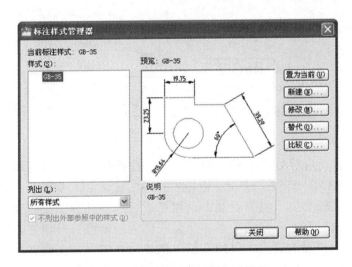

图 5.21 "标注样式管理器"对话框

使用 DIMSTYLE 命令（对应"标注"或"样式"工具栏上的"标注样式…"

按钮 ）打开如图 5.21 所示的"标注样式管理器"对话框。从图中可以看出已经提供 GB-35 标注样式，而该标注样式与技术制图尺寸标注的要求不完全相同。比如从图 5.21 可看到角度尺寸标注中尺寸文字的对齐方式就不符合技术制图尺寸标注的要求。因此对该尺寸标注样式进行必要的修改，以可以基本满足国家标准对尺寸标注的要求。具体的方法可查看本书第 4 章的有关内容。对于少量特殊的尺寸标注，可以在以后绘制工程图样时，设置替代样式来满足其相应要求。

5.5.4 图库的建立

工程图样图形库的建立不是短时间内可以完成的，要在绘制工程图样的过程中逐步积累图形库中的图块。下面介绍如图 5.22 所示的几个典型图块的建立方法。

如图 5.22 所示，粗糙度符号在每次被插入到工程图样中时，其粗糙度数值可能各不相同，基准符号中表示基准要求的字母也存在同样的情况。因此，将粗糙度数值和基准符号以属性的形式存储在图块的定义中，就可以在每次插入图块时通过输入不同的属性值来满足标注要求。使用 ATTDEF 命令（对应下拉菜单"绘图（D）/块（K）/定义属性（D）…"菜单项）来进行属性定义。在进行属性定义时，要注意根据技术制图的有关标准属性文字在图块中的位置有一定的要求；粗糙度符号和基准符号图块属性插入点的位置如图 5.22 所示。"属性定义"对话框的各个选项区的设置分别如图 5.23 和图 5.24 所示。

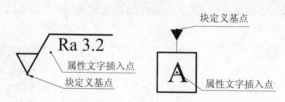

图 5.22 图块的定义

在绘制粗糙度符号块的各结构要素时，应严格遵守国家标准的要求，比如按照 GB/T 131—1993 的规定，粗糙度符号的尖端必须从材料外垂直指向材料表面，且尖端要位于材料表面上，粗糙度符号各部分图形以及粗糙度数值文字大小之间也存在一定的关系。所以在建立粗糙度符号块时，要特别注意块定义的基点位置的确定，以便在插入图块时，能保证图块在图样中的准确定位。粗糙度符号块的基点位置如图 5.22 所示。基准符号图块的创建也需要注意同样的问题。

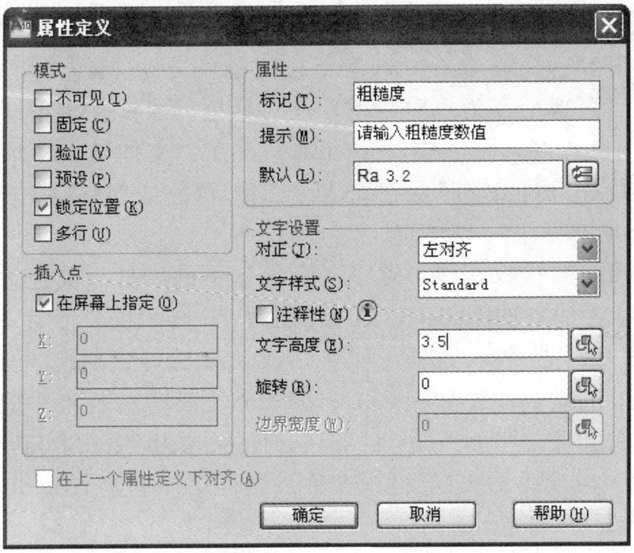

图 5.23 粗糙度"属性定义"对话框

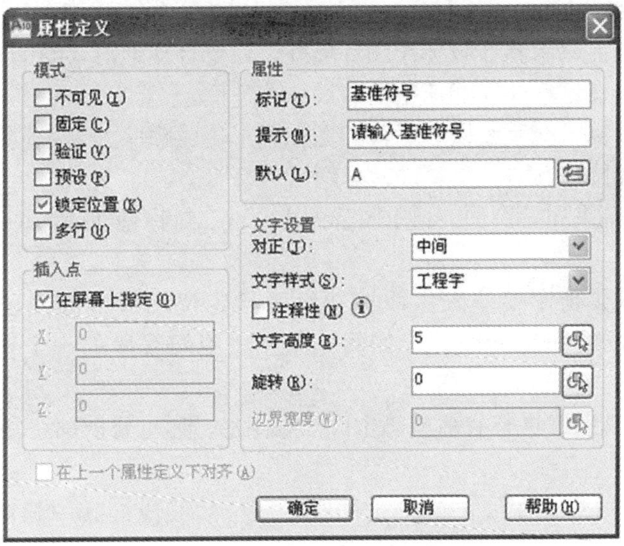

图 5.24 基准符号"属性定义"对话框

　　使用 BLOCK 命令（对应"绘图"工具栏上的"创建块"按钮 ）定义一个块时，该块是内部块，只能在存储定义该块的图形文件中使用。如果将所有的图块都存储在样板图中，将增大样板图文件的容量，为此，可用 WBLOCK 命令将内部图块转换为磁盘文件即建立外部块，并将所有外部块放在同一个文件夹中进行统一管理。

在完成上述的各项工作后,将图形文件保存为名为"GB-A3 样板图.DWT"样板文件。使用 SAVEAS 命令(对应下拉菜单"文件(F)/另存为(A)..."菜单项)打开"图形另存为"对话框,在对话框的"文件类型(T)"下拉列表框中选择"AutoCAD 图形样板(*.dwt)",在"文件名(N)"输入栏中输入"GB-A3 样板图"后,单击"保存(S)"按钮即可完成"GB-A3 样板图.DWT"样板文件建立。

对于其他幅面的样板文件,除了"布局"不同以外,其他设置都是相同的。可以利用刚才建立的"GB-A3 样板图.DWT"样板文件新建一个文件,删除其中的"GB A3 标题栏"布局。利用 LAYOUT 命令(对应"布局"工具栏上的"来自样板的布局..."按钮）打开"从文件选择样板"对话框,从中选择不同的样板文件,比如"Gb_a4 -Color Dependent Plot Styles.dwt"样板文件或者"GB-A4 样板图.DWT"样板文件。同样可以创建 A0、A1 和 A2 幅面的样板文件。

5.6 绘图组织技术

在实际绘图前,除精心设计绘图环境外,还要合理地对其绘图工作进行组织和合理安排,只有这样才能加速绘图和设计的进程。

实际上,计算机交互绘图和手工绘图在图形生成顺序上是一致的。它们都应遵守如下的绘图顺序:

① 根据图幅来布置图面,画出图形的中心线、对称轴线或布图基线,统称为基准线。

② 利用基准线作偏移来生成已知线段的定位线或中间线段的一个定位线,再利用基准线和辅助图元(如圆)来生成中间线段的一个定位线或定位辅助线。

③ 对定位辅助线进行修剪就可生成部分图形,还可修剪部分辅助线的长度。这部分图形主要是直线段。

④ 根据已知定位图线,画出已知线段和中间线段(其中弧可先画出辅助圆)。

⑤ 画出连接线段(主要是连接圆弧),圆弧可先画出辅助圆或倒角圆。以上这些已知线段和连接线段都可看做是辅助图元,即定形辅助线。

⑥ 对定形辅助线再进行一次修剪,就可得到全部图形。

⑦ 编辑修改少量的辅助线,即完成全部几何图形的绘制。

⑧ 对图形进行详细加工,如填充剖面线或图案、标注尺寸及注写技术要求等文字信息,最后完成全图。

【例 5.6】 画出如图 5.25 所示的支架三视图。

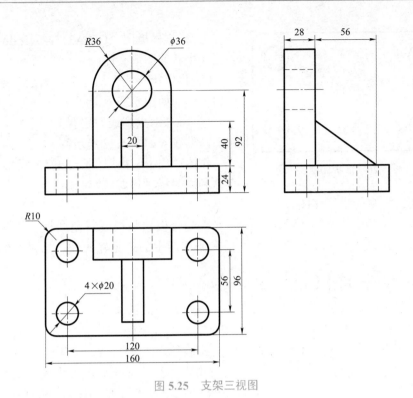

图 5.25　支架三视图

　　如图 5.25 所示，物体的主视图反映了物体的高度和长度；俯视图反映了物体的长度和宽度；左视图反映了物体的高度和宽度。三视图之间的投影规律为：

　　主视图与俯视图——长对正；

　　主视图与左视图——高平齐；

　　俯视图与左视图——宽相等。

　　"长对正、高平齐、宽相等"是画图和看图必须遵循的最基本的投影规律。不仅整个物体的投影要符合这个规律，物体局部结构的投影亦必须符合这个规律。在使用 AutoCAD 作物体的投影视图时，其作图方法及步骤与手工作图过程相似。为应用"长对正、高平齐"的投影规律作图，在作图时应充分利用"极轴追踪""对象捕捉"及"对象捕捉追踪"功能；为应用"宽相等"的投影规律作图，可经过投影体系的原点作 45° 辅助作图线，再利用"极轴追踪""对象捕捉"及"对象捕捉追踪"功能作图。

　　在 AutoCAD 中绘制图形，不管图形的大小和出图时采用的比例，都采用 1:1 的比例进行图形的绘制。在出图时再根据下一章介绍的方法来设置图形的输出比例及采用何种图幅输出图形。在此以上节创建的样板图"GB-A3 样板图.DWT"所构造的作图环境来绘制图 5.25 所示的三视图。作图过程概括如下：

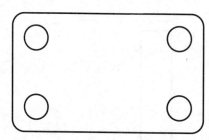

图 5.26　底板俯视图

① 根据样板图"GB-A3 样板图.dwt"来创建一个新的图形文件；

② 将"粗实线"层置为当前层，绘制底板俯视图（如图 5.26 所示）；

③ 将"细点画线"层置为当前层，绘制作图基准线（如图 5.27 所示）；

作图过程中应根据"长对正"的投影规律，充分利用"极轴追踪""对象捕捉"及"对象捕捉追踪"功能进行作图。

④ 将"粗实线"层置为当前层，绘制底板、竖板及三角肋板在主视图中的可见轮廓线。绘制竖板及三角肋板在俯视图中的可见轮廓线，结果如图 5.28 所示；

⑤ 将"0"层置为前层，绘制辅助作图线，结果如图 5.29 所示；

线段 P3、P5 绘制方法如下（其他图线可参考此法完成）：

命令：_line 指定第一点：　　　//捕捉直线端点 P3 点

指定下一点或［放弃（U）］：　//捕捉直线端点 P3 点后，向右水平拖动鼠标，待出现水平的虚线后，再将鼠标拖到端点 P4，然后垂直向下拖动鼠标，待垂直虚线与水平虚线相交后捕捉交点即可捕捉到 P5 点

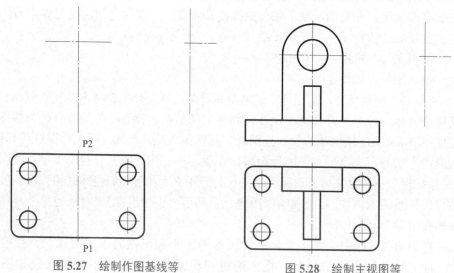

图 5.27　绘制作图基线等　　　　　图 5.28　绘制主视图等

指定下一点或［放弃（U）］：//按【Enter】键

⑥ 将"粗实线"层置为当前层，补全各视图中可见轮廓线投影，结果如图 5.30 所示；

⑦ 将"虚线"层置为当前层，绘制视图中所缺的虚线；

⑧ 补全视图中所缺的其他图线后关闭"0"层，并标注尺寸。

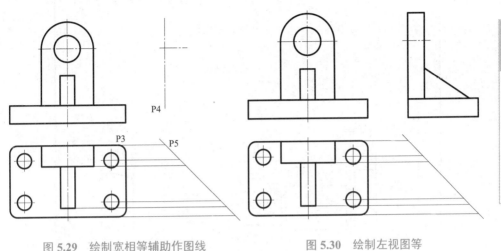

图 5.29　绘制宽相等辅助作图线　　　　图 5.30　绘制左视图等

5.7　工程图样绘制

　　零件的种类千变万化，但根据零件的结构特点大致可分为轴套类、盘盖类、叉架类和箱体类四个类型。不同类型零件的绘制方法虽然不一样，但也有一定的规律可循。例如，对于具有对称的零件，可先绘制其中的一半，另一半用镜像命令复制；当绘制有规律排列的相同结构元素时，可以先绘制其中的一个，然后利用阵列命令得到其他相同的结构元素；零件中出现的一些常用结构，比如键槽、退刀槽等也有一定的画法。

　　下面以如图 5.31 所示的曲轴零件图为例，介绍机械零件工程图样绘制的一般步骤。根据零件的尺寸和准备采用的图形输出比例，在此选用"GB-A4 样板图.DWT"样板文件来绘制曲轴零件图。

5.7.1　绘制图形

　　在绘制不同线型的直线时要记得随时切换到相应的图层，在此不再叙述图层的切换操作。

　　（1）绘制作图基准线

　　在屏幕的适当位置利用 LINE 命令绘制如图 5.32 所示的作图基准线。

（2）绘制左视图

利用 LINE、CIRCLE 和 TRIM 等命令绘制左视图，结果如图 5.33 所示。

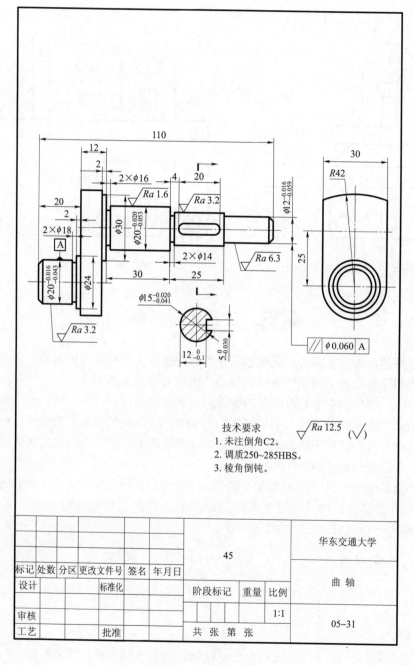

图 5.31　曲轴零件图

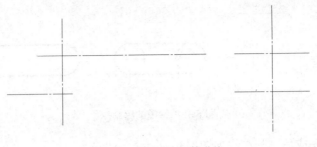

图 5.32　绘制作图基准线

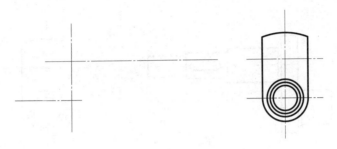

图 5.33　绘制左视图

（3）绘制主视图

在绘制主视图时，先不要绘制倒角、退刀槽等细小结构，结果如图 5.34 所示。

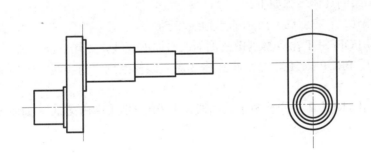

图 5.34　绘制主视图

（4）绘制键槽

键槽图形的绘制方法较多，可采用图 5.35 所示的方法来绘制，具体步骤如下：

① 绘制圆弧中心线时，一定要根据键槽的定形尺寸保证正确的距离，如图 5.35（a）所示；

② 绘制两圆和两条直线，如图 5.35（b）所示；

③ 利用 TRIM 命令修剪圆弧，并删除多余的图线，完成键槽图形的绘制，如图 5.35（c）所示。

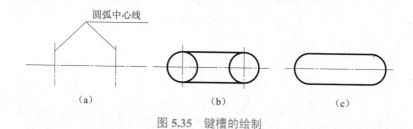

图 5.35　键槽的绘制

键槽绘制完成后，其结果如图 5.36 所示。

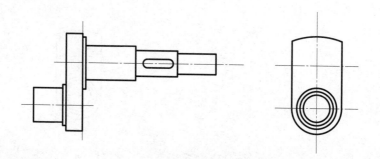

图 5.36　绘制键槽

（5）绘制断面图

绘制断面图时，首先要确定绘制断面图的中心位置。结果如图 5.37 所示。

断面图绘制具体步骤如下：

① 绘制如图 5.38（a）所示的点划线和圆；

② 利用 OFFSET 命令得到键槽侧面及底面的直线，如图 5.38（b）所示；

③ 利用 PROPERTIES 命令将上述 3 条直线修改到"粗实线"图层上，结果如图 5.38（c）所示；

④ 利用 TRIM 命令修剪多余的线段，完成键槽断面图的绘制，如图 5.38（d）所示。

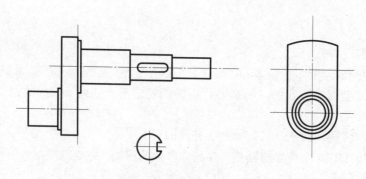

图 5.37　断面图的绘制

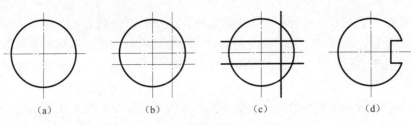

图 5.38　键槽断面图的画法

（6）绘制倒角、退刀槽

利用 CHAMFER 命令完成倒角的绘制。

利用 LINE 命令绘制退刀槽位置直线；拖动直线的夹点拉伸直线完成退刀槽的绘制，结果如图 5.39 所示。

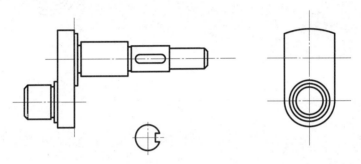

图 5.39　绘制倒角、退刀槽

（7）绘制剖切符号、填充剖面图案

剖切符号在工程图样中经常出现。为了提高作图效率，可以将剖切符号建立成图块，如图 5.40 所示。该图块用 PLINE 命令设置不同的宽度来绘制。将定义好的表示剖切符号的图块插入到图 5.41 所示的位置。

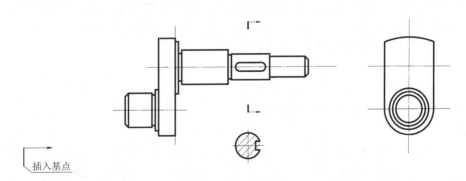

插入基点

图 5.40　剖切符号　　　　图 5.41　绘制剖切符号、填充剖面图案

利用 HATCH 命令填充剖面图案，结果如图 5.41 所示。

如果图形上有多处进行剖面图案的填充，各个断面的剖面图案要分别进行填充。这是因为一次填充生成的剖面图案是一个实体集合，如果不同断面内剖面图案的同时填充，则在对各个断面图进行位置调整时，容易造成剖面图案的错位。

（8）修改、修整图线

修剪、切断、删除多余的作图基准线完成图形的绘制。结果如图 5.42 所示。

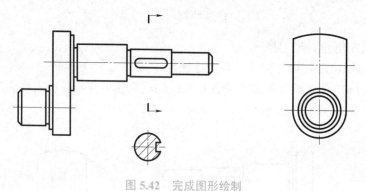

图 5.42　完成图形绘制

5.7.2　标注

图形绘制工作完成后，就可以开始进行尺寸、形位公差和表面粗糙度的标注。

一般的尺寸标注不是很复杂，这里重点介绍在非圆视图上标注直径尺寸以及尺寸公差的标注方法。

（1）在非圆视图上标注直径尺寸的方法

工程图样中经常会出现在非圆视图上标注直径尺寸的情况，此时，所标注的尺寸的类型是线性尺寸，如图 5.31 中的"$\phi 30$""$\phi 24$"等。但是在 AutoCAD 中标注尺寸时，在实际操作中会发现只有在标注直径类型的尺寸时，才会在尺寸数值前加上直径符号"ϕ"。要想在标注线性尺寸时在尺寸数值前加上"ϕ"符号，可以采用下面两种方法：其一是修改尺寸标注样式，设置标注样式"主单位"选项卡的"前缀"为"%%C"，但是这会使所有尺寸都出现前缀"ϕ"，不适合采用；其二是在尺寸标注完成后，用 PROPERTIES 命令来修改尺寸标注实体的文字属性，利用"文字替代"来替换掉"测量单位"以达到要求，但是这样使用起来都比较繁琐。

所以，常采用下面的方法来完成在非圆视图上标注直径尺寸的工作。其实质就是用"多行文字"来替代"测量单位"，与上述的第二种方法是一致的。

下面以图 5.31 中"$\phi 30$"尺寸的标注为例进行介绍。

命令：_dimlinear　//对应"标注"工具栏中的"线性"按钮

指定第一条延伸线原点或<选择对象>：

指定第二条延伸线原点：

指定尺寸线位置或

［多行文字（M）/文字（T）/角度（A）/水平（H）/垂直（V）/旋转（R）］：M

指定尺寸线位置或

［多行文字（M）/文字（T）/角度（A）/水平（H）/垂直（V）/旋转（R）］：

标注文字=30

在系统提示"［多行文字（M）/文字（T）/角度（A）/水平（H）/垂直（V）/旋转（R）］："时，输入选项"M"并回车，系统将弹出"在位编辑器"。"在位编辑器"显示了顶部带有标尺的边框和"文字格式"工具栏。在边框里可以看到有"30"，在此字符前输入字符串"%%C"，系统将自动显示为"ϕ"符号，如图5.43所示，单击"确定"按钮，"在位编辑器"关闭。完成后面的命令操作后，图上标注的尺寸文字为"ϕ30"，而不是命令序列里显示的标注文字"30"。

图 5.43　在位编辑器

（2）标注尺寸公差的方法

在工程图样中经常会出现尺寸公差，尺寸公差的标注可采用在标注尺寸时输入特定的多行文字的方法来实现，如图5.31中的"$\phi 20^{-0.020}_{-0.053}$"尺寸公差的标注，可采用如下的方法标注。

命令：_dimlinear

指定第一条延伸线原点或<选择对象>：

指定第二条延伸线原点：

指定尺寸线位置或

［多行文字（M）/文字（T）/角度（A）/水平（H）/垂直（V）/旋转（R）］：M

指定尺寸线位置或

［多行文字（M）/文字（T）/角度（A）/水平（H）/垂直（V）/旋转（R）］：

标注文字=20

在系统提示"［多行文字（M）/文字（T）/角度（A）/水平（H）/垂直（V）/旋转（R）］："时，输入选项"M"并回车，系统将弹出"在位编辑器"。在字符"20"前面输入字符串"%%C"，在"20"字符后面输入字符串"-0.020^-0.053"，如图5.44所示；然后选中字符串"-0.020^-0.053"，单击"文字格式"工具栏中的"堆叠"按钮 ，则显示结果为"$\phi20_{-0.053}^{-0.020}$"。

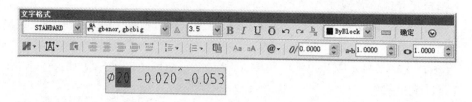

图 5.44　在位编辑器

形位公差的标注方法可参考上一章第 4 节的有关内容，这里不再作详细的介绍。

图 5.31 中表面粗糙度符号的标注，可以利用 INSERT 命令插入先前定义好的粗糙度符号图块。

5.7.3　布局

在完成图形绘制和标注后，就可以进入图纸空间来规划视图的位置和比例，并完成其他的后续工作，如填写标题栏、书写技术要求等。前面的工作都是在"模型"空间进行的。单击作图窗口下面的"Gb-A4 标题栏"标签，即进入"图纸"空间，此前绘制的图形将显示在图纸空间所开的单一视口中。在视口区域双击鼠标左键，转向浮动模型空间。但是，模型空间中的图形在图纸空间视口中的显示比例不符合出图要求，而且图形的位置也不一定合适。为此还要完成下面两项工作：

① 设定视口的比例。

② 图形位置的调整、定位和注释文字的书写。

在"视口"工具栏的右侧窗口"缩放控制比例"下拉列表中选择"1:1"。设定比例后，可以使用 PAN 命令对视图在图纸中的位置进行调整。在工程图样中，注释文字的书写可以利用 MTEXT 命令来完成。

5.7.4　填写标题栏

绘制工程图样最后的工作是填写标题栏。标题栏位于图纸空间中，它是一个图块，其中包含有 8 个属性×××1～×××8。8 个属性的含义如图 5.45 所示。要填写标题栏就是对这 8 个属性值进行修改，其具体方法如下：

单击状态栏中的"模型"工具，转向图纸空间。

命令：_eattedit

选择块：

当选择了标题栏图块后，系统将弹出 "增强属性编辑器"对话框。根据具体情况修改各个属性值如图 5.46 所示，最后单击"确定"按钮即可完成标题栏的填写。

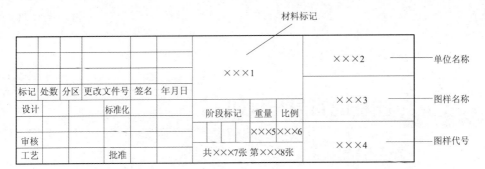

图 5.45　填写标题栏

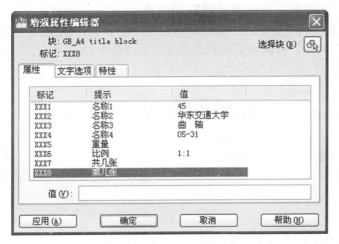

图 5.46　"增强属性编辑器"对话框

第 6 章　图样的布局与打印

　　使用 AutoCAD 软件绘制完工程图样后，需要通过布局功能进行打印排版，然后使用打印机或绘图仪将图形输出到图纸上，以满足工程设计的需要。AutoCAD 提供了一体化的图形打印输出功能，用户可以轻松地实现诸如添加打印机、创建打印布局、打印预览及打印出图等各项操作。

本章学习目的：

（1）了解模型空间、图纸空间和布局概念；
（2）掌握布局的创建与管理；
（3）掌握布局中使用浮动视口；
（4）打印样式的设置与打印样式表的使用；
（5）图形文件的打印输出。

6.1　模型空间、图纸空间和布局的概念

　　AutoCAD 系统中有两个空间概念，即模型空间和图纸空间。模型空间是代表真实的三维空间，在模型空间，用户可以进行各种二维或三维设计绘图，完成所需的对象造型。图纸空间是代表图纸平面，是进行图形打印出图的空间。在 AutoCAD 系统中，布局就是在图纸空间操作，它模拟图纸页面，提供直观的图纸页面设置和打印输出效果。在布局中可以创建和布置视口位置，还可以添加标题栏或其他几何图形对象，通过调整视口大小和设置视口比例来显示所需表达的工程视图及视图输出比例。一个 AutoCAD 图形有一个模型空间和多个图纸空间，即可以有多个布局，用户通过创建不同的布局来满足工程上不同表达的需要。

6.1.1　在模型空间与图纸空间切换

　　在 AutoCAD 系统中提供了模型空间和图纸空间。用鼠标单击在绘图区域底部选择布局选项卡，就能查看相应的布局。选择布局选项卡，就可以进入相应的图纸空间环境。如图 6.1 所示。作为缺省设置，AutoCAD 系统为每个新建的图形

文件创建了一个模型选项卡和两个布局选项卡。

在图纸空间中，用户可随时单击"模型"选项卡返回模型空间，也可以在当前布局中创建浮动视口来访问模型空间。浮动视口相当于模型空间中的视图对象，用户可以在浮动视口中处理模型空间对象。在模型空间中的所有修改都将反映到所有图纸空间的各个视口中。在布局中的某视口内双击鼠标左键或从状态栏中单击"模型"按钮，进入视口中的模型空间，即进入浮动视口。如果在浮动视口外的布局区域双击鼠标左键或从状态栏中单击"图纸"按钮，返回图纸空间。

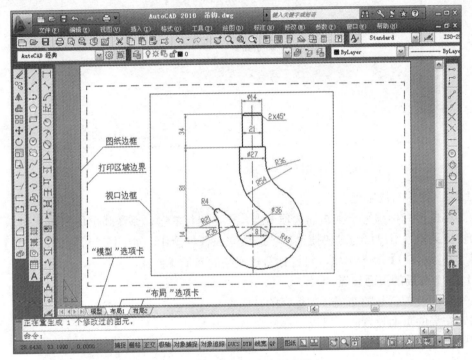

图 6.1　模型选项卡和布局选项卡

模型空间中的对象可以在图纸空间中显示或部分显示或不显示，而在图纸空间所添加的各种对象则不能在模型空间中显示。

6.1.2　创建与管理布局

在 AutoCAD 系统中，可以创建多个布局，每个布局代表一张需要单独打印输出的图纸，创建新布局后就可以在布局中创建浮动视口，可设置各视口的输出比例、控制视口中各图层的可见性。

6.1.2.1　使用布局向导创建布局

布局向导用于引导用户来创建一个新的布局，每个向导页面分别提示用户为正在创建的新布局指定打印设备、设置图纸幅面尺寸、图纸的打印方向、选择布局中的标题栏和定义视口。用户可使用下拉式菜单【工具（**T**）/向导（**Z**）/创建布局（**C**）...】，打开"创建布局"对话框，如图 6.2 所示。

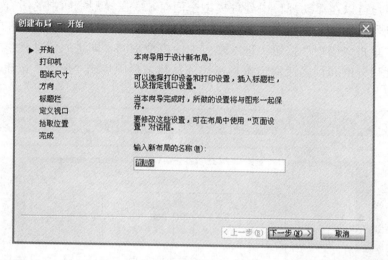

图 6.2　"创建布局"对话框

6.1.2.2　使用布局管理

将鼠标光标移置于某布局选项卡上，单击鼠标右键，系统弹出如图 6.3 所示的快捷菜单，用户可通过快捷菜单各选项完成各种操作。如选择【新建布局（N）】或【删除（D）】等菜单项，将进行新建或删除布局等操作。

6.1.2.3　布局的页面设置

页面设置就是随布局一起保存的打印设置。指定布局的页面设置时，可以保存并命名某个布局的页面设置，并可将命名的页面设置应用到其他布局中。

在绘图任务中首次选择布局选项卡时，将显示单一视口，并以带有边界的线框来表示当前配置的打印机的纸张大小和图纸的可打印区域。并显示如图 6.4 所示的"页面设置管理器"对话框，用户也可选择下拉式菜单【文件（**F**）/页面设置管理器（**G**）...】，调用"页面设置管理器"对话框。从中可以指定布局和打印设备的设置。

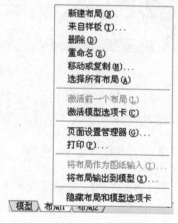

图 6.3　布局选项卡与右键快捷菜单

图 6.4 "页面设置管理器"对话框　　　　图 6.5 "新建页面设置"对话框

　　单击"页面设置管理器"对话框中的【新建（N）】按钮，系统弹出如图 6.5
所示的"新建页面设置"对话框，在【新建页面设置名：】编辑框内输入新建页面
名字，单击【确定（O）】按钮，系统将显示如图 6.6 所示的"页面设置——布局
1"对话框，供用户对打印设备、图纸幅面、打印区域、打印比例、打印样式和打
印方向等项目进行设置。完成各项设置后，单击【确定（O）】按钮，系统将返回
到"页面设置管理器"对话框。

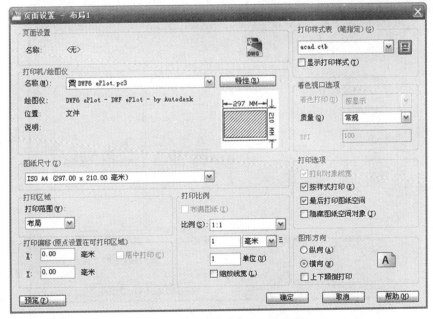

图 6.6 "页面设置—布局 1"对话框

　　用户若需要对某个页面设置进行修改，可在"页面设置管理器"对话框中的【当前页面设置：】列表框内选中该页面设置名，单击【修改（M）...】按钮，即可对该页面设置的相关项目进行修改。

　　要将所创建的页面设置应用到当前布局中，打印输出图形，需将该页面设置为当前布局，可在【当前页面设置：】列表框内选中该页面设置名，并单击【置为当前（S）】按钮。

6.1.2.4　使用浮动视口

　　在图纸空间中所创建的视口，称为浮动视口。浮动视口大小可以调整，其位置可以移动，且可相互重叠或者分离。因为浮动视口是 AutoCAD 对象，所以在图纸空间中布置视口时不能编辑模型。要编辑模型，必须切换到模型空间，或激活的浮动视口。鼠标单击状态栏上的"图纸"按钮或双击浮动视口区域中任意位置，均可激活浮动视口。

　　使用浮动视口，可以根据需要在每个视口中选择性地冻结图层，被冻结图层上的对象不能在本视口中显示。在视口中，可使用平移命令来调整显示区域，通过设置视口比例来控制视口的显示大小。浮动视口的形状可以是矩形或多边形，也可将闭合的多段线、圆、椭圆、样条曲线或面域等转化为视口。

　　使用下拉式菜单【视图（V）/视口（V）/新建视口（E）...】或"视口"工具栏中的"显示'视口'对话框"按钮，打开如图 6.7 所示的"视口"对话框，用户可在【标准视口（V）】列表框中选择所需浮动视口的个数、排列方式，并在布局中，通过鼠标确定浮动视口的位置。

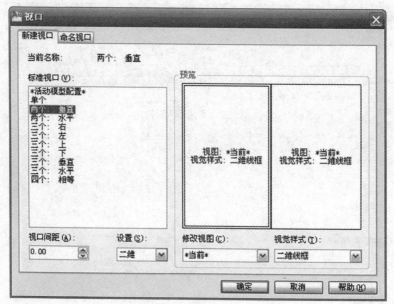

图 6.7　"视口"对话框

6.1.2.5 设置浮动视口比例

用户可通过"视口"工具栏中的"比例下拉列表"来设置浮动视口的显示比例。如图 6.8 所示,在平面图形布局中创建了 2 个视口,其左侧的视口比例为 1:1,右侧的视口为比例 1:2。

用户也可键盘输入命令,使用 MVSETUP 命令来设置浮动视口的比例,其命令格式如下:

命令:MVSETUP

输入选项 [对齐(A)/创建(C)/缩放视口(S)/选项(O)/标题栏(T)/放弃(U)]:S

选择要缩放的视口...

选择对象: //选择需要设置比例的浮动视口

选择对象: //按 Enter 键,结束选择对象

设置图纸空间单位与模型空间单位的比例...

输入图纸空间单位的数目<1.0>:1   //设置视口比例为 1:2

输入模型空间单位的数目<1.0>:2

输入选项 [对齐(A)/创建(C)/缩放视口(S)/选项(O)/标题栏(T)/放弃(U)]:   //按 Enter 键

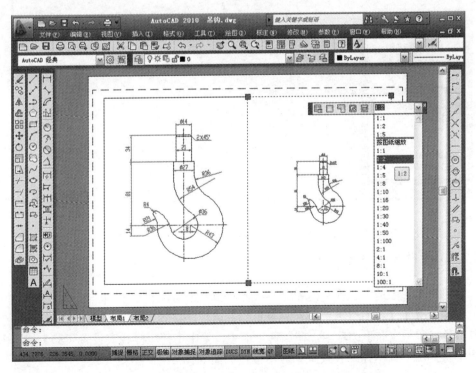

图 6.8 设置"视口"比例

6.2 打印样式的设置与使用

　　AutoCAD 提供了一体化的图形打印输出功能，可以轻松地实现诸如添加打印机、打印设置、打印预览以及打印出图之类的操作。

6.2.1　配置打印机

　　在打印输出工程图样前，需要根据打印机型号，在 AutoCAD 中配置打印机，AutoCAD 2010 提供了许多常用打印机的驱动程序。选择下拉式菜单【文件（F）/绘图仪管理器（M）...】，系统将显示 "Plotters" 窗口，如图 6.9 所示。

　　双击【添加绘图仪向导】图标，系统将弹出 "添加绘图仪－简介" 对话框。按照系统的提示，用户对各项内容进行设置，选择所配打印机或绘图仪的型号，完成打印输出设备的配置。

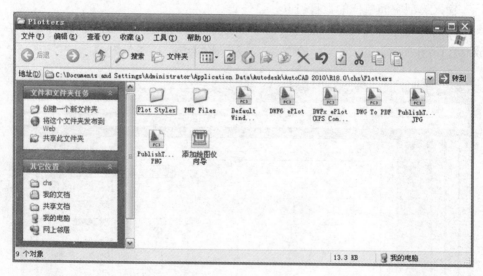

图 6.9 "Plotters" 窗口

6.2.2　打印样式设置

　　用户在作图前，应预先选择好新图形的默认打印样式。打印样式的选择可使用下拉式菜单【工具（T）/选项（N）...】选项，在弹出的 "选项" 对话框中，单击【打印与发布】选项卡，在该选项卡中，单击【打印样式表设置（S）】按钮，系统将弹出 "打印样式表设置" 对话框，如图 6.10 所示。

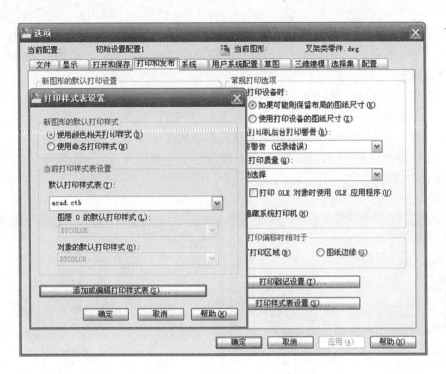

图 6.10 "打印样式表设置"对话框

　　AutoCAD 2010 系统提供了两种打印样式。一种是系统默认的颜色相关打印样式，另一种是命名打印样式。在"打印样式表设置"对话框中，单击【添加或编辑打印样式表（S）…】按钮，系统弹出"Plot Styles"窗口，如图 6.11 所示。

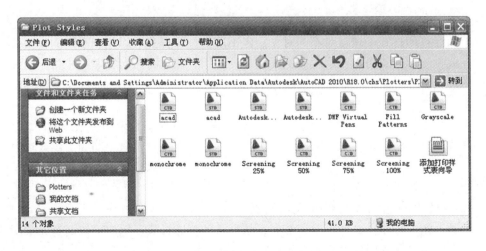

图 6.11 "Plot Styles"窗口

颜色相关打印样式是通过对所绘制图形对象的颜色来控制绘图仪的笔号、笔宽、线型等的设定。颜色相关打印样式的设定存储在以".ctb"为后缀的颜色相关打印样式表中。

在"Plot Styles"窗口中，双击【acad.ctb】图标，系统将显示一个未编辑的"打印样式表编辑器—acad.ctb"对话框，如图 6.12 所示。用户可依据制图标准对图线线宽要求，对不同颜色的图层或对象指定对应的线宽即可。为了方便设置，建议用户在规划图层颜色时，尽可能使用标准颜色（色彩码 1～7），少用调和色（色彩码 8～255）。

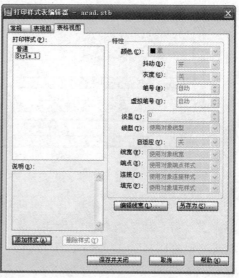

图 6.12　颜色相关打印样式表（acad.ctb）　　　图 6.13　命名打印样式表（acad.stb）

命名打印样式是通过对不同对象指定不同的打印样式，以控制不同的输出效果，此种打印样式可独立于对象的颜色之外。用户可以将命名打印样式指定给任何图层和单个对象，而不需要考虑图层及对象的颜色。命名打印样式是在以".stb"为后缀的命名打印样式表中。

在"Plot Styles"窗口中，双击【acad.stb】图标，系统将显示一个未编辑的"打印样式表编辑器—acad.stb"对话框，如图 6.13 所示。用户可对不同的图层或对象添加不同线宽的打印样式表，利用"图层特性管理器"对话框，对不同图层赋予不同的打印样式。

1. 使用颜色相关打印样式的设置

颜色相关打印样式是 AutoCAD 系统默认的打印样式，用户可依据对象或图层的颜色来设置图层或对象的打印线宽和打印线型。

下面以"叉架类零件.dwg"图形文件为例，该文件的作图环境是将颜色相关打印样式作为默认打印方式，其图层的设置如图 6.14 所示。

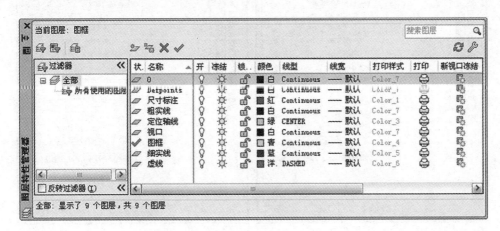

图 6.14　图层规划

颜色相关打印样式的设置，必须依据图形文件中对象所使用的颜色来定制。对工程图形打印输出而言，一般仅需指定对象的打印颜色和打印线宽即可，而对象的线型可使用图层中设定的线型，其他均采用默认设置。

在"打印样式表编辑器—acad.ctb"对话框中，单击【表格视图】选项卡，如图 6.15 所示。用户可结合图形中图层或对象的颜色来设置对应的打印颜色和打印线宽，设置方法如下：

① 对照图 6.14 中，"尺寸标注"层为标准色"红色"，其色彩码为"颜色 1"；在打印样式表编辑器中，用鼠标单击【打印样式（P）】列表框中的【颜色 1】，然后选择【特性】栏内的【颜色（C）】下拉列表中的"黑色"；继续选择【线宽（W）】下拉列表中的"0.18 毫米"；如图 6.16 所示。

② "粗实线"层为标准色"黑色"，其色彩码为"颜色 7"；在打印样式表编辑器中，用鼠标单击【打印样式（P）】列表框中的【颜色 7】，然后选择【特性】栏内【颜色（C）】下拉列表中的"黑色"；继续选择【线宽（W）】下拉列表中的"0.7 毫米"。

③ "定位轴线"层为标准色"绿色"，其色彩码为"颜色 3"；在打印样式表编辑器中，用鼠标单击【打印样式（P）】列表框中的【颜色 3】，然后选择【特性】栏内的【颜色（C）】下拉列表中的"黑色"；继续选择【线宽（W）】下拉列表中的"0.18 毫米"。而其线型已在图层中设定为"CENTER"，打印时，使用图层或对象的线型。

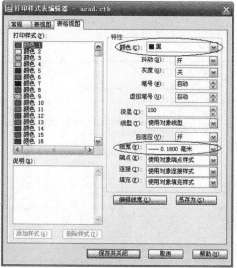

图 6.15　未编辑的颜色相关打印样式表　　图 6.16　编辑后的颜色相关打印样式表

"图框"层、"细实线"层和"虚线"层的设置方法与"尺寸标注"层设置类同。

④ 单击【保存并关闭】按钮，将上述设置保存在"acad.ctb"颜色相关打印样式表文件中，执行打印时，选择"acad.ctb"颜色相关打印样式表即可。

【说明】：① 不同的图形文件中，由于其图层规划设置是不相同的。因此，运用颜色相关打印样式表打印输出图形时，每个图形文件都必须对应设置好其打印样式表。② 新图形的默认打印样式，必须在作图前予以设定。若用户没有设定，则系统默认为颜色相关打印样式，打印输出图形时，只能使用"颜色相关打印样式"，而无法使用"命名打印样式"。

2. 使用命名打印样式的设置

在"打印样式表编辑器—acad.stb"对话框中，单击【表格视图】选项卡，如图 6.17 所示。用户可依据对象的打印线宽不同，添加不同的命令打印样式表。设置方法如下：

① 单击【添加样式（A）】按钮，在【打印样式名】编辑框内输入"粗线"，按【确定】按钮；然后选择【特性】栏内的【颜色】下拉列表中的"黑色"，继续选择【线宽】下拉列表中的"0.7 毫米"，如图 6.18 所示。

② 单击【添加样式（A）】按钮，在【打印样式名】编辑框内输入"中粗线"，按【确定】按钮；然后选择【特性】栏内的【颜色】下拉列表中的"黑色"，继续选择【线宽】下拉列表中的"0.35 毫米"。

③ 单击【添加样式（A）】按钮，在【打印样式名】编辑框内输入"细线"，按【确定】按钮；然后选择【特性】栏内的【颜色】下拉列表中的"黑色"，继续

选择【线宽】下拉列表中的"0.18毫米"。

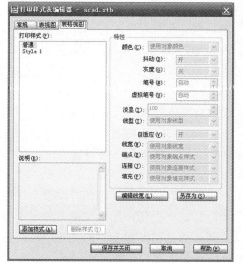
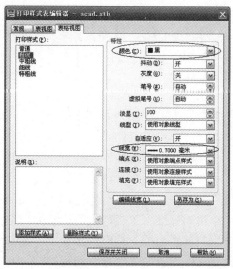

图 6.17　未添加打印样式的"acad.stb"　　图 6.18　添加打印样式的"acad.stb"

④ 单击【添加样式（A）】按钮，在【打印样式名】编辑框内输入"特粗线"，按【确定】按钮；然后选择【特性】栏内的【颜色】下拉列表中的"黑色"，继续选择【线宽】下拉列表中的"1.0毫米"。

⑤ 单击【保存并关闭】按钮，将添加的各种线宽命名打印样式表设置保存在"acad.stb"文件内，用户若使用命令打印样式表输出图形时，选择"acad.stb"命令打印样式表即可。

【说明】：① 在作图前应预先在"打印样式表设置"对话框中，将默认打印样式设置为"使用命名打印样式"，按【确定】按钮。然后重新启动 AutoCAD 系统后，则系统的默认打印样式变更为"命名打印样式"。在该环境下所作的图形文件，可使用命名打印样式表输出图形，但不能使用"颜色相关打印样式"输出图形。② 使用"命名打印样式"输出图形时，与图形文件中图层或对象的颜色无关，只需指定图层或对象使用哪个命名打印样式表即可。

6.2.3　给图层或对象指定打印样式表

使用"命名打印样式"输出图形，需要将打印样式表指定给图层或对象，使 AutoCAD 按照定义好的打印样式来打印图形。其操作方法如下：

① 选择下拉式菜单【工具（T）/选项（N）…】命令，弹出的"选项"对话框。

② 在"选项"对话框中，单击【打印和发布】选项卡。单击【打印样式表设

置（S）…】按钮，在弹出的"打印样式表设置"对话框中，选择【使用命名打印样式（N）】复选框；在【默认打印样式表（T）】下拉列表中选择"acad.stb"命名打印样式表。单击【确定】按钮，返回"选项"对话框。

③ 单击【确定】按钮，关闭"选项"对话框。此时设定的打印样式没有在当前图形中生效，需关闭当前系统并重新启动 AutoCAD 系统，才能使用"acad.stb"命名打印样式。

④ 重新运行 AutoCAD 系统，可见"对象特性"工具栏上的打印样式下拉列表框由原先的灰显状态变为亮显状态，表明所设定的打印样式已在当前图形中生效。

此时，如果打开原先在颜色相关打印样式下创建的图形文件，其当前打印样式仍然是颜色相关打印样式，要将其打印样式设定为命令打印样式，可利用"标准"工具栏上的"复制"按钮，将所绘制的图形对象进行复制到剪贴板上，然后单击"标准"工具栏上的"新建"按钮，打开一个新建图形文件，利用"标准"工具栏上的"粘贴"按钮，将原先的图形数据粘贴到新建的文件中，并对新建文件重新命名保存，新建的文件其打印样式的设定为命名打印样式。

⑤ 为图层或对象指定打印样式表。

打开某轴类零件图形文件，单击"图层"工具栏中的"图层特性管理器"按钮，打开如图 6.19 所示的"图层特性管理器"对话框。单击"尺寸标注"层的打印样式"Normal"，系统弹出"选择打印样式"对话框，在【活动打印样式表：】下拉列表中，选择"acad.stb"，在【打印样式】列表框中，选择"细线"，单击【确定】按钮，返回"图层特性管理器"对话框。用同样方法依次设置各图层的打印样式。

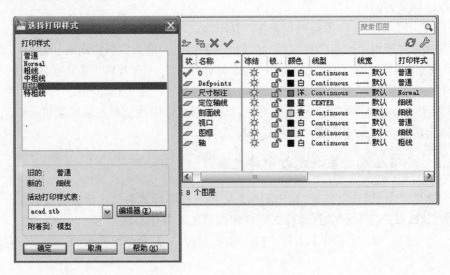

图 6.19　为各图层设置打印样式

6.3 视图的布局与打印

通过对所需打印图形创建布局，设置打印页面，即可将图形通过打印机或绘图仪打印输出到图纸上。下面以叉架类零件为例，演示运用布局打印输出图形的步骤。

（1）打开"叉架类零件.dwg"图形文件，如图 6.20 所示。

（2）单击"布局 1"选项卡，使用下拉式菜单【工具（**T**）/选项（**N**）...】，在【显示】选项卡中的【布局元素】栏，将【显示可打印区域（B）】【显示图纸背景（K）】【新建布局时显示页面设置管理器（G）】和【在新布局中创建视口（N）】的复选框除去，如图 6.21 所示。

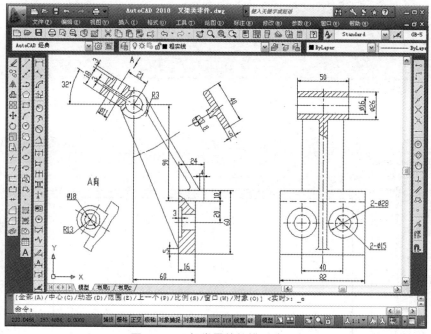

图 6.20　叉架类零件的模型选项卡

（3）打开"图层特性管理器"，创建"图框"和"视口"两个图层；并置"图框"层为当前层。用户可使用矩形、直线和多行文本命令来绘制 A3 图幅的图框及标题栏，或使用下拉式菜单【插入（**I**）/图块（**B**）...】选项，插入已绘制好的 A3 幅面图框，如图 6.22 所示。

（4）置"视口"层为当前层，使用下拉式菜单【视图（**V**）/视口（**V**）/一个视口（**1**）】菜单项，在图框内开设一个视口，并使用"视口"工具栏中的"视口缩放控制"下拉列表，设置视口的显示比例为 1:1，如图 6.23 所示。

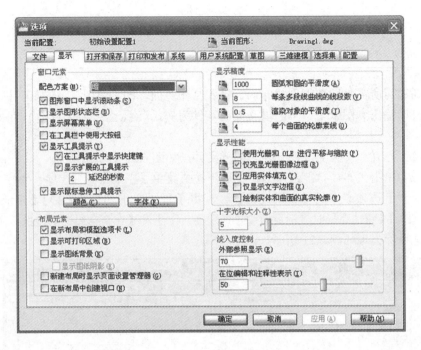

图 6.21 "显示"选项卡

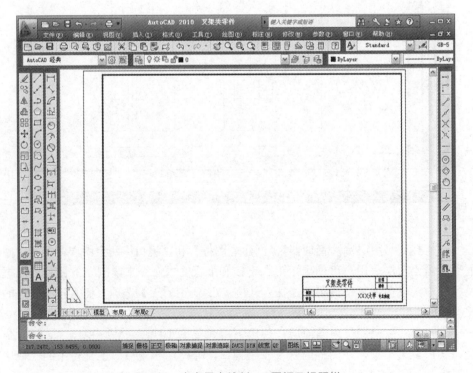

图 6.22 在布局中绘制 A3 图幅及标题栏

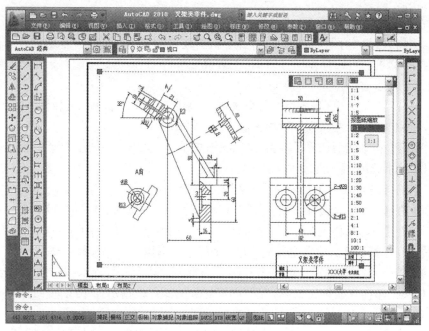

图 6.23　创建视口与设置视口显示比例

（5）关闭"视口"图层。使用下拉式菜单【文件（F）/打印（P）…】菜单项，在系统弹出的"打印-布局 1"对话框中设置打印参数，如图 6.24 所示。

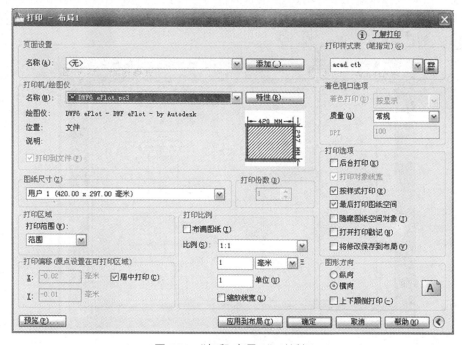

图 6.24　"打印-布局 1"对话框

在弹出的"打印-布局1"对话框中，用户可设置如下：

①【打印机/绘图仪】栏：选择计算机所连接的打印机型号。若用户计算机没有连接打印机，可选择电子打印机（DWF6 ePlot.pc3），执行打印时，系统将输出一张电子打印文稿。

为了能够将打印区域扩展到整个 A3 图纸幅面，可单击右侧的【特性（R）…】按钮，系统将显示"绘图仪配置编辑器——DWF6 ePlot.pc3"对话框，用户可单击"自定义图纸尺寸"，然后选择【添加（A）…】按钮。在弹出的"创建自定义图纸尺寸"对话框，按照系统提示要求，设定一张 A3 幅面，并将打印区域扩充到整个 A3 幅面。

② 在【图纸尺寸】栏：在下拉列表中选择自定义的 A3 幅面。

③ 在【打印区域】栏：选择【打印范围】下拉列表中的【布局】。

④ 在【打印偏移（原点设置在可打印区域）】栏：选中【居中打印（C）】复选框。

⑤ 在【打印样式表（笔指定）（G）】栏：在下拉列表中选择"acad.ctb"（已设定）。若用户没有设置，可单击右侧【编辑…】按钮，打开未编辑的"acad.ctb 颜色相关打印样式表编辑器"，对照图形对象的颜色来指定打印线宽和打印颜色。

⑥ 在【打印选项】栏：按缺省方式设置。

⑦ 在【图形方向】栏：用户可依据图幅是横式或竖式，进行选择。

⑧ 单击【预览（P）…】按钮，系统将显示"图形打印预览图"，如图 6.25 所示。

（6）若预览图设置无差错，则单击鼠标右键，在弹出的快捷菜单中，选择【打印】选项即可打印输出。若用户在"打印-布局1"对话框中，在【打印机/绘图仪】名称下拉列表中选择"DWF6 ePlot.pc3"，则系统将输出一个"叉架类零件—布局1.dwf"的打印电子文稿。

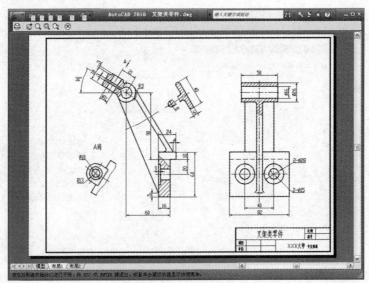

图 6.25 打印预览

第7章	三维绘图技术与实体造型

在工程设计中，用二维图形来表现现实世界中存在的三维形体，一方面显得不太直观，不便于理解；另一方面不能够完整地表达三维形体的各种属性信息，比如表面信息和形体信息等。作为工程设计人员，有时更希望能够用三维形式来表现工程实体模型。本章将介绍 AutoCAD 的三维绘图技术和实体造型功能。在AutoCAD 中，用户可以使用三种方式来创建三维图形，即线架模型、表面模型和实体模型。

线架模型是基于三维对象的轮廓描述，线架模型没有面和体的特征，它是由三维的点、直线和曲线所组成。用户可以在三维空间中用类似二维绘图的方法来构建线架模型。线架模型不能进行消隐、渲染等操作。

表面模型不仅定义了三维对象的边界轮廓，而且还定义了它的表面，AutoCAD 的表面模型是用多边形网格定义组成表面的各个小平面，这些小平面组合起来也可近似构成曲面。

实体模型具有体的特征，用户可以对它进行开孔、挖槽、切角以及进行布尔运算等操作，从而创建出更为复杂的实体对象。用户还可以分析实体模型的质量特征，如体积、重心等。

AutoCAD 不仅具有强大的二维绘图功能，也具有丰富的三维造型和编辑能力。本章将介绍如何利用 AutoCAD2010 创建各种形式的三维模型及其相关操作。

本章学习目的：

（1）熟识三维绘图环境和用户坐标系；
（2）掌握线框模型、表面模型和实体模型的绘制方法；
（3）掌握面域造型和实体造型及其布尔运算；
（4）掌握三维实体的编辑功能；
（5）了解三维实体模型生成工程图样的方法。

7.1 显示三维视图

在绘制三维立体图形时，一个视点往往不能满足观察图形各个部位的需要，用户经常需要改变视点，从不同的角度观察三维物体。AutoCAD 2010 提供了灵活选择视点的功能。下面介绍几种设定视点的方法。

7.1.1 使用 VPOINT 命令设置三维视点

视点与坐标原点的连线方向即为观测物体的方向，通过改变视点的位置来调整用户观察物体方向。

1. 命令调用方法及命令格式

① 下拉菜单：选择【视图（<u>V</u>）/三维视图（<u>D</u>）/视点（<u>V</u>）】

② 命令行：输入 VPOINT

命令：_vpoint

当前视图方向：VIEWDIR=0.0000，0.0000，1.0000

指定视点或［旋转（R）］<显示指南针和三轴架>：

正在重生成模型。

2. 各命令选项说明

①【旋转（<u>R</u>）】：将当前视点旋转一个角度，形成新的视点，选择该项后，AutoCAD 提示：

输入 XY 平面中与 X 轴的夹角<240>：120

输入与 XY 平面的夹角<–29>：45

②【指定视点】：直接输入视点的绝对坐标值，从而确定视点的位置。其中几个特殊的视图方向与视点的坐标值关系见表 7.1。

表 7.1 特殊视点选项及其所对应的视点

子菜单中的选项	对应视点
Top	0，0，1 正上方
Bottom	0，0，–1 正下方
Left	–1，0，0 左方
Right	1，0，0 右方
Front	0，–1，0 正前方
Back	0，1，0 正后方
SW Isometric	–1，–1，0 西南方向
SE Isometric	1，–1，1 东南方向
NE Isometric	1，1，1 东北方向
NW Isometric	–1，1，1 西北方向

③【显示坐标球和三轴架】：该选项为缺省方式，按【Enter】键后，则在屏幕上会出现如图 7.1 所示的罗盘图形，同时在罗盘的旁边还显示一个可拖动的坐

标轴，利用它可以动态地设置新视点。罗盘是一个
三维空间的二维球表示。用户可以通过在罗盘上拾
取点来设置视点，它同时定义了视线在 XY 平面上
的角度和视线与 XY 平面的夹角。

罗盘的中心点和两圆定义了到 XY 平面的角
度。如果用户选择罗盘的中心点，则视线与 XY 平
面的夹角为 90°，即观察者正好位于 XY 平面的正
上方，此时所得视图为平面视图。如果用户选择的

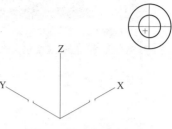

图 7.1　用罗盘确定视点

点位于内部圆内，则视线与 XY 平面的夹角在 0°～90°。如果用户选择的点正好
在内圆上，则视线与 XY 平面的角度为 0°。如果用户选择内圆与外圆之间的点，
则视线与 XY 平面的夹角在-90°～0°。如果用户选择外圆上或外圆外一点，则视
线与 XY 平面的夹角为-90°，此时所得的视图为仰视图。罗盘中的水平线和垂直
线代表了视线在 XY 平面内与 X 轴的夹角 0°、180° 和 90°、270°。

一旦使用 VPOINT 命令选择一个视点之后，该位置将一直保持到重新使用
VPOINT 命令改变它为止。

7.1.2　使用对话框设置视点

对话框设置是 AutoCAD 为用户提供的更为直观的设置视点方式。使用
DDVPOINT 命令，用户可通过对话框来设置新视点。DDVPOINT 命令调用方法
及命令格式如下：

① 下拉菜单：选择【视图（V）/三维视图（D）/视点预置（I）...】
② 命令行：输入 DDVPOINT

命令执行后，屏幕上弹出如图 7.2 "视点预置"对话框。其中各部分的含义如下：

【绝对于 WCS】单选按钮：相对于绝对世界坐标系进行设置。

【相对于 UCS】单选按钮：相对于用户坐标系进行设置。

【自 X 轴】文本框：确定新视点方向在 XY 平面内的投影与 X 正方向之间的
夹角，其值为 0°～360°。

【自 XY 平面】文本框：确定新的视点方向与 XY 平面的夹角，其值为-90°～
90°。

【设置为平面视图】按钮：系统将相对于选定的坐标系生成俯视图。

7.1.3　利用特殊视点观察物体模型

在工程制图中，为了获得物体的主视图、俯视图、左视图等多视图或物体的
正等轴测图，就需要设置一些特殊的视点，除了利用上述两个命令之外，用户还
可以选择如图 7.3 所示的下拉式菜单【视图（V）/三维视图（D）】的分菜单，或
用鼠标单击如图 7.4 所示的视图工具栏的相关按钮来进行设置。

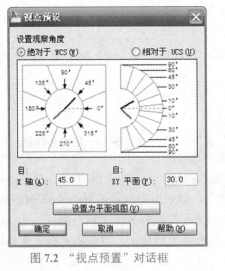

图 7.2 "视点预置"对话框

图 7.3 三维视图分菜单

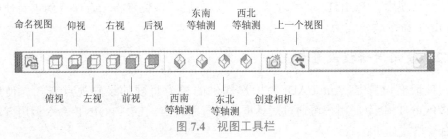

图 7.4 视图工具栏

7.1.4 利用三维动态观察器观察物体模型

AutoCAD 2010 提供了具有交互控制功能的三维动态观测器。使用三维动态观测器，用户可以实时地控制和改变当前视口中创建的三维视图，以得到用户期望的效果。三维动态观测器主要包括轨道旋转、平移、缩放和视距调整等，如图7.5 所示工具栏，现分别介绍如下：

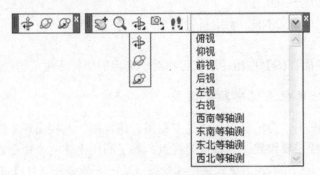

图 7.5 动态观察与三维导航工具栏

1. 受约束的动态观察

使用 3DORBIT 命令，可在三维空间内动态地旋转视图，从而得到一个最佳的观察点，该命令调用方法及命令格式如下：

① 下拉式菜单：选择【视图（V）/动态观察（B）/受约束的动态观察（C）】

② 工具栏：单击"动态观察"工具栏中的"受约束的动态观察"按钮✛

③ 命令行：输入 3DORBIT

命令：_3dorbit

按 Esc 或 Enter 键退出，或者单击鼠标右键显示快捷菜单。

执行该命令后，视图的目标将保持静止，而视点将围绕目标移动。但是，从用户的视点看起来就像三维模型正在随着鼠标拖动而旋转。

2. 自由动态观察

使用 3DFORBIT 命令，可在三维空间内动态地旋转视图，从而得到一个最佳的观察点，该命令调用方法及命令格式如下：

① 下拉式菜单：选择【视图（V）/动态观察（B）/自由动态观察（F）】

② 工具栏：单击"动态观察"工具栏中的"自由动态观察"按钮

③ 命令行：输入 3DFORBIT

命令：_3dforbit

按 Esc 或 Enter 键退出，或者单击鼠标右键显示快捷菜单。

执行该命令后，在当前视口出现绿色的大圆—旋转轨道，在大圆上有 4 个绿色的小圆，如图 7.6 所示。此时通过拖动鼠标就可以对视图进行旋转观测。当光标在绘图区的不同位置将会以不同的方式显示，如图 7.7 所示，图中各图标含义如下：

图 7.6　**3DFORBIT** 轨道

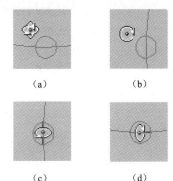

（a）　　　　　（b）

（c）　　　　　（d）

图 7.7　光标显示形状

两个椭圆组成的球体：当光标落在旋转轨道内时，光标将以如图 7.7（a）的球体方式显示，此时，用户可以在垂直和水平方向转动目标实体。

箭头圆环：当光标落在旋转轨道上或外侧时，光标将以如图 7.7（b）的带箭头的小圆环显示，此时用户可以拖动当前视窗，使之绕着垂直于屏幕且通过轨道中心轴转动。

水平椭圆环：将光标移至轨道左右两侧的小圆内时，光标将显示为如图 7.7（c）的水平椭圆环，用户可拖动当前视窗绕垂直方向的轴旋转。

垂直椭圆环：将光标移至轨道上的小圆内时，光标将显示为如图 7.7（d）的竖向椭圆环，此时可绕水平轴的方向拖动视窗旋转。

3. 连续动态观察

使用 3DCORBIT 命令，用户可以在三维空间中沿光标拖动方向连续旋转视图。该命令的调用方法及命令格式如下：

① 下拉式菜单：选择【视图（V）/动态观察（B）/连续动态观察（O）】

② 工具栏：单击"动态观察"工具栏中的"连续动态观察"按钮⊘

③ 命令行：输入 3DCORBIT

命令：_3dcorbit

按 Esc 或 Enter 键退出，或者单击鼠标右键显示快捷菜单。

执行该命令后，界面出现动态观察图标，按住鼠标左键拖动，图形按鼠标拖动方向旋转，旋转速度取决于鼠标的拖动速度。

此外，在执行 3DORBIT、3DFORBIT 和 3DCORBIT 任一命令的过程中，用户可在绘图区任意位置通过单击鼠标右键，打开如图 7.8 所示的"三维动态观察"快捷菜单，快捷菜单中的命令分别介绍如下：

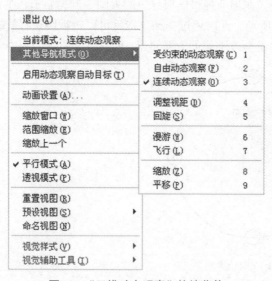

图 7.8 "三维动态观察"快捷菜单

【调整视距（D）】选项：该方式为相机观测。执行该命令，系统将光标呈现为具有上箭头和下箭头的图标，向上拖动图标，则相机靠近对象，对象显示更大；向下拖动图标，则相机远离对象，对象显示变小。

【回旋（S）】选项：执行该命令，系统在拖动方向上模拟平移相机，查看的目标将更改。可以沿 XY 平面或 Z 轴回转视图。

【漫游（W）】：执行该命令后，系统在当前视口中激活漫游模式。在当前视图上显示一个绿色的十字形表示当前漫游位置，同时系统打开"定位器"选项板。在键盘上，使用 4 个箭头键和鼠标来确定漫游的方向。

【飞行（L）】漫游模式。系统打开"定位器"选项板。可以离开 XY 平面，就像在模型中飞跃或环绕模型飞行一样。在键盘上，使用 4 个箭头键和鼠标来确定飞行的方向。

【缩放（Z）】选项：执行缩放视窗。

【平移（P）】选项：执行平移视窗。

7.1.5 利用 ViewCube 观察物体模型

ViewCube 是一个三维导航工具。用三维视觉样式处理模型时，系统会在屏幕上显示 ViewCube 工具，如图 7.9 右上角所示。利用 ViewCube 工具，可以在标准视图和等轴测视图之间进行切换。

1. 启动 ViewCube 工具

下拉式菜单：选择【视图（V）/显示（L）/ViewCube（V）/开（O）】

命令行：输入 NAVVCUBE

命令：_navvcube

输入选项［开（ON）/关（OFF）/设置（S）］<OFF>：**ON**

　　　　　　　　　　　　　　　//输入选项，然后按 Enter 键

各选项含义如下：

【开（ON）】：显示 ViewCube 工具。

【关（OFF）】：关闭 ViewCube 的显示。

【设置（S）】：显示"ViewCube 设置"对话框，如图 7.10 所示。

在"ViewCube 设置"对话框中，可对其外观、可见性和位置进行设置。各项设置说明如下：

①【显示】栏：

【屏幕位置（O）】项：指定 ViewCube 工具应显示在视口的哪个角。用户可在右侧的下拉列表中进行选择。该列表中设有：右上、右下、左上和左下四个选项。

【ViewCube 大小（V）】：用于控制 ViewCube 工具的显示大小。若选择"自动"，则可根据活动视口的当前大小、活动布局的缩放比例或图形窗口调整 ViewCube 工具的大小。ViewCube 工具可以不活动状态或活动状态显示，当 ViewCube 工具处于不活动状态时，默认情况下它显示为半透明状态，这样便不会遮挡模型的视图；当 ViewCube 工具处于活动状态时，它显示为不透明状态，并且可能会遮挡模型当前视图中对象的视图。

第 7 章　三维绘图技术与实体造型

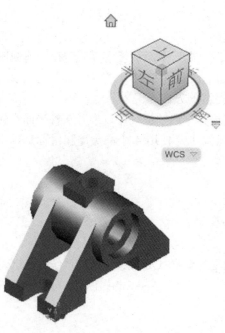

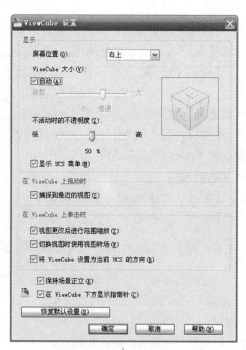

图 7.9 "ViewCube" 工具 图 7.10 "ViewCube 设置" 对话框

【不活动时的不透明度（<u>I</u>）】：ViewCube 工具处于不活动状态时，控制 ViewCube 工具的不透明度级别。用户可通过对滑块进行左右移动来调整不透明度的高低。

【显示 UCS 菜单】：控制 ViewCube 工具下的 UCS 下拉菜单是否显示。

②【在 ViewCube 上拖动时】栏：

【捕捉到最近的视图（<u>S</u>）】：拖动 ViewCube 工具时，是否将当前视图调整为最接近预设视图。

③【在 ViewCube 上单击时】栏：

【缩放至视图更改后的范围（<u>Z</u>）】：控制在更改视图后，是否强制将模型布满当前视口。

【切换视图时使用视图转场（<u>W</u>）】：在视图间切换时，控制平滑视口转场的使用。

【将 ViewCube 设置为当前 UCS 的方向（<u>R</u>）】：根据模型的当前 UCS 或 WCS，设置 ViewCube 的方向。

【保持场景正立（<u>K</u>）】复选框：控制是否可以颠倒模型的视点。

【在 ViewCube 下方显示指南针（<u>C</u>）】复选框：控制是否在 ViewCube 工具下方显示指南针。

【恢复默认设置（<u>D</u>）】按钮：选用 ViewCube 工具的默认设置。

2. ViewCube 工具的使用方法

ViewCube 工具显示后，将在窗口指定一角以不活动状态显示在模型上方。尽管 ViewCube 工具处于不活动状态，但在模型视图发生更改时，仍可提供模型在当前视点下的直观反映。将光标悬停在 ViewCube 工具上方时，该工具会变为活动状态。用户可以用鼠标单击 ViewCube 工具（立方体的正等侧）的顶点、边和面，以及其上的指北针和弧形箭头来调整用户的观察方向，直观显示用户所需的预设视图。

① 若鼠标左键单击各个顶点，则当前视口设置为与立方体对角线方向垂直，可获得物体的各种正等侧视图，如图 7.11（a）所示。

② 若鼠标左键单击各条边，则当前视口置为与该边相互平行，如图 7.11（b）所示。

③ 若鼠标左键单击各个面，则当前视口置为与该面相互平行，可获得物体的各种基本视图，如图 7.11（c）所示。若单击其周边的三角，还可进行各种基本视图的切换；若单击其右上角圆弧形箭头，也可翻转基本视图。

④ 若单击其左上角 🏠 标签，则返回到如图 7.11（a）状态。

⑤ 若单击其右下角坐标系标签，则显示 UCS 菜单，通过从菜单中选择一个已命名 UCS 来将其恢复为当前 UCS 或重新定义当前 UCS。

⑥ 若用鼠标左键单击 ViewCube 工具，并拖动鼠标，可任意转动模型。

⑦ 若用鼠标右键单击 ViewCube 工具，系统将弹出如图 7.12 所示的快捷菜单。用户不仅可以更改模型的视点，还可以更改模型的视图投影模式，以及定义和恢复模型的主视图。

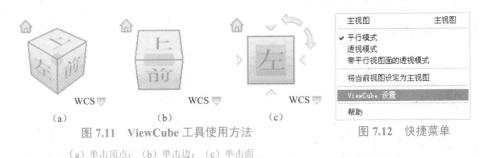

| | (a) | (b) | (c) |

图 7.11　ViewCube 工具使用方法　　　　图 7.12　快捷菜单

（a）单击顶点；（b）单击边；（c）单击面

7.2　用户坐标系

AutoCAD 提供的默认坐标系为世界坐标系（World Coordinate System，WCS），如图 7.13（a）所示。世界坐标系又叫通用坐标系和绝对坐标系，其原点位于屏幕的左下角，X 轴水平向右，Y 轴垂直向上。前面介绍的二维绘图通常在 WCS 的 XY 面上绘制的。

为便于绘制三维图形，AutoCAD 允许用户定义自己的坐标系，并将这样的坐标系称为用户坐标系（User Coordinate System, UCS）。如图 7.13（b）所示，要在楔体的底面和斜面上中心处各绘制一个等径的圆，若仅有一个固定的坐标系是很难完成。为此用户需要建立新的用户坐标系。

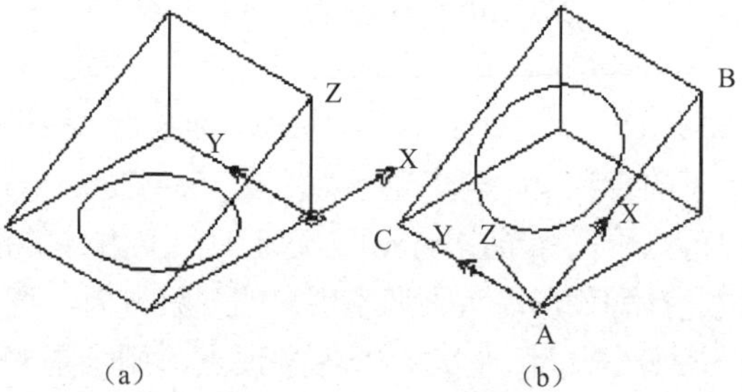

图 7.13　用户坐标的应用
(a) 利用 WCS 在底面上画圆；
(b) 利用 UCS 在斜面上画圆

7.2.1　创建用户坐标系

用 AutoCAD 绘制的二维和三维对象，都是针对当前坐标系的 XY 坐标面。因而，用户必须预先定义好当前的用户坐标 UCS。

UCS 命令调用的方法及命令格式如下：

① 下拉式菜单：选择【工具（T）/新建 UCS（W）】，如图 7.14 所示。

② 工具栏：单击 "UCS" 工具栏中的 "UCS" 按钮，如图 7.15 所示。

③ 命令行：输入 UCS

命令：ucs　　　　　　　　　　　//单击 "UCS" 工具栏中的 "UCS" 按钮

当前 UCS 名称：*世界*

指定 UCS 的原点或 [面（F）/命名（NA）/对象（OB）/上一个（P）/视图（V）/世界（W）/X/Y/Z/Z 轴（ZA）] <世界>：

图 7.14　UCS 下拉式菜单

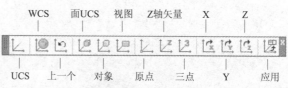

图 7.15　"UCS" 工具栏

在上述提示符中，列出了在 AutoCAD 2010 中对用户坐标系进行操作的全部方法，分别介绍如下：

①【指定 UCS 的原点】选项：该选项为缺省方式。用户可使用一点、两点或三点来定义一个新的 UCS。如果指定单个点，当前 UCS 的原点将会移动而不会

更改 X、Y 和 Z 轴的方向。

  指定 X 轴上的点或 <接受>：   //指定第二点或按 Enter 键以将输入限制
                        为单个点

  指定 XY 平面上的点或 <接受>： //指定第三点或按 Enter 键以将输入限制
                         为两个点

  如果指定第二点，UCS 将绕先前指定的原点旋转，以使 UCS 的 X 轴正半轴通过该点。如果继续指定第三点，则 UCS 将绕 X 轴旋转，以使 UCS 的 XY 平面的 Y 轴正半轴通过该点。

  ②【面（F）】选项：将用户坐标系与三维实体上的面对齐。用户通过单击面的边界内部或面的边来选择面，则 UCS 的 X 轴与选定原始面上最靠近的边对齐。

  选择实体对象的面：   //选择前侧面，如图 7.16 所示
  输入选项［下一个（N）/X 轴反向（X）/Y 轴反向（Y）］<接受>：

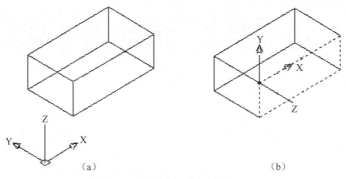

（a）   （b）

图 7.16 利用实体表面定义 UCS

  按 Enter 键，则将接受该位置，否则将重复出现"输入选项［下一个（N）/X 轴反向（X）/Y 轴反向（Y）］<接受>："的提示。此时，用户也可使用其他选项来转动当前 UCS，直到接受位置为止。

  ③【命名（NA）】选项：按名称保存并恢复通常使用的 UCS 方向。执行该选项，则 AutoCAD 系统的后续提示如下：

  输入选项［恢复（R）/保存（S）/删除（D）/?］：

  其中各选项含义如下：

  【恢复（R）】：系统恢复已保存的 UCS，使它成为当前 UCS。

  【保存（S）】：把当前 UCS 按指定名称保存。

  【删除（D）】：从已保存的用户坐标系列表中删除指定的 UCS。

  【?】：系统列出当前已定义的 UCS 的名称。

  ④【对象（OB）】选项：根据选定对象来定义 UCS。新建的 UCS 拉伸方向（Z 轴正方向）与选定对象的拉伸方向相同。执行该选项后，则 AutoCAD 系统后续提示如下：

选择对齐 UCS 的对象：

对于大多数对象，新 UCS 的原点位于离选定对象最近的顶点处，并且 X 轴与一条边对齐或相切。对于平面对象，UCS 的 XY 平面与该对象所在的平面对齐。但对三维多段线、三维网格和构造线不能用于该选项。通过选择对象来确定新 UCS，其定义方法参见表 7.2 所示。

表 7.2　通过选择对象来定义 UCS

对象	确定 UCS 的方法
圆弧	圆弧的圆心成为新 UCS 的原点。X 轴通过距离选择点最近的圆弧端点
圆	圆的圆心成为新 UCS 的原点。X 轴通过选择点
标注	标注文字的中点成为新 UCS 的原点。新 X 轴的方向平行于当绘制该标注时生效的 UCS 的 X 轴
直线	离选择点最近的端点成为新 UCS 的原点。AutoCAD 选择新的 X 轴使该直线位于新 UCS 的 XZ 平面中。该直线的第二个端点在新坐标系中 Y 坐标为零
点	该点成为新 UCS 的原点
二维多段线	多段线的起点成为新 UCS 的原点。X 轴沿从起点到下一顶点的线段延伸
实体	二维填充的第一点确定新 UCS 的原点。新 X 轴沿前两点之间的连线方向
宽线	宽线的"起点"成为新 UCS 的原点，X 轴沿宽线的中心线方向
形、文字、块参照、属性	该对象的插入点成为新 UCS 的原点，新 X 轴由对象绕其拉伸方向旋转而定义。用于建立新 UCS 的对象在新 UCS 中的旋转角度为零

⑤【上一个（P）】选项：恢复上一个 UCS。

⑥【视图（V）】选项：将坐标系的 XY 平面设为与当前视图平行，且 X 轴指向当前视图中的水平方向，原点保持不变。

⑦【世界（W）】选项：使用世界坐标系。

⑧【X/Y/Z】选项：绕指定的轴旋转当前 UCS。如绕 X 轴旋转 UCS，系统后续提示如下：

　　指定绕 X 轴的旋转角度 <90>：　　　　　//按 Enter 键，即绕 X 轴旋转 90°

　　结果如图 7.17（b）所示。

⑨【Z 轴（ZA）】选项：确定新的 Z 轴起点及方向，AutoCAD 系统将根据右手定则创建新的 UCS。执行该选项后，AutoCAD 后续提示如下：

　　定新原点或［对象（O）］<0，0，0>：//捕捉长方体的底面后边线中点，如图

　　　　　　　　　　　　　　　　　　　　7.18 所示

　　在正 Z 轴范围上指定点 <40，0，41>：//捕捉长方体的底面前边线中点

　　结果如图 7.18（b）所示。

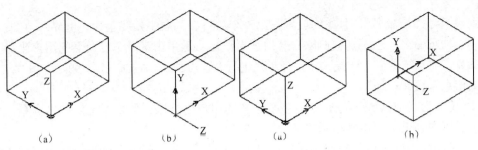

图 7.17　绕 X 轴旋转定义 UCS　　　图 7.18　使用 Z 轴矢量定义 UCS

7.2.2　UCS 管理器

AutoCAD 2010 提供了一个管理 UCS 的全新工具，即 UCS 管理器。通过该管理器，用户可对已经定义的坐标系统进行管理。

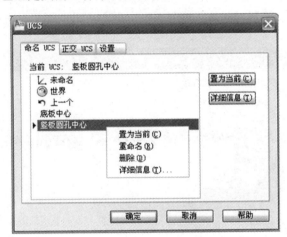

图 7.19　"UCS" 对话框

UCSMAN 命令调用方法及命令格式如下：

①下拉式菜单：选择【工具（T）/命名 UCS（U）…】

②工具栏：单击 "UCS Ⅱ" 工具栏中的 "命名 UCS（U）…" 按钮

命令：_ucsman //单击 "UCS Ⅱ" 工具栏中的 "命名 UCS（U）…" 按钮

执行该命令后，AutoCAD 系统将弹出如图 7.19 所示的 "UCS" 对话框。在对话框中，用户可以对已定义的用户坐标进行有效管理，如重新命名、恢复、删除等操作。该对话框中设有命令 UCS、正交 UCS 和设置三个选项卡。各选项卡的操作与功能简要说明如下：

①【命令 UCS】选项卡：列出用户已定义的用户坐标系，并可恢复为当前 UCS。

【当前 UCS：】列表框：显示当前 UCS 的名称。如果该 UCS 未被保存和命名，则显示为"未命名"，且始终放置在第一个条目。列表中始终包含"世界"，它既不能被重命名，也不能被删除。若用户用鼠标右键单击某一个已命名的用户坐标条目，则系统会显示快捷菜单，可对其进行"置为当前""重命名""删除"和"详细信息"操作。

【置为当前（C）】按钮：将恢复选定的用户坐标系。要恢复选定的坐标系，也可以在列表中双击坐标系的名称。

【详细信息（T）】按钮：系统将显示"UCS 详细信息"对话框，其中显示了 UCS 坐标数据。

②【正交 UCS】选项卡：将 UCS 改为正交 UCS 设置之一。

用鼠标单击"UCS"对话框中的【正交 UCS】选项卡，则系统将显示如图 7.20 所示的"正交 UCS"对话框。

【当前 UCS：】列表框：列出当前图形中定义的六个正交坐标系。

【相对于：】下拉列表框：在该列表框中用户可以选择相对坐标系。

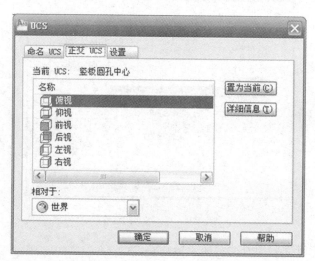

图 7.20　"正交 UCS"选项卡

【置为当前（C）】按钮：将被选定 UCS 设定为当前坐标系。

【详细信息（T）】按钮：打开 UCS "详细信息"对话框。

③【设置】选项卡：如图 7.21 所示，在选项卡内进行坐标图标显示方式及其他一些相关设置。

【UCS 图标设置】选项组：用来设置有关 UCS 图标的显示特性。

【开（O）】复选框：在绘图区左下角显示 UCS 图标。

【显示于 UCS 原点（D）】复选框：将使 UCS 图标始终位于当前坐标系的标点处。

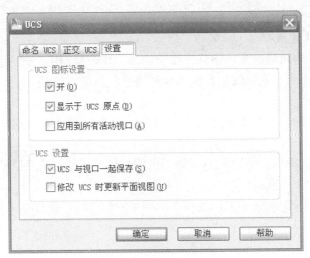

图 7.21 "设置"选项卡

【应用到所有活动视口（A）】复选框：将当前坐标系的所有位置应用于所有的活动视图。

【UCS 设置】选项组：设置 UCS 系统与视窗的关系。

【UCS 与视口一起保存（S）】复选框：确定坐标系是否随当前视图一起存储。

【修改 UCS 时更新平面视图（W）】复选框：只要 UCS 设置被改变，当前视窗也将变为平面视窗。

7.3 创建三维图形对象

三维对象的生成不同于二维图形的绘制。根据三维对象模型的不同，其生成的方法也有所不同，可以利用二维图形的绘制方法间接生成简单的三维对象，或通过对二维对象进行适当的构造，生成三维对象，也可以直接创建三维对象。本节内容包括绘制简单三维图形、线框模型、表面模型和实体模型等。

7.3.1 绘制简单三维图形与线框模型

在三维空间绘这些对象的过程与绘二维对象类似，但一般要输入三维空间的点，即在三维空间确定点的位置。

1. 绘三维空间的点

三维空间点的绘制方法是在输入点的提示下，输入三维空间点的坐标，具体如下：

命令：_point

指定点：100，50，80

执行结果：在指定的位置绘出一个点。

2. 绘三维直线

LINE 命令也可以产生一条真三维的空间直线。只需用户输入三维坐标。

例：绘制一个有缺口的长方体的线框模型，如图 7.22 所示。

步骤如下：

① 在当前的二维 XY 平面上，执行 LINE 命令，绘制底面凹形形状，如图 7.22 （a）所示；

② 应用 COPY 命令，复制步骤①画的对象，从指定基点位移到@0，0，35 处，如图 7.22（b）所示；

③ 执行 LINE 命令 8 次，连接对应顶点间的棱线，执行结果如图 7.22（c）所示。

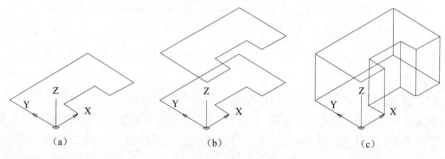

(a)　　　　　　　　　(b)　　　　　　　　　(c)

图 7.22　线框模型

3. 绘制与编辑三维多线段

（1）绘制三维多线段

3DPOLY 命令调用方法与命令格式如下：

下拉式菜单：选择【绘图（D）/三维多线段（3）】

命令行：输入 3DPOLY

命令：_3dpoly

指定多段线的起点：100，0

指定直线的端点或［放弃（U）］：100<45，10

指定直线的端点或［放弃（U）］：100<90，20

指定直线的端点或［闭合（C）/放弃（U）］：100<135，30

指定直线的端点或［闭合（C）/放弃（U）］：100<180，40

指定直线的端点或［闭合（C）/放弃（U）］：100<225，50

指定直线的端点或［闭合（C）/放弃（U）］：100<270，60

指定直线的端点或［闭合（C）/放弃（U）］：100<315，70

指定直线的端点或［闭合（C）/放弃（U）］：100<360，80

结果为如图 7.23 所示的多线段构建的螺旋线。

（2）编辑三维多线段

PEDIT 命令调用方法与命令格式如下：

下拉式菜单：选择【修改（**M**）/对象（**O**）/多段线（**P**）】

工具栏：单击"修改Ⅱ"工具栏中的"编辑多段线"按钮

命令行：输入 PEDIT

命令：_pedit

选择多段线或［多条（**M**）］：

输入选项［闭合（**C**）/编辑顶点（**E**）/样条曲线（**S**）/非曲线化（**D**）/放弃（**U**）］：S

结果如图 7.24 所示，它是将图 7.23 中的多段线经样条曲线拟合的效果。

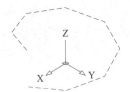

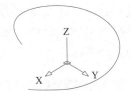

图 7.23　由多线段构成的螺旋线　　　图 7.24　多段线拟合后的螺旋线

4. 使用 HELIX 命令绘制螺旋线

HELIX 命令用于创建三维螺旋线。该命令的调用方法与命令格式如下：

下拉式菜单：【绘图（**D**）/螺旋（**I**）】

工具栏：单击"建模"工具栏中的"螺旋"按钮

命令行：输入 HELIX

命令：_helix

圈数 =3.0000　　　　扭曲=CCW

指定底面的中心点：（螺旋线底面中心点）

指定底面半径或［直径（**D**）］<1.0000>：　　　//螺旋线底面半径值

指定顶面半径或［直径（**D**）］<1.0000>：　　　//螺旋线顶面半径值

指定螺旋高度或［轴端点（**A**）/圈数（**T**）/圈高（**H**）/扭曲（**W**）］：

　　　　　　　　　　　　　　　　　//螺旋线的高度值

该命令各选项含义如下：

【底面的中心点】选项：指定螺旋线底面圆中心点。

【底面半径】选项：指定螺旋线底面圆的半径值，默认值为 1。

【顶面半径】选项：指定螺旋线顶面圆的半径值，默认值为 1。

【螺旋高度】选项：指定螺旋线的总高度值。

【轴端点（**A**）】选项：指定螺旋线顶面圆中心点的空间位置，轴端点可以位于三维空间的任意位置。运用该选项，可以绘制任意位置的螺旋线。

　　【圈数（**T**）】选项：指定螺旋线的圈数。螺旋线的圈数不能超过 500，最初默认值为 3。

　　【圈高（**H**）】选项：指定螺旋线一个完整圈的高度。当指定圈高值时，螺旋线中的圈数将相应地自动更新。如果已指定螺旋的圈数，则不能输入圈高的值。

　　【扭曲（**W**）】选项：指定以顺时针方向还是逆时针方向绘制螺旋线。默认值为逆时针。

7.3.2　绘制网格面与表面模型

　　AutoCAD 2010 提供了一系列创建网格面的命令，用于构建表面模型。同时还新增了可编辑的网格模型。用户可选择下拉菜单【绘图（**D**）/建模（**M**）/网格（**M**）/图元（**P**）】菜单项，如图 7.25 所示，或使用"平滑网格图元"工具栏或"平滑网格"工具栏，如图 7.26 所示。本节介绍主要的绘制曲面及平滑网格模型的操作方法。

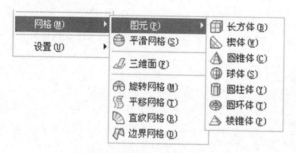

图 7.25　三维面及平滑网格图元菜单

图 7.26　"平滑网格图元"工具栏

7.3.2.1　绘制网格面

　　1. 用 3DFACE 绘制三维面

　　创建三维模型时，有时需要创建一些实心填充面用于消隐与着色，3DFACE 命令则生成一个与二维实心体类似的三维图形。一个三维面由三个点或四个点组成。AutoCAD 提供了多种方法控制三维面边的可见性，可用多个三维面描述复杂的三维多边形，并可以控制边的不可见性。图 7.27 中所示的三维面中右侧图形中包含不可见边。

　　3DFACE 命令的调用方法及命令格式如下：

　　下拉式菜单：选择【绘图（**D**）/建模（**M**）/网格（**M**）/三维面（**F**）】

　　命令行：输入 3DFACE

　　命令：_3dface

　　指定第一点或 [不可见（**I**）]：(A1)

　　指定第二点或 [不可见（**I**）]：(A2)

指定第三点或［不可见（I）］<退出>：（A3）
指定第四点或［不可见（I）］<创建三侧面>：（A4）
指定第三点或［不可见（I）］<退出>：（A5）
指定第四点或［不可见（I）］<创建三侧面>：（A6）
……

【说明】。指定第一点后，AutoCAD 依次提示输入第二点、第三点、第四点。若要在一个命令中绘制多个面，则第一个面的后两个角点将成为第二个面的前两个角点，第二个面的后两个角点将成为第三个面的前两个角点，依次类推。

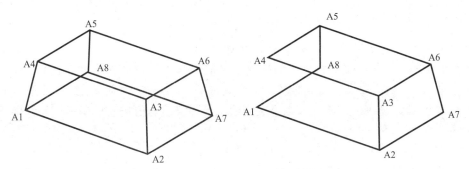

图 7.27　用 3DFACE 绘制三维面

2. 利用 REVSURF 生成旋转曲面

REVSURF 命令用于创建一路径曲线绕轴线旋转而生成的曲面。路径曲线可以是直线、圆弧、圆、二维多义线或三维多义线等。旋转轴可以是直线、二维多义线或三维多义线，其长度和方向是任意的。

REVSURF 命令的调用方法及命令格式如下：

下拉式菜单：选择【绘图（D）/建模（M）/网格（M）/旋转网格（R）】

命令行：输入 REVSURF

命令：_revsurf

当前线框密度：SURFTAB1=16　　SURFTAB2=12

选择要旋转的对象：　　　　　　　　　　　　//拾取曲线 L1

选择定义旋转轴的对象：　　　　　　　　　　//拾取轴 L2

指定起点角度 <0>：　　　　　　　　　　　//按 Enter 键，确认起始角为
　　　　　　　　　　　　　　　　　　　　　0°

指定包含角（+=逆时针，−=顺时针）<360>：　//按 Enter 键，确认包含角为
　　　　　　　　　　　　　　　　　　　　　360°

执行结果如图 7.28 所示。

【说明】：① 旋转方向的网格数由系统变量 SURFTAB1 确定，沿旋转轴方向的网格数由系统变量 SURFTAB2 确定，缺省值均为 6，在旋转操作之前必须预先

确定；② 旋转方向符合右手规则，拇指沿旋转轴指向远离拾取点的端点，四指所指方向即为轨迹线的旋转方向。

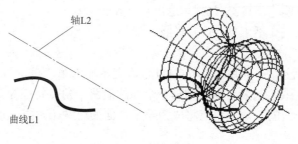

轴L2

曲线L1

图 7.28　旋转曲面

3. 利用 TABSURF 命令生成平移曲面

TABSURF 命令用于将一个对象沿定义的矢量方向拉伸创建平移表面。被拉伸的对象叫路径曲线，可以是直线、圆弧、圆、二维多义线或三维多义线。方向矢量可以是直线、开放的二维多义线或三维多义线。方向矢量确定拉伸方向及距离。

TABSURF 命令的调用方法及命令格式如下：

下拉式菜单：选择【绘图（D）/建模（M）/网格（M）/平移网格（T）】

命令行：输入 TABSURF

命令：_tabsurf

当前线框密度：SURFTAB1=16

选择用作轮廓曲线的对象：　//拾取曲线 L2

选择用作方向矢量的对象：　//拾取方向矢量 L1，结果如图 7.29 右图所示

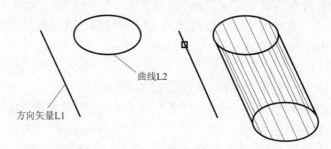

曲线L2

方向矢量L1

图 7.29　平移曲面

【说明】：① 平移曲面的分段数由系统变量 SURFTAB1 确定，在平移操作之前应予以确定；② 方向矢量的起始点取决于拾取点的位置，方向矢量为离拾取点近端指向远离端。

4. 利用 RULESURF 命令创建直纹表面

RULESURF 命令可以在两个对象之间创建直纹表面，组成直纹表面的两个对

象可以是直线、点、圆弧、圆、二维多义线或三维多义线。两个对象或者都是闭合的，或者都是开放的。如果一个边界为一个点，另一个对象可以是闭合的也可以是开放的，但两个对象中只能有一个是点对象。

RULESURF 命令的调用方法及命令格式如下：

下拉式菜单：选择【绘图（D）/建模（M）/网格（M）/直纹网格（R）】

命令行：输入 RULESURF

命令：_rulesurf

当前线框密度：SURFTAB1=16

选择第一条定义曲线：　　//拾取曲线 L1

选择第二条定义曲线：　　//拾取曲线 L2，结果如图 7.30 所示

【说明】：① 直纹曲面的分段数由系统变量 SURFTAB1 确定，在直纹曲面操作前应予以确定；② 两条定义曲线必须同时是闭合的或打开的；③ 如果定义曲线为圆时，直纹曲面从圆的零度角的位置开始绘制；如果定义曲线为闭合的复合线，则从复合线的最后一个顶点开始绘制。

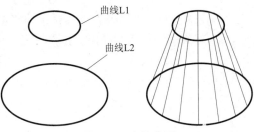

图 7.30　直纹曲面

5. 利用 EDGESURF 命令创建边界表面

EDGESURF 命令用于创建边界表面，该边界表面由四条首尾相连以形成封闭的边作为表面边界。这些边可以是不共面的，相对独立的直线、圆弧、椭圆弧、样条曲线、二维多义线或三维多义线。选择边的顺序不同，生成的表面也不同。

EDGESURF 命令的调用方法及命令格式如下：

下拉式菜单：选择【绘图（D）/建模（M）/网格（M）/边界网格（E）】

命令行：输入 EDGESURF

命令：_edgesurf

当前线框密度：SURFTAB1=12　　SURFTAB2=6

选择用作曲面边界的对象 1：　　　//拾取曲线 L1

选择用作曲面边界的对象 2：　　　//拾取曲线 L2

选择用作曲面边界的对象 3：　　　//拾取曲线 L3

选择用作曲面边界的对象 4：　　　//拾取曲线 L4，结果如图 7.31 所示

【说明】：① M 和 N 方向的分段数分别由系统变量 SURFTAB1 和 SURFTAB2 控制，需预先确定；② 用户选择的第一条边界为多边形网格的 M 方向，其邻边方向为网格的 N 方向；③ 必须事先绘出生成边界曲面的四条边界曲线，且四条边界必须首尾相接。

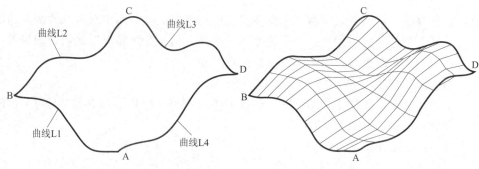

图 7.31　边界曲面

6. 利用 PLANESURF 命令绘制平面网格

PLANESURF 命令可用于创建平面曲面。该命令调用方法及命令格式如下：

下拉式菜单：选择【绘图（**D**）/建模（**M**）/平面曲面（**F**）】

工具栏：单击"建模"工具栏中的"平面曲面"按钮

命令行：输入 PLANESURF

命令：_planesurf	//发出平面曲面命令
指定第一个角点或［对象（O）］<对象>：	//输入矩形一对角点 A，如图 7.32 左图所示
指定其他角点：	//输入矩形另一对角点 B

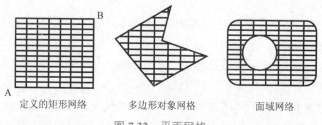

定义的矩形网络　　　　多边形对象网格　　　　面域网格

图 7.32　平面网格

　　【对象（**O**）】选项：通过对象选择来创建平面曲面，所选对象必须是构成封闭区域的一个闭合对象（如图 7.32 中图所示）或多个对象，也可以是由 REGION 命令定义的面域。用户可利用对面域的交集（INTERSECT）、并集（UNION）和差集（SUBTRACT）的操作，构建较为复杂的面域，如图 7.32 右图所示。

7.3.2.2　绘制表面模型

　　AutoCAD 2010 新增了一种新型的、更具可编辑性的网格模型。网格模型是用多边形的网格来表达三维模型的顶点、边和面，网格没有质量特性，因而网格模型是一种特殊表面模型。AutoCAD 系统提供的基本网格图元有：网格长方体、网格圆锥体、网格圆柱体、网格棱锥体、网格球体、网格楔体和网格圆环体。对于不同的网格图元其表面网格镶嵌细分设置是不一样的，用户可选择下拉式菜单

【工具（**T**）/选项（**N**）…】，在弹出的"选项"对话框中，单击"三维建模"选项卡中的"网格图元…"按钮，系统将显示如图 7.33 所示的"网格图元选项"对话框，用户可对所要绘制的网格图元的网格密度进行设置，以控制新建网格图元的外观。

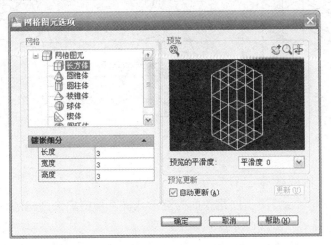

图 7.33　"网格图元选项"对话框

网格图元命令的调用，可选择下拉式菜单【绘图（**D**）/建模（**M**）/网格（**M**）/图元（**P**）】分菜单或单击"平滑网格图元"工具栏中相关网格图元命令按钮。

1. 创建网格长方体

网格长方体命令可用于创建网格长方体或立方体。该命令的调用方法及命令格式如下：

下拉式菜单：选择【绘图（**D**）/建模（**M**）/网格（**M**）/图元（**P**）/长方体（**B**）】

工具栏：单击"平滑网格图元"工具栏中的"长方体"按钮⊞

命令：_mesh　　　　　　　　//单击"平滑网格图元"工具栏中的"长方体"按钮⊞

当前平滑度设置为：0

输入选项 [长方体（B）/圆锥体（C）/圆柱体（CY）/棱锥体（P）/球体（S）/楔体（W）/圆环体（T）/设置（SE）] <长方体>：_BOX

指定第一个角点或 [中心（C）]：0，0

指定其他角点或 [立方体（C）/长度（L）]：L

指定长度：50

指定宽度：30

指定高度或 [两点（2P）]：25　　//结果如图 7.34 所示

【说明】：① 若要改变长方体的网格默认细分数和平滑度，可在"网格图元选项"对话框中预先设置；② 网格长方体的底面将绘制为与当前 UCS 的 XY 平面平行；③ 长、宽、高的值可以为正值，也可以为负值。若长度为负值，则表示沿

X 坐标轴的负方向给定长度；反之，则沿 X 坐标轴的正方向给定。

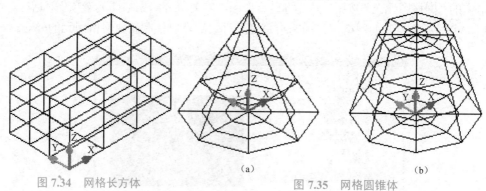

图 7.34　网格长方体

(a)　　　　　　　　(b)

图 7.35　网格圆锥体

2. 创建网格圆锥体

网格圆锥体命令可用于创建底面为圆形或椭圆形的尖头网格圆锥体或网格圆台。该命令的调用方法及命令格式如下：

下拉式菜单：选择【绘图（<u>D</u>）/建模（<u>M</u>）/网格（<u>M</u>）/图元（<u>P</u>）/圆锥体（<u>C</u>）】

工具栏：单击"平滑网格图元"工具栏中的"圆锥体"按钮▲

命令：_mesh　　　　　　　　　　　//单击"平滑网格图元"工具栏中的"圆
　　　　　　　　　　　　　　　　　　锥体"按钮▲

当前平滑度设置为：0

输入选项［长方体（B）/圆锥体（C）/圆柱体（CY）/棱锥体（P）/球体（S）/楔体（W）/圆环体（T）/设置（SE）］<圆锥体>：_CONE

指定底面的中心点或［三点（3P）/两点（2P）/切点、切点、半径（T）/椭圆（E）］：0，0

指定底面半径或［直径（D）］：35

指定高度或［两点（2P）/轴端点（A）/顶面半径（T）］<20>：60

　　　　　　　　　　　//结果如图 7.35（a）所示

若对"指定高度或［两点（2P）/轴端点（A）/顶面半径（T）］<20>："提示，用"T"响应，则绘制网格圆台。AutoCAD 系统后续提示如下：

指定高度或［两点（2P）/轴端点（A）/顶面半径（T）］<50>：T

指定顶面半径 <0.0000>：20

指定高度或［两点（2P）/轴端点（A）］<50>：50

　　　　　　　　　　　//结果如图 7.35（b）所示

【说明】：① 若要改变圆锥体的网格默认细分数和平滑度，可在"网格图元选项"对话框中预先设置；② 在默认情况下，网格圆锥体的底面位于当前 UCS 的 XY 平面上，圆锥体的高度与 Z 轴平行；若需要改变网格圆锥体底面所在的坐标面，可使用"轴端点"选项。

3. 创建网格圆柱体

网格圆柱体命令可创建以圆或椭圆为底面的网格圆柱体。该命令的调用方法及命令格式如下：

下拉式菜单：选择【绘图（<u>D</u>）/建模（<u>M</u>）/网格（<u>M</u>）/图元（<u>P</u>）/网格圆柱体（<u>Y</u>）】

工具栏：单击"平滑网格图元"工具栏中的"网格圆柱体"按钮⬙

命令：_mesh   //单击"平滑网格图元"工具栏中的"网格圆柱体"按钮⬙

当前平滑度设置为：0

输入选项 [长方体（B）/圆锥体（C）/圆柱体（CY）/棱锥体（P）/球体（S）/楔体（W）/圆环体（T）/设置（SE）] <圆柱体>：_CYLINDER

指定底面的中心点或 [三点（3P）/两点（2P）/切点、切点、半径（T）/椭圆（E）]：0, 0

指定底面半径或 [直径（D）] <30.0000>：30

指定高度或 [两点（2P）/轴端点（A）] <50>：50

        //结果如图 7.36 所示

【说明】：① 若要改变圆柱体的网格默认细分数和平滑度，可在"网格图元选项"对话框中预先设置；② 在默认情况下，网格圆柱体的底面位于当前 UCS 的 XY 平面上，圆柱体的高度与 Z 轴平行；若需要改变网格圆柱体底面所在的坐标面，可使用"轴端点"选项。

4. 创建网格棱锥体

网格棱锥体命令可创建最多有 32 个侧面的网格棱锥体。该命令的调用方法及命令格式如下：

下拉式菜单：选择【绘图（<u>D</u>）/建模（<u>M</u>）/网格（<u>M</u>）/图元（<u>P</u>）/网格棱锥体（<u>P</u>）】

工具栏：单击"平滑网格图元"工具栏中的"网格棱锥体"按钮△

命令：_mesh   //单击"平滑网格图元"工具栏中的"网格棱锥体"按钮△

当前平滑度设置为：0

输入选项 [长方体（B）/圆锥体（C）/圆柱体（CY）/棱锥体（P）/球体（S）/楔体（W）/圆环体（T）/设置（SE）] <长方体>：_PYRAMID

指定底面的中心点或 [边（E）/侧面（S）]：S

        //选择设置网格棱锥体侧面数方式

输入侧面数 <4>：6   //绘制网格六棱锥体

指定底面的中心点或 [边（E）/侧面（S）]：0, 0

指定底面半径或 [内接（I）]：35

指定高度或［两点（2P）/轴端点（A）/顶面半径（T）］<50>：50

　　　　　　　　　　　　　　　　//结果如图 7.37（a）所示

　　若对"指定高度或［两点（2P）/轴端点（A）/顶面半径（T）］<50>："提示，用"T"响应，则绘制网格棱台。AutoCAD 系统后续提示如下：

指定高度或［两点（2P）/轴端点（A）/顶面半径（T）］<50>：T

指定顶面半径 <0.0000>：20

指定高度或［两点（2P）/轴端点（A）］<50>：50

　　　　　　　　　　　　　　　　//结果如图 7.37（b）所示

　　【说明】：若要改变棱锥体的网格默认细分数及平滑度，用户可在"网格图元选项"对话框中预先设置。

 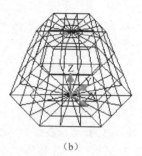

图 7.36　网格圆柱体　　　　　　　图 7.37　网格棱锥体

5. 创建网格球体

网格球体命令的调用方法及命令格式如下：

下拉式菜单：选择【绘图（**D**）/建模（**M**）/网格（**M**）/图元（**P**）/网格球体（**S**）】

工具栏：单击"平滑网格图元"工具栏中的"网格球体"按钮 ⊕

命令：_mesh　　　　　　　　　　　//单击"平滑网格图元"工具栏中的"网格球体"按钮 ⊕

当前平滑度设置为：0

输入选项［长方体（B）/圆锥体（C）/圆柱体（CY）/棱锥体（P）/球体（S）/楔体（W）/圆环体（T）/设置（SE）］<棱锥体>：_SPHERE

指定中心点或［三点（3P）/两点（2P）/切点、切点、半径（T）］：

指定半径或［直径（D）］<35>：

　　【说明】：① 若要改变球体的网格默认细分数和平滑度，可在"网格图元选项"对话框中预先设置；② 若从圆心开始创建，网格球体的中心轴将与当前用户坐标系 UCS 的 Z 轴平行。

6. 创建网格楔体

网格楔体命令的调用方法及命令格式如下：

下拉式菜单：选择【绘图（**D**）/建模（**M**）/网格（**M**）/图元（**P**）/网格楔体（**W**）】

工具栏：单击"平滑网格图元"工具栏中的"网格楔体"按钮

命令：_mesh　　　　　　　　　//单击"平滑网格图元"工具栏中的"网格楔体"按钮

当前平滑度设置为：0

输入选项［长方体（B）/圆锥体（C）/圆柱体（CY）/棱锥体（P）/球体（S）/楔体（W）/圆环体（T）/设置（SE）］<楔体>：_WEDGE

指定第一个角点或［中心（C）］：0，0

指定其他角点或［立方体（C）/长度（L）］：L

指定长度 <50>：50

指定宽度 <30>：35

指定高度或［两点（2P）］<25>：25　//结果如图 7.38 所示

【说明】：① 若要改变楔体的网格默认细分数和平滑度，可在"网格图元选项"对话框中预先设置；② 楔体的底面与当前 UCS 的 XY 平面平行，高度与 Z 轴平行。

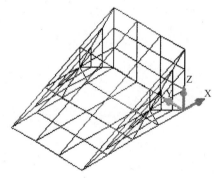

图 7.38　网格楔体

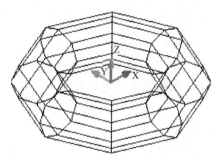

图 7.39　网格圆环体

7. 创建网格圆环体

网格圆环体命令的调用方法及命令格式如下：

下拉式菜单：选择【绘图（**D**）/建模（**M**）/网格（**M**）/图元（**P**）/网格圆环体（**T**）】

工具栏：单击"平滑网格图元"工具栏中的"网格圆环体"按钮

命令：_mesh　　　　　　　　　//单击"平滑网格图元"工具栏中的"网格圆环体"按钮

当前平滑度设置为：0

输入选项［长方体（B）/圆锥体（C）/圆柱体（CY）/棱锥体（P）/球体（S）/楔体（W）/圆环体（T）/设置（SE）］<楔体>：_TORUS

指定中心点或［三点（3P）/两点（2P）/切点、切点、半径（T）］：0，0

指定半径或［直径（D）］<35.3553>：35

指定圆管半径或［两点（2P）/直径（D）］：12　　　//结果如图7.39所示

【说明】：① 若要改变圆环体的网格默认细分数和平滑度，可在"网格图元选项"对话框中预先设置；② 在默认情况下，圆环体将绘制为与当前 UCS 的 XY 平面平行，且被该平面平分。

7.3.3　面域造型

很多三维实体生成的构形要素是复杂的面域，如复杂的机械零件的生成，需首先构造相应的表面形状，而这些复杂的表面可以通过构造面域方法方便地实现。如图 7.40（d）所示图形即为面域运算结果，进而构造出 7.41 所示的实体模型。本节主要介绍面域的建立与编辑。

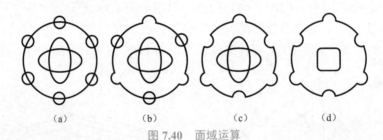

（a）　　　　　　　（b）　　　　　　　（c）　　　　　　　（d）

图 7.40　面域运算

（a）构建面域；（b）并运算；（c）交运算；（d）差运算

7.3.3.1　面域及其建立

面域由闭合的形状或环所形成的二维对象，可将其看成是一个平面的区域。面域是二维实体模型，它不但含有几何及边的信息，如孔、槽等，还可以利用这些信息计算它的面积、重心、和转动惯量等。

图 7.41　拉伸的实体

1. 利用 REGION 生成面域

REGION 命令用于对已有的二维封闭对象转换成面域，如图 7.42 所示。封闭对象可以直线、圆、圆弧、椭圆、椭圆弧、多段线和样条曲线等构成。创造的面域可拉伸或旋转生存三维对象，可进行布尔运算，可对其进行图案填充。该命令的调用方法及命令格式如下：

下拉式菜单：选择【绘图（D）/面域（N）】

工具栏：单击"绘图"工具栏中的"面域"按钮

命令：_region　　　　　　　　　//单击"绘图"工具栏中的"面域"按钮

选择对象：找到 1 个

选择对象：找到 1 个，总计 2 个

选择对象：找到 1 个，总计 3 个

选择对象：找到 1 个，总计 4 个

选择对象：找到 1 个，总计 5 个

选择对象：找到 1 个，总计 6 个

选择对象：找到 1 个，总计 7 个

选择对象：

已提取 4 个环。

已创建 4 个面域。

执行结果如图 7.42 所示。

图 7.42　生存面域的有效区域

【说明】① 在缺省情况下，创建面域后将删除原来的对象，即面域对象取代原来的对象，并且不进行填充处理。如果用户要保留原来的对象，则将系统变量 DELOBJ 设置为 0 来实现这一目的。② 不封闭或存在中间交点的封闭图形，非封闭区域的对象和自相交的对象，都不能生成面域。如图 7.43 所示。

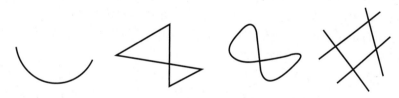

图 7.43　生存面域的无效区域

2. 利用 BOUNDARY 生成面域

BOUNDARY 命令比 REGION 命令功能要强一些，它可以将一个封闭区域生成为面域，也可以将封闭区域的边界生成为多段线，构成一个多段线边界。该命令的调用方法及命令格式如下：

下拉式菜单：选择【绘图（D）/边界（B）】

命令：_boundary　　　　　　　//选择下拉式菜单【绘图（D）/边界（B）】

拾取内部点：正在选择所有对象...

正在选择所有可见对象...

正在分析所选数据...

正在分析内部孤岛...

拾取内部点：

已提取 1 个环。已创建 1 个面域。

命令执行，弹出如图 7.44 所示的"边界创建"对话框。注意"对象类型"下拉列表框中有两个可选项"面域"和"多线段"，分别生成面域和多段线。利用对话框中的"拾取点"功能，在封闭区域内拾取一点，即可以生成包括这点的面域或多段线，这点和"HATCH"命令很相似。使用 BONUDARY 生成面域时，原有的图形继续保留，此时 DELOBJ 变量无效。

图 7.44 "边界创建"对话框

7.3.3.2 面域的布尔运算

为了构造形状复杂的面域，可以首先建立两个或多个简单面域，然后使用布尔运算构造复杂面域，布尔运算包括"并（UNION）""差（SUBSTRACT）"及"交（INTERSECT）"运算。

1. 并集（UNION）

使用 UNION 命令将两个或多个面域合并为一个单独的面域，而且不改变合并前面域的相当位置，并运算结果如图 7.45（b）所示。该命令的调用方法及命令格式如下：

下拉式菜单：选择【修改（M）/实体编辑（N）/并集（U）】

工具栏：单击"实体编辑"工具栏中的"并集"按钮

命令：_union //单击"实体编辑"工具栏中的"并集"按钮

选择对象： //拾取矩形，如图 7.45（a）所示

选择对象： //拾取圆

选择对象： //按 Enter 键或单击鼠标右键，执行结果如图 7.45（b）所示

2. 差集（SUBTRACT）

使用 SUBTRACT 命令可从一个面域中减去另一个面域而形成新的面域，差运算结果如图 7.46 所示。该命令的调用方法及命令格式如下：

下拉式菜单：选择【修改（M）/实体编辑（N）/差集（S）】

工具栏：单击"实体编辑"工具栏中的"差集"按钮

令：_subtract

选择要从中减去的实体、曲面和面域...

选择对象： //拾取矩形，如图 7.46（a）所示

选择对象： //按 Enter 键或单击鼠标右键，结束被减对象选择

选择要减去的实体、曲面和面域...

选择对象： //拾取圆

选择对象： //按 Enter 键或单击鼠标右键，执行结果如图 7.46（b）所示

3. 交集（INTERSECT）

交集（INTERSECT）是指从两个或两个以上的面域中抽取并保留重叠部分形成新的面域，如图 7.47（b）所示。该命令的调用方法及命令格式如下：

　　下拉式菜单：选择【修改（<u>M</u>）/实体编辑（<u>N</u>）/交集（<u>I</u>）】

　　工具栏：单击"实体编辑"工具栏中的"交集"按钮⑩

　　命令：_intersect

　　选择对象： //拾取矩形，如图 7.47（a）所示

　　选择对象： //拾取圆

　　选择对象： //按 Enter 键或单击鼠标右键，执行结果如图 7.47（b）所示

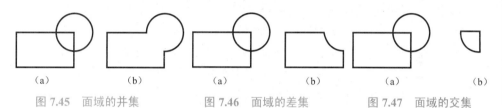

（a）　　　　　　　（b）　　　　　　　（a）　　　　　　　（b）　　　　　　　（a）　　　　　　　（b）

图 7.45　面域的并集　　　　　图 7.46　面域的差集　　　　　图 7.47　面域的交集

7.3.4　实体造型

　　前面介绍的有关方法所生成的三维体并不是实体。三维实体（Solid）具有体的特征，用户可以对它进行开孔、挖槽、制作倒角以及布尔运算等操作。用户可以利用 AutoCAD 2010 生成各种基本的三维实体，也可以通过对二维图形进行拉伸、旋转等操作而生成三维实体，并通过对三维实体进行切角、圆角及布尔运算等操作来构造出复杂的三维实体。本节介绍 AutoCAD 的实体造型功能。

7.3.4.1　创建基本三维实体

　　AutoCAD 系统提供了绘制基本三维实体的命令，以生成多段体、长方体、圆锥体、圆柱体、球体、圆环体和棱锥体等。三维实体命令的调用分属于下拉式菜单【绘图（<u>D</u>）/建模（<u>M</u>）】，以及如图 7.48 所示的建模工具栏。

长方体　圆锥体　圆柱体　棱锥体　平面曲面　按住并拖动　旋转　　　并集　　交集　　三维旋转　三维阵列

多段体　　楔体　　圆球　　圆环体　螺旋　　拉伸　　扫掠　　放样　　差集　三维移动 三维对齐

图 7.48　建模工具栏

1. 利用 POLYSOLID 命令绘制多段体

　　使用 POLYSOLID 命令可以创建一个指定矩形轮廓高度和宽度的多段体，如创建建筑墙体，也可以将现有直线、二维多线段、圆弧或圆转换为具有矩形轮廓的实

体。绘制多段体与绘制多段线的方法相同，该命令的调用方法及命令格式如下：

下拉式菜单：选择【绘图（D）/建模（M）/多段体（P）】

工具栏：单击"建模"工具栏中的"多段体"按钮

命令：_Polysolid   //单击"建模"工具栏中的"多段体"按钮

高度 = 80.0000，宽度 = 5.0000，对正 = 居中

指定起点或［对象（O）/高度（H）/宽度（W）/对正（J）］<对象>：

指定下一个点或［圆弧（A）/放弃（U）］：50

//利用极轴追踪

指定下一个点或［圆弧（A）/放弃（U）］：150

//利用极轴追踪

指定下一个点或［圆弧（A）/闭合（C）/放弃（U）］：120

//利用极轴追踪

指定下一个点或［圆弧（A）/闭合（C）/放弃（U）］：150

//利用极轴追踪

指定下一个点或［圆弧（A）/闭合（C）/放弃（U）］：50

//利用极轴追踪

指定下一个点或［圆弧（A）/闭合（C）/放弃（U）］：

//按 Enter 键，执行结果如图 7.49 所示

各项说明：

【对象（O）】：指定要转换为实体的对象。可转换的对象有直线、圆弧、二维多段线和圆。

【高度（H）】：指定实体的高度。高度默认设置为 80。

【宽度（W）】：指定实体的宽度。默认宽度设置为 5。

【对正（J）】：将实体的宽度设置为左对正、右对正或居中，对正方式由轮廓的第一条线段的起始方向决定。

注意事项：使用该命令时，应预先设置多段体的高度和宽度值。若使用【对象（O）】选项时，应事先设置好转换实体对象的高度和宽度值。

2. 利用 BOX 命令绘制长方体

使用 BOX 命令可以创建长方体或立方体。该命令的调用方法及命令格式如下：

下拉式菜单：选择【绘图（D）/建模（M）/长方体（B）】

工具栏：单击"建模"工具栏中的"长方体"按钮

命令：_box   //单击"建模"工具栏中的"长方体"按钮

指定第一个角点或［中心（C）］：0，0

指定其他角点或［立方体（C）/长度（L）］：L

指定长度：80

指定宽度：60

指定高度或［两点（2P）］：40　//执行结果如图 7.50 所示

各选项说明：

【第一个角点】：用于定义长方体底面上的一个角点。

【中心（C）】选项：指定长方体的体中心点。

【立方体（C）】选项：创建一个长、宽、高相同的立方体。

【长度（L）】选项：按照指定长、宽、高创建长方体。

【两点（2P）】选项：通过指定两个点来确定在 Z 轴正方向的高度值。

注意事项：BOX 命令绘制长方体时，其长、宽、高分别对应于当前 UCS 的 X、Y、Z 轴，且长、宽、高的值可正可负。正值表示沿相应坐标轴正方向给定，负值表示沿相应坐标轴负方向给定。

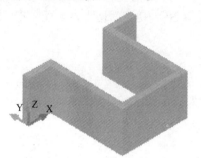

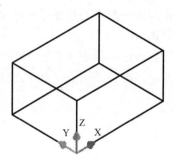

图 7.49　多段体命令用法　　　　　图 7.50　长方体命令用法

3. 利用 WEDGE 命令绘制楔体

WEDGE 命令可以绘制楔体（楔体可以看成是沿长方体对角边切去一半所得到的）。该命令的调用方法及命令格式如下：

下拉式菜单：选择【绘图（D）/建模（M）/楔体（W）】

工具栏：单击"建模"工具栏中的"楔体"按钮

命令：_wedge　　　　　　　　//单击"建模"工具栏中的"楔体"按钮

指定第一个角点或［中心（C）］：0，0

指定其他角点或［立方体（C）/长度（L）］：L

指定长度 <100.0000>：100

指定宽度 <60.0000>：60

指定高度或［两点（2P）］<30.0000>：30

　　　　　　　　　　　　//执行结果如图 7.51 所示

各选项说明：

【指定第一个角点】：用于定义楔体底面的第一角点。

【中心（C）】选项：用于指定楔体斜面中心点创建楔体。

【立方体（C）】选项：绘制底面边长与楔体高度等长的楔体。

【长度（L）】选项：按指定的长、宽、高绘制楔体。

【两点（2P）】：通过输入两个点来确定楔体在 Z 轴正方向的高度值。

注意事项：WEDGE 命令绘制楔体时，其长、宽、高分别对应于当前 UCS 的 X、Y、Z 轴，且长、宽、高的值可正可负。正值表示沿相应坐标轴正方向给定，负值表示沿相应坐标轴负方向给定。

4. 利用 CONE 命令绘制圆锥体

CONE 命令用于创建一个以圆或椭圆为底，以对称方式形成锥体，最后交于一点，或交于圆或椭圆平面。该命令的调用方法及命令格式如下：

下拉式菜单：选择【绘图（D）/建模（M）/圆锥体（O）】

工具栏：单击"建模"工具栏中的"圆锥体"按钮

命令：_cone　　　　　　　　//单击"建模"工具栏中的"圆锥体"按钮

指定底面的中心点或［三点（3P）/两点（2P）/切点、切点、半径（T）/椭圆（E）］：0，0

指定底面半径或［直径（D）］：30

指定高度或［两点（2P）/轴端点（A）/顶面半径（T）］<30>：70

　　　　　　　　　　　//执行结果如图 7.52（a）所示

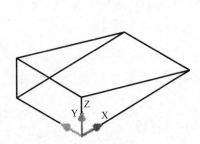
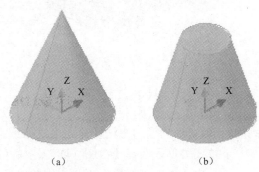

(a)　　　　　　(b)

图 7.51　楔体命令用法　　　　　图 7.52　圆锥体命令用法

其他各选项说明：

【指定底面的中心点】：指定圆锥底圆中心点。

【三点（3P）】选项：通过指定三个点来定义圆锥体的底面圆。

【两点（2P）】选项：通过指定两个点来定义圆锥体的底面圆直径。

【切点、切点、半径（T）】选项：指定半径，且与两个对象相切的圆锥体底面圆。

【椭圆（E）】选项：绘制椭圆锥体。

用户通过上述方法确定锥体的底面圆或椭圆形状大小后，系统要求输入锥体的高度。系统后续提示如下：

指定高度或［两点（2P）/轴端点（A）/顶面半径（T）］<30>：

其中各选项：

【指定高度】：指定锥体的高度值。输入的高度值可正可负，正值表示沿 Z 轴正方向绘制圆锥体，负值表示沿 Z 轴负方向绘制圆锥体。

【两点（2P）】：通过指定两个点来确定锥体在 Z 轴正方向的高度值。

【轴端点（A）】：指定锥体轴的端点位置，即锥体顶点或圆台顶面的中心点的空间位置。轴端点可以位于三维空间的任何位置，它定义了锥体的长度和方向。运用此方式，用户可以创建空间不同位置的锥体或圆台。

【顶面半径（T）】：用于创建圆台时，指定圆台的顶面圆半径。系统后续提示：

指定顶面半径 <0.0000>：15

指定高度或 ［两点（2P）/轴端点（A）］ <70>：50

//执行结果如图 7.52（b）所示

注意事项：最初的默认底面圆半径或直径、锥体高度、顶面圆半径系统均未设置任何值。但在绘制图形时，它们的默认值始终是先前输入实体图元的值。锥体表面的素线数，其缺省设置为 4 条，用户也可通过系统变量 ISOLINES 重新设置。

5. 利用 SPHERE 命令绘制球体

使用 SPHERE 命令可以绘制指定半径或直径的球体。该命令的调用方法及命令格式如下：

下拉式菜单：选择【绘图（D）/建模（M）/球体（S）】

工具栏：单击"建模"工具栏中的"球体"按钮◯

命令：_sphere   //单击"建模"工具栏中的"球体"按钮◯

指定中心点或 ［三点（3P）/两点（2P）/切点、切点、半径（T）］：0，0

指定半径或 ［直径（D）］ <35>：35 //执行结果如图 7.53 所示

其他各选项说明：

【三点（3P）】：通过在三维空间的任意位置指定三个点来定义球体的圆周，且定义了圆周平面。

【两点（2P）】：通过在三维空间的任意位置指定两个点来定义球体的圆周。第一点的 Z 值定义圆周所在平面。

【相切、相切、半径（T）】：通过指定半径，定义可与两个对象相切的球体。指定的切点将投影到当前 UCS。

注意事项：① 默认的半径系统未设置任何值，但在绘制图形时，半径默认值始终是先前输入的实体图元的半径值。② 球体表面上的素线数，缺省设置为 4 条，如图 7.53（b）所示。用户也可通过系统变量 ISOLINES 重新设置，有效整数值为 0～204 7。

6. 利用 CYLINDER 命令绘制圆柱体

使用 CYLINDER 命令可以绘制指定半径或直径的圆柱体或椭圆柱体。该命令的调用方法及命令格式如下：

下拉式菜单：选择【绘图（D）/建模（M）/圆柱体（C）】

工具栏：单击"建模"工具栏中的"圆柱体"按钮

命令：_cylinder　　　　　　　　　　　//单击"建模"工具栏中的"圆柱体"
　　　　　　　　　　　　　　　　　　按钮

指定底面的中心点或［三点（3P）/两点（2P）/切点、切点、半径（T）/椭圆（E）］：0，0

　　指定圆柱体底面的半径或［直径（D）］：30

　　指定圆柱体高度或［另一个圆心（C）］：70

　　　　　　　　　　　　　　　　//执行结果如图 7.54 所示

其他各选项说明：

【三点（3P）】选项：用于指定空间三个点来定义圆柱体的底面圆。

【两点（2P）】选项：用于指定两个点来定义圆柱体的底面直径。

【相切、相切、半径（T）】：用于定义具有指定半径，且与两个对象相切的圆柱体底面。

【椭圆（E）】：用于创建以椭圆为底的椭圆柱。

注意事项：① 圆柱体的高度值可正可负，正值表示沿 Z 轴正方向绘制圆柱体，负值表示沿 Z 轴负方向绘制圆柱体。② 圆柱体表面的素线数，缺省设置为 4 条，用户可通过系统变量 ISOLINES 进行设置，有效整数值为 0～204 7。

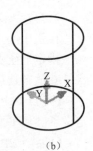

（a）　　　　　　　　（b）　　　　　　　　（a）　　　　　　　　（b）

图 7.53　SPHERE 命令用法　　　　　　　图 7.54　CYLINDER 命令用法

（a）真实视觉显示；（b）三维线框视觉显示　　　　（a）真实视觉显示；（b）三维线框视觉显示

7. 利用 TORUS 命令绘制圆环体

使用 TORUS 命令可以绘制圆环体。该命令的调用方法及命令格式如下：

下拉式菜单：【绘图（D）/建模（M）/圆环体（T）】

工具栏：单击"建模"工具栏中的"圆环体"按钮

命令：_torus

指定中心点或［三点（3P）/两点（2P）/切点、切点、半径（T）］：0，0

指定半径或［直径（D）］<70>：70

指定圆管半径或 [两点（2P）/直径（D）] <25>：25

　　　　　　　//执行结果如图 7.55 所示

各选项说明：

【三点（3P）】选项：用于指定三个点来定义圆环体的圆周及圆周所在平面。

【两点（2P）】选项：用于指定两个点定义圆环体的圆周，且第一点的 Z 值定义圆周所在平面。

【切点、切点、半径（T）】选项：使用指定半径来定义可与两个对象相切的圆环体，且指定的切点将投影到当前 UCS。

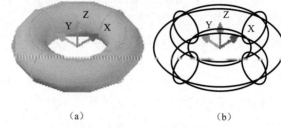

(a)　　　　　　　　(b)

图 7.55　TORUS 命令用法

（a）真实视觉显示；（b）三维线框视觉显示

注意事项：圆环体半径是指从圆环体中心到圆管中心的距离，而圆管半径是指圆环体的断面圆的半径。最初的默认半径系统未设置任何值，但在绘制图形时，半径默认值始终是先前输入的实体图元的半径值。

8. 利用 PYRAMID 命令绘制棱锥体

使用 PYRAMID 命令可以创建三维棱锥体或棱台。该命令的调用方法与命令格式如下：

下拉式菜单：选择【绘图（D）/建模（M）/棱锥体（Y）】

工具栏：单击"建模"工具栏中的"棱锥体"按钮◇

命令：_pyramid　　　　　　//单击"建模"工具栏中的"棱锥体"按钮◇

指定底面的中心点或 [边（E）/侧面（S）]：S

输入侧面数 <4>：6

指定底面的中心点或 [边（E）/侧面（S）]：0，0

指定底面半径或 [内接（I）] <70.0000>：70

指定高度或 [两点（2P）/轴端点（A）/顶面半径（T）] <70>：80

　　　　　　　//执行结果如图 7.56（a）所示

各选项说明：

【指定底面的中心点】选项：指定棱锥底面中心点。

【边（E）】选项：指定棱锥面底面一条边的长度；用户通过拾取两点来确定边长。

【侧面（S）】选项：指定棱锥面的侧面数（默认值为 4），可以输入 3 到 32 之间的数。

用户通过上述交互输入棱锥体底面形状，接下来系统要求用户输入棱锥体的高度值，系统后续提示如下：

指定高度或［两点（2P）/轴端点（A）/顶面半径（T）］<0>：

【指定高度】：指定棱锥体的高度值。输入的高度值可正可负，正值表示沿 Z 轴正方向绘制棱锥体，负值表示沿 Z 轴负方向绘制棱锥体。

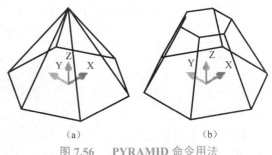

图 7.56　**PYRAMID** 命令用法

【两点（2P）】选项：指定两个点来确定棱柱体在 Z 轴正方向上的高度值。

【轴端点（A）】选项：指定棱锥体顶点或棱台顶面中心的空间位置，轴端点可以位于三维空间的任意位置。因而，用户可以运用该方式绘制任意位置的棱锥体或棱台。

【顶面半径（T）】选项：指定棱台上顶面外接圆（或内切圆）半径，用于创建棱台。系统后续提示如下：

指定顶面半径 <0>：25

指定高度或［两点（2P）/轴端点（A）］<80>：80

　　　　　　　　　　　//执行结果如图 7.56（b）所示

注意事项：上、下底面半径的默认值系统未设置任何值，但执行绘图任务后，上、下底面半径和高度的默认值始终是先前输入的任意实体图元的上、下底面半径值和高度值。

7.3.4.2　由 2D 对象生成三维实体

AutoCAD 系统提供五条对二维对象的操作使其生成三维实体的命令。

1. 利用 EXTRUDE 命令将 2D 对象拉伸生成三维实体

使用 EXTRUDE 命令可将二维对象或三维面的标注延伸到三维空间。该命令的调用方法及命令格式如下：

下拉式菜单：选择【绘图（**D**）/建模（**M**）/拉伸（**X**）】

工具栏：单击"建模"工具栏中的"拉伸"按钮▣

命令：_extrude　　　　　　　　　//单击"建模"工具栏中的"拉伸"按钮▣

当前线框密度：ISOLINES=4

选择要拉伸的对象：　　　　　　　//选择拉伸的 2D 对象

选择要拉伸的对象：　　　　　　　//按 Enter 键，结束对象选择

指定拉伸的高度或［方向（D）/路径（P）/倾斜角（T）］<0>：

各选项说明：

【拉伸的高度】选项：用于指定拉伸后实体的高度。高度可正可负，输入正值，则沿对象坐标系 Z 轴的正方向拉伸对象；输入负值，则沿 Z 轴负方向拉伸对象。

【方向（**D**）】选项：通过指定的两个点来指定拉伸的长度和方向。

【路径（**P**）】选项：指定对象的拉伸路径，AutoCAD 沿选定路径拉伸选定对

象的轮廓创建实体。

【倾斜角（T）】选项：输入角度值（-90°～90°），则所拉伸的实体的断面将沿着拉伸方向按指定角度发生变化。

注意事项：使用 EXTRUDE 命令时，闭合的拉伸对象拉伸后形成实体，而非闭合的拉伸对象拉伸后形成曲面。如图 7.57 所示，显示 2D 对象经各种方式拉伸后的效果。

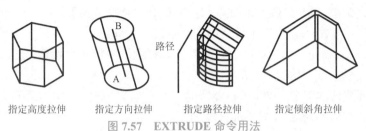

图 7.57 **EXTRUDE 命令用法**

2. 利用 PRESSPULL 命令拖动有边界区域生成三维实体

使用 PRESSPULL 命令在区域中单击来按住或拖动有边界区域。通过拖动或输入值以指明拉伸的量。当移动光标时，将动态显示拉伸。该命令的调用方法及命令格式如下：

工具栏：单击"建模"工具栏中的"按住并拖动"按钮

命令：_presspull

单击有限区域以进行按住或拖动操作。

已提取 4 个环。

已创建 4 个面域。

已提取 1 个环。

已创建 1 个面域。

选择要从中减去的实体、曲面和面域...

差集内部面域...

区域拉伸效果如图 7.58 所示。

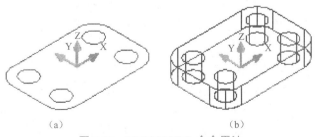

（a）　　　　　　　　　　　　　　（b）

图 7.58 **PRESSPULL 命令用法**

注意事项：可拖动的边界区域类型有：① 可以通过以零间距公差拾取点来填充的区域；② 由交叉共面和线性几何体围成的区域；③ 具有共面顶点的闭合多段线、面域、三维面和二维实体的面；④ 由与三维实体的面共面的几何图形封闭的区域。

3. 利用 REVOLVE 命令将 2D 对象旋转生成三维实体

REVOLVE 命令可将某些 2D 对象通过绕指定的轴线旋转，从而生成三维实体。该命令的调用方法及命令格式如下：

下拉式菜单：选择【绘图（<u>D</u>）/建模（<u>M</u>）/旋转（<u>R</u>）】

工具栏：单击"建模"工具栏中的"旋转"按钮

命令：_revolve　　　　//单击"建模"工具栏中的"旋转"按钮

当前线框密度：ISOLINES=4

选择要旋转的对象：//选择要旋转的 2D 多段线，如图 7.59 左图所示

选择要旋转的对象：//按 Enter 键，结束对象选择

指定轴起点或根据以下选项之一定义轴 [对象（O）/X/Y/Z] <对象>：
　　　　　　　　　　//捕捉端点 A

指定轴端点：　　　　//捕捉端点 B

指定旋转角度或 [起点角度（ST）] <360>：−270　　//旋转角−270°，结果如图 7.59 右图所示

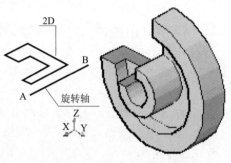

图 7.59　REVOLVE 命令用法

各选项说明：

【指定轴起点】选项：指定两个点来确定旋转轴，轴的正方向为轴起点指向轴端点。

【对象（<u>O</u>）】选项：选择现有的直线或多段线中的单条线段来定义旋转轴，并将二维对象绕该轴旋转。轴的正方向是从这条直线上拾取点的最近端点指向最远端点。

【X/Y/Z】选项：将选定的 2D 对象绕当前 UCS 的 X/Y/Z 轴旋转。

【旋转角度】选项：按指定的角度旋转对象。正角将按逆时针方向旋转对象。负角将按顺时针方向旋转对象。

4. 利用 SWEEP 命令扫掠 2D 生成三维实体

SWEEP 命令可以通过沿开放或闭合的二维或三维路径扫掠开放或闭合的平面曲线来创建三维实体或曲面。该命令的调用方法及命令格式如下：

下拉式菜单：选择【绘图（<u>D</u>）/建模（<u>M</u>）/扫掠（<u>P</u>）】

工具栏：单击"建模"工具栏中的"扫掠"按钮

命令：_sweep　　　　//单击"建模"工具栏中的"扫掠"按钮

当前线框密度：ISOLINES=4

选择要扫掠的对象：　　//选择对象圆

选择要扫掠的对象：　　//按 Enter 键，结束对象选择

选择扫掠路径或［对齐（A）/基点（B）/
比例（S）/扭曲（T）］：　　//选择螺旋线，结
果如图 7.60 所示

各选项说明：

【对齐（<u>A</u>）】选项：指定是否对齐扫掠
对象，使其作为扫掠路径切向的法向。默认
情况下，轮廓是对齐的。

【基点（<u>B</u>）】选项：指定要扫掠对象的基
点。如果指定的点不在选定对象所在的平面
上，则该点将被投影到该平面上。

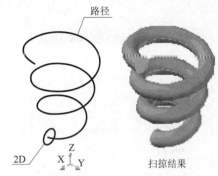

图 7.60　SWEEP 命令用法

【比例（S）】选项：指定比例因子以进行扫掠操作。从扫掠路径的开始到结束，
比例因子将统一应用到扫掠的对象。系统后续提示：

输入比例因子或［参照（R）］<1.0000>：

【扭曲（T）】选项：设置正被扫掠的对象的扭曲角度。系统后续提示：

输入扭曲角度或允许非平面扫掠路径倾斜［倾斜（B）］<n>：

选择扫掠路径［对齐（A）/基点（B）/比例（S）/扭曲（T）］：
　　　　　　　　　　　　//选择扫掠路径或输入选项

注意事项：可以扫掠的对象有直线、圆弧、椭圆弧、二维多段线、二维样条
曲线、圆、椭圆、三维面、宽线、面域、平曲面、实体的面。可以作为扫掠路径
的对象有直线、圆弧、椭圆弧、二维多段线、二维样条曲线、圆、椭圆、三维多
段线、螺旋、实体或曲面的边。

5. 利用 LOFT 命令在 2D 曲线之间放样生成三维实体

使用 LOFT 命令可以通过指定一系列横截面来创建实体或曲面。横截面用于
定义实体或曲面的截面轮廓形状。该命令的调用方法与命令格式如下：

下拉式菜单：选择【绘图（<u>D</u>）/建模（<u>M</u>）/放样（<u>L</u>）】

工具栏：单击"建模"工具栏中的"放样"按钮

命令：_loft　　　　　　　　//单击"建模"工具栏中的"放样"按钮

按放样次序选择横截面：　　//拾取横截面矩形

按放样次序选择横截面：　　//拾取横截面椭圆

按放样次序选择横截面：　　//拾取横截面六边形

按放样次序选择横截面：　　//按 Enter 键，结束对象选择

输入选项［导向（G）/路径（P）/仅横截面（C）］<仅横截面>：
　　　　　　　　　　　　//按 Enter 键，结果如图 7.62 所示

完成横截面对象选择后，系统提供了多种放样方式：

【仅横截面（**C**）】：选择该方式，系统将弹出如图 7.61 所示的"放样设置"对话框，用户可对其进行相应设置，单击"确定"按钮，执行结果如图 7.62 所示。

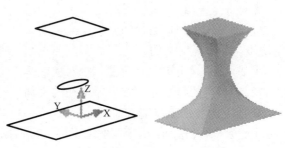

图 7.61 "放样设置"对话框　　　　图 7.62 LOFT 命令用法

【导向（**G**）】：指定控制放样实体或曲面形状的导向曲线。导向曲线可以是直线或曲线，但必须与每个横截面相交，且始于第一个横截面，终止于最后一个横截面。

【路径（**P**）】：指定放样实体或曲面的单一路径。路径必须与每个横截面的所有平面相交。

7.3.4.3　三维实体的布尔运算

三维实体之间可以进行并集（UNION）、差集（SUBTRACT）和交集（INTERSECTION）运算，通过实体对象之间的布尔运算，可以构建复杂的三维实体。

1. 并集（UNION）

使用 UNION 命令可以对所选定的多个三维实体进行并集运算，从而产生一个新的实体。该命令的调用方法及命令格式如下：

下拉式菜单：选择【修改（**M**）/实体编辑（**N**））/并集（**U**）】

工具栏：单击"建模"工具栏中的"并集"按钮⬤

命令：_union　　//单击"建模"工具栏中的"并集"按钮⬤

选择对象：　　//拾取长方体

选择对象：　　//拾取圆柱体

选择对象：　　//按 Enter 键或单击鼠标右键，执行结果如图 7.63（b）所示

2. 差集（SUBTRACT）

使用 SUBTRACT 命令可以从一个三维实体中减去另一个三维实体，从而产

生一个新的三维实体。该命令的调用方法及命令格式如下：

下拉式菜单：选择【修改（**M**）/实体编辑（**N**）)/差集（**U**）】

工具栏：单击"建模"工具栏中的"差集"按钮⚙

命令：_subtract　　　　　　　　　//单击"建模"工具栏中的"差集"按钮⚙

选择要从中减去的实体、曲面和面域...

选择对象：　　　　　　　　　　//拾取长方体

选择对象：　　　　　　　　　　//按 Enter 键或单击鼠标右键

选择要减去的实体、曲面和面域...

选择对象：　　　　　　　　　　//拾取圆柱体

选择对象：　　　　　　　　　　//按 Enter 键或单击鼠标右键，执行结果如
　　　　　　　　　　　　　　　　图 7.63（c）所示

3. 交集（INTERSECT）

使用 INTERSECT 命令可以对选定的所有实体进行交集运算，产生一个新的实体。该命令的调用方法及命令格式如下：

下拉式菜单：选择【修改（**M**）/实体编辑（**N**）)/交集（**I**）】

工具栏：单击"建模"工具栏中的"交集"按钮⚙

命令：_intersect　　　　　　　　//单击"建模"工具栏中的"交集"按钮⚙

选择对象：　　　　　　　　　　//拾取长方体

选择对象：　　　　　　　　　　//拾取圆柱体

选择对象：　　　　　　　　　　//按 Enter 键或单击鼠标右键，执行结果
　　　　　　　　　　　　　　　　如图 7.63（d）所示

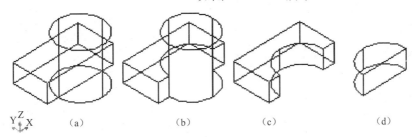

Y Z X　　(a)　　　　　　(b)　　　　　　(c)　　　　　　(d)

图 7.63　两实体间的布尔运算

(a) 原图；(b) 并集；(c) 差集；(d) 交集

7.4　三维图形的编辑

AutoCAD 2010 提供了丰富的编辑命令。通过对基本形体的编辑，从而构造出复杂的形体。本节主要介绍对三维网格模型、三维实体模型的编辑命令和其他三维编辑命令。

7.4.1 网格对象的编辑

AutoCAD 2010 提供了一系列网格编辑命令用于对网格图元对象进行处理。由于网格对象是由面和镶嵌面组成的。通过移动、旋转和缩放网格面，或通过变更网格对象的平滑度、优化特定区域网格或增加锐化来重塑网格对象造型。这些命令可使用下拉式菜单【修改（**M**）/网格编辑（**M**）】或"平滑网格"工具栏，如图 7.64 所示。

图 7.64　平滑网格工具栏

1. 利用 MESHSMOOTH 命令平滑对象

使用 MESHSMOOTH 命令可通过将三维实体和曲面等对象转换为网格对象，进而利用三维网格的细节建模功能。该命令的调用方法及命令格式如下：

下拉式菜单：选择【修改（**M**）/网格编辑（**M**）/平滑网格（**S**）】

工具栏：单击"平滑网格"工具栏中的"平滑网格"按钮

命令：MESHSMOOTH　//单击"平滑网格"工具栏中的"平滑对象"按钮

选择要转换的对象：

【说明】① 可转换为网格对象的对象类型为：三维实体、三维曲面、三维面、多面网格和多边形网格、面域和闭合多段线，如图 7.65 所示。② 转换后的平滑度取决于"网格镶嵌选项"对话框中的设置，用户应预先设置。

2. 设置网格对象的平滑度

网格平滑度分为：无、级别 1、级别 2、级别 3 和级别 4 共五个等级。网格平滑度等级越高，则网格模型的外观越圆润。

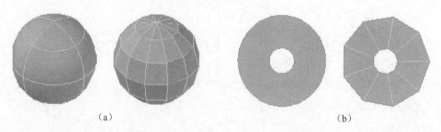

(a)　　　　　　　　　　　　　　　　　　　(b)

图 7.65　将非网格对象转换为网格对象

(a) 实体球体转换为网格球；(b) 面域圆环转换为网格圆环

① 利用 MESHSMOOTHMORE 命令提高一级网格对象的平滑度。使用 MESHSMOOTHMORE 命令可将网格对象的平滑度提高一个等级。该命令的调用方法及命令格式如下：

下拉式菜单：选择【修改（**M**）/网格编辑（**M**）/提高平滑度（**M**）】

工具栏：单击"平滑网格"工具栏中的"提高平滑度"按钮

命令：_meshsmoothmore　//单击"平滑网格"工具栏中的"提高平滑度"按

钮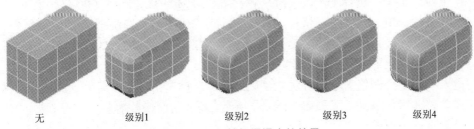

选择要提高平滑度的网格对象：

如图 7.66 所示，显示网格长方体赋予不同等级平滑度的效果。

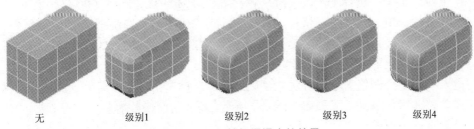

无　　　　　　级别1　　　　　级别2　　　　　级别3　　　　　级别4

图 7.66　不同等级平滑度的效果

【说明】：该命令仅对网格对象进行平滑处理，对于非网格对象可利用平滑对象命令先将其转换为网格对象，然后用该命令处理其平滑度。

② 利用 MESHSMOOTHLESS 命令降低一级网格对象的平滑度。使用 MESHSMOOTHLESS 命令可将网格对象的平滑度降低一个等级。该命令的调用方法及命令格式如下：

下拉式菜单：选择【修改（**M**）/网格编辑（**M**）/降低平滑度（**M**）】

工具栏：单击"平滑网格"工具栏中的"降低平滑度"按钮

命令：_meshsmoothless　　//单击"平滑网格"工具栏中的"降低平滑度"按钮

选择要降低平滑度的网格对象：

【说明】：该命令仅对网格对象进行平滑处理，对于非网格对象可利用平滑对象命令先将其转换为网格对象，然后用该命令处理其平滑度。

③ 利用"快捷特性"选项板设置网格对象的平滑度。"快捷特性"选项板如图 7.67 所示，用户只需选中网格对象，在"平滑度"下拉列表中选择所要赋予的平滑度等级即可。

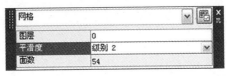

图 7.67　"快捷特性"选项板

启用"快捷特性"选项板的方法：

选择下拉式菜单【工具（**T**）/草图设置（**F**）...】，在"草图设置"对话框中，选择"快捷特性"选项卡，选中"启用快捷特性选项板"复选框。

用户也可使用 CTRL+SHIFT+P 快捷键，启用"快捷特性"选项板

④ 利用"特性"选项板设置网格对象的平滑度。用户可单击"标准"工具栏中的"特性"按钮，启用"特性"选项板。利用"特性"选项板来设置网格对象的平滑度。

3. 利用 MESHREFINE 命令优化网格对象

使用 MESHREFINE 命令可优化网格对象或子对象（网格的顶点、边和面），

并将底层镶嵌面转换为可编辑的面，以增加可编辑面的数目。所生成的面数将取决于当前的网格对象的平滑度，平滑度越高，则优化后的面数越大。该命令的调用方法及命令格式如下：

下拉式菜单：选择【修改（M）/网格编辑（M）/优化网格（R）】

工具栏：单击"平滑网格"工具栏中的"优化网格"按钮

命令：_meshrefine   //单击"平滑网格"工具栏中的"优化网格"按钮

选择要优化的网格对象或面子对象：

若要对整个网格对象进行优化，则用鼠标左键单击该对象即可。例如：网格长方体整体优化后的效果如图7.68（b）所示。其表面网格数增多，用户可利用"快捷特性"选项板查询。

若要对网格对象上指定区域的网格（面子对象）进行优化，需按 Ctrl 键并单击需优化处理的网格。例如：仅优化网格长方体上顶面右侧的两个网格，优化处理后的效果如图7.68（c）所示。

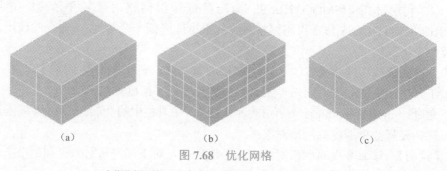

（a）   （b）   （c）

图 7.68　优化网格

（a）未优化的网格；　（b）优化整体网格；　（c）优化顶面局部网格

【说明】：① 可用于优化处理的网格对象，其平滑度必须为级别1或大于级别1。② 优化整个网格对象会将其基准平滑度重新设置为0。③ 为方便选择子对象，在优化操作前，用户可在绘图区域内单击鼠标右键，在弹出的快捷菜单中，选择"子对象选择过滤器/面"，将子对象选择过滤器设置为仅选择面。

4. 利用 MESHCREASE 命令锐化网格

使用 MESHCREASE 命令可以锐化具有平滑度的网格对象的边，并且使得与选定的子对象相邻的网格面和边也发生变形。该命令的调用方法及命令格式如下：

下拉式菜单：选择【修改（M）/网格编辑（M）/锐化网格（C）】

工具栏：单击"平滑网格"工具栏中的"锐化网格"按钮

命令行：输入 MESHCREASE

命令：_meshcrease   //单击"平滑网格"工具栏中的"锐化网格"按钮

选择要锐化的网格子对象：//单击网格圆柱体上部网格，如图7.69（a）所示

…

选择要锐化的网格子对象：//按 Enter 键，结束网格对象选择
指定锐化值［始终（A）］<始终>：

//按 Enter 键，锐化处理效果如图 7.69（b）所示

各选项说明如下：

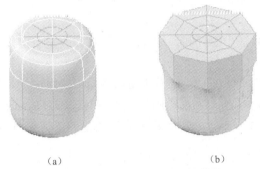

（a）　　　　　　　　　　（b）

图 7.69　锐化网格圆锥体上部的面

（a）平滑度：4 级；　（b）锐化上部网格

【指定锐化值】：设置保留锐化的最高平滑级别。若平滑级别超过此值，则还会对锐化进行平滑处理；若输入值 0，则删除现有的锐化。

【始终（A）】：指定始终保留锐化（即使已对对象或子对象进行了平滑处理或优化）。锐化值设为–1 与"始终"效果相同。

【说明】：① 若选择锐化子对象是面，则选定的面被展平，且与该面相邻的面会发生变形以适应面的新形状，如图 7.70（b）所示；若选择锐化子对象是边，则选定的边被锐化，且与该边相邻的面会发生变形以适应新折缝角度，如图 7.70（c）所示；若选择锐化子对象是顶点，则顶点以及与该点相交的各条边被锐化，且与该点相邻的面会发生变形以适应新的顶角，如图 7.70（d）所示。② 可用于锐化的网格对象，其平滑度必须为 1 或大于 1。③ 为方便选择子对象，锐化操作前，用户可在绘图区域内单击鼠标右键，在弹出的快捷菜单中，选择"子对象选择过滤器"，设置好需要选择子对象的类型。

5. 利用 MESHCREASE 命令删除取消锐化网格

使用 MESHCREASE 命令可删除所选定的网格子对象的锐化，恢复已锐化的边的平滑度。该命令调用方法及命令格式如下：

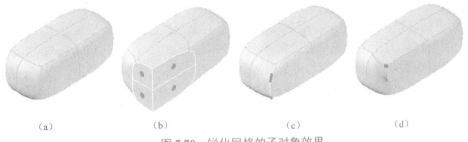

（a）　　　　　　（b）　　　　　　（c）　　　　　　（d）

图 7.70　锐化网格的子对象效果

（a）未锐化的网格；　（b）锐化选定的 4 个面；　（c）锐化选定的 2 条边；　（d）锐化选定的 1 个顶点

下拉式菜单：选择【修改（M）/网格编辑（M）/取消锐化（U）】

工具栏：单击"平滑网格"工具栏中的"取消锐化网格"按钮

命令行：输入 MESHCREASE

命令：_meshuncrease　　　　　　　//单击"平滑网格"工具栏中的"取消锐化网格"按钮 🌐

选择要删除的锐化：

6. 利用小控件编辑网格

可以使用三维移动小控件、三维旋转小控件和三维缩放小控件修改整个网格对象或指定的子对象，该命令的调用方法及命令格式如下：

在启用的三维视觉样式的视图中，通过按 Ctrl 键并单击需要编辑的网格子对象，都会显示默认小控件，如图 7.71 所示。用户无需明确启动 3D Move、3D Rotate 或 3D Scale 命令。用鼠标右键单击小控件，系统会弹出如图 7.72 所示的快捷菜单，方便用户切换到其他类型的小控件。

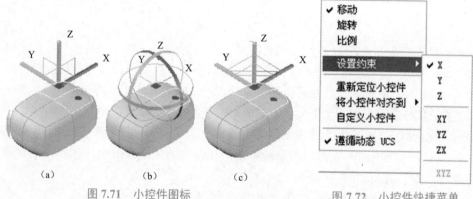

图 7.71　小控件图标　　　　　　　图 7.72　小控件快捷菜单

(a) 三维移动小控件；　(b) 三维旋转小控件；　(c) 三维缩放小控件

【说明】：① 网格子对象的选择。可按 Ctrl 键并单击网格子对象，选中的子对象将以亮显方式显示，若按 Shift 键并再次单击该子对象，则选中的子对象被删除。② 为方便选择网格子对象，用户需使用"子对象选择过滤器"，设置好选择子对象的类型。③ 对于不可见部分的网格子对象的选择，用户可利用 ViewCube 工具，改变视图观察方向，使之变为可见的部分。

① 利用三维移动小控件编辑网格球体上指定子对象面，拉伸移动效果如图 7.73 所示。

② 利用三维旋转小控件编辑网格长方体指定子对象面，旋转效果如图 7.74 所示。

③ 利用三维缩放小控件编辑网格圆柱体上指定子对象面或子对象边，缩放效果如图 7.75 所示。

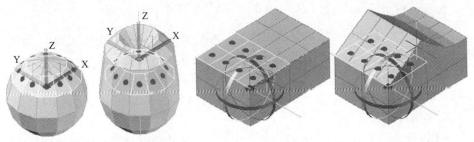

图 7.73 三维移动小控件编辑网格　　　　图 7.74 三维旋转小控件编辑网格

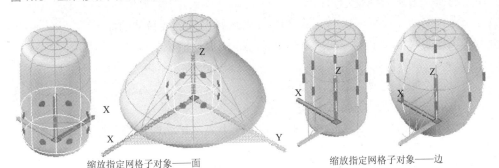

缩放指定网格子对象——面　　　　缩放指定网格子对象——边

图 7.75 三维缩放小控件编辑网格

7.4.2 实体对象的编辑

AutoCAD 提供的三维实体编辑命令（Solidedit），具有强大功能。是构建复杂三维实体的有效工具之一。该命令的调用可使用下拉式菜单【修改（**M**）/实体编辑（**N**）】的分菜单或使用"实体编辑"工具栏，如图 7.76 所示。

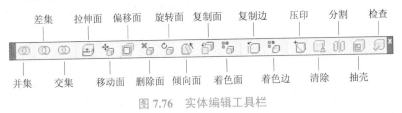

图 7.76 实体编辑工具栏

1. 利用 SOLIDEDIT 命令编辑三维实体

使用 SOLIDEDIT 命令提供了多种修改三维实体对象的边和面子对象的方法。可以拉伸、移动、旋转、偏移、倾斜、复制、删除面、为面指定颜色以及添加材质。还可以复制边以及为其指定颜色。可以对三维实体对象进行压印、分割、抽壳，以及清除和勾选其有效性。该命令的调用方法及命令格式如下：

命令：_solidedit

实体编辑自动检查：SOLIDCHECK=1

输入实体编辑选项 [面（F）/边（E）/体（B）/放弃（U）/退出（X）] <退出>：

各选项说明：

①【面（**F**）】选项：编辑三维实体面，可对三维实体进行拉伸、移动、旋转、偏移、倾斜、删除、复制或修改选定面的颜色。系统后续提示：

输入面编辑选项［拉伸（E）/移动（M）/旋转（R）/偏移（O）/倾斜（T）/删除（D）/复制（C）/颜色（L）/材质（A）/放弃（U）/退出（X）］<退出>：

面编辑各选项含义如下：

•【拉伸（**E**）】选项：可沿着一个指定路径，或指定高度值和倾斜角度拉伸实体上的面。系统后续提示为：

选择面或［放弃（U）/删除（R）］：　//选择实体上要拉伸的面

选择面或［放弃（U）/删除（R）/全部（ALL）］：

　　　　　　　　　　　　　//按 Enter 键，结束选择面

指定拉伸高度或［路径（P）］：

指定拉伸的倾斜角度<0>：

•【移动（**M**）】选项：沿指定的高度或距离，移动选定的三维实体对象上的面。一次可以选择多个面。系统后续提示为：

选择面或［放弃（U）/删除（R）］：　//选择要移动的圆孔面，如图 7.77 左图

选择面或［放弃（U）/删除（R）/全部（ALL）］：　//按 Enter 键，结束选择面

指定基点或位移：50，0　　　　　　//沿 X 正向位移 50

指定位移的第二点：　　　　　　　//按 Enter 键，执行结果如图 7.77 右图所示

•【旋转（**R**）】选项：绕指定的轴旋转一个或多个面或实体的某些部分，通过旋转面来更改实体的形状。系统后续提示为：

选择面或［放弃（U）/删除（R）］：　//选择实体上要旋转的左端面，如图 7.78

　　　　　　　　　　　　左图所示

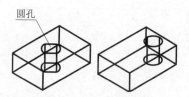

图 7.77　在实体上移动面

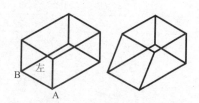

图 7.78　在实体上旋转面

选择面或［放弃（U）/删除（R）/全部（ALL）］：

　　　　　　　　　　　　　//按 Enter 键，结束选择面

指定轴点或［经过对象的轴（A）/视图（V）/X 轴（X）/Y 轴（Y）/Z 轴（Z）]

<两点>：　　　　　　　　　　　//端点 A

在旋转轴上指定第二个点：　　　//捕捉端点 B

指定旋转角度或［参照（R）］：30　//旋转 30°，执行结果如图 7.78 右图所示

●【偏移（<u>O</u>）】选项：按指定的距离或通过指定的点，将面均匀地偏移。正值增大实体尺寸或体积，负值减小实体尺寸或体积。系统后续提示为：

选择面或［放弃（U）/删除（R）］：//选择圆孔表面，如图 7.79 左图所示

选择面或［放弃（U）/删除（R）/全部（ALL）］：

　　　　　　　　　　　　　　　//按 Enter 键，结束选择面

指定偏移距离：20　　　　　　　　//圆孔半径缩小 20，如图 7.79 右图所示

●【倾斜（<u>T</u>）】选项：按指定角度将实体上的面进行倾斜。倾斜角度的旋转方向由选择基点和第二点（沿选定矢量）的顺序决定。系统后续提示为：

选择面或［放弃（U）/删除（R）］：//选择长方体的左端面，如图 7.80 左图所示

选择面或［放弃（U）/删除（R）/全部（ALL）］：

　　　　　　　　　　　　　　　//按 Enter 键，结束选择面

指定基点：　　　　　　　　　　　//捕捉端点 A

指定沿倾斜轴的另一个点：　　　　//捕捉端点 B

指定倾斜角度：30　　　　　　　　//输入倾斜角 30°，结果如图 7.80 右图所示

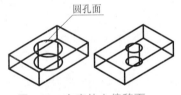

图 7.79　在实体上偏移面

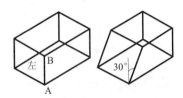

图 7.80　在实体上做倾斜面

●【删除（<u>D</u>）】选项：删除面，包括圆角和倒角。系统后续提示为：

选择面或［放弃（U）/删除（R）］：//选择锥孔表面，如图 7.81 左图所示

选择面或［放弃（U）/删除（R）/全部（ALL）］：

　　　　　　　　　　　　　　　//选择圆角表面

选择面或［放弃（U）/删除（R）/全部（ALL）］：

　　　　　　　　　　　　　　　//选择圆角表面

选择面或［放弃（U）/删除（R）/全部（ALL）］：

　　　　　　　　　　　　　　　//选择圆角表面

选择面或［放弃（U）/删除（R）/全部（ALL）］：

　　　　　　　　　　　　　　　//选择圆角表面

选择面或［放弃（U）/删除（R）/全部（ALL）］：

　　　　　　　　　　　　　　　//按 Enter 键，结果如图 7.81 右图所示

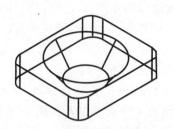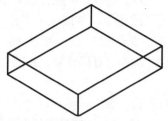

图 7.81　在实体表面上删除锥形孔和四个圆角

● 【复制（C）】选项：将面复制为面域或体。如果指定两个点，AutoCAD 使用第一个点作为基点并相对于基点放置一个对象。如果只指定一个点（通常作为坐标输入），然后按 Enter 键，AutoCAD 将使用此坐标作为新位置。

● 【着色（L）】选项：修改实体上面的颜色。系统将弹出"选择颜色"对话框。

● 【放弃（U）】选项：放弃操作，一直返回到 SOLIDEDIT 命令的开始状态。

● 【退出（X）】选项：退出面编辑选项，并显示"输入实体编辑选项"提示。

② 【边（E）】选项：用于修改边的颜色或者复制独立的边等操作来编辑三维实体对象。系统后续提示如下：

输入边编辑选项［复制（C）/着色（L）/放弃（U）/退出（X）］<退出>：

边的编辑各选项含义如下：

● 【复制（C）】选项：复制三维边。三维实体边被复制为直线、圆弧、圆、椭圆或样条曲线。

● 【着色（L）】选项：修改实体上边的颜色。系统将弹出"选择颜色"对话框。

③ 【体（B）】选项：编辑整个实体对象。包括在实体上压印其他几何图形，将实体分割为独立实体对象，以及抽壳、清除或检查选定的实体。系统后续提示如下：

输入体编辑选项

［压印（I）/分割实体（P）/抽壳（S）/清除（L）/检查（C）/放弃（U）/退出（X）］<退出>：

体的编辑各选项含义如下：

● 【压印（I）】选项：在选定的对象上压印一个对象。被压印的对象必须与选定对象的一个或多个面相交。压印操作仅限于下列对象：圆弧、圆、直线、二维和三维多段线、椭圆、样条曲线、面域、体及三维实体。系统后续提示为：

选择三维实体：　　　　　　　　//选择对象长方体，如图 7.82 左图所示

选择要压印的对象：　　　　　　//选择压印对象圆

是否删除源对象［是（Y）/否（N）］<N>：Y

　　　　　　　　　　　　　　　//删除压印对象圆，结果如图 7.82 右图所示

● 【分割实体（P）】选项：将不相连的实体分割为几个独立的三维实体。比如

需要将并集的几个不相交的实体分割为单个实体，可使用该选项。

●【抽壳（S）】选项：抽壳是用指定的厚度创建一个空的薄层。可以为所有面指定一个固定的薄层厚度。通过选择面可以将这些面排除在壳外。一个三维实体只能有一个壳。AutoCAD 通过将现有的面偏移出它们原来的位置来创建新面。AutoCAD 系统后续提示为：

选择三维实体：　　　　　　　　//选择长方体，如图 7.83 左图

删除面或［放弃（U）/添加（A）/全部（ALL）］：

　　　　　　　　　　　　　　　//选择长方体的顶端面、前端面

输入抽壳偏移距离：6　　　　　//输入抽壳偏移距离 6

长方体经抽壳处理后，结果如图 7.83 右图所示。

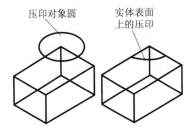

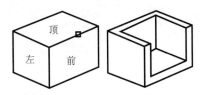

图 7.82　在实体表面做压印　　　　　图 7.83　长方体上作抽壳

●【清除（L）】选项：删除共享边以及那些在边或顶点具有相同表面或曲线定义的顶点。删除所有多余的边和顶点、压印的以及不使用的几何图形。

●【检查（C）】选项：验证三维实体对象是否为有效的 ACIS 实体。

2. 利用 CHAMFER 命令作倒角

三维实体的倒角与二维倒角命令一样，但对应的操作方式略有不同，切去实体的外角（凸边）或填充实体的内角（凹边）。CHAMFER 命令的调用方法及命令格式如下：

下拉式菜单：选择【修改（M）/倒角（C）】

工具栏：单击"修改"工具栏中的"倒角"按钮

命令：_chamfer　　　　　　　//单击"修改"工具栏中的"倒角"按钮

（"修剪"模式）当前倒角距离 1 = 30.0000，距离 2 = 30.0000

选择第一条直线或［放弃（U）/多段线（P）/距离（D）/角度（A）/修剪（T）/方式（E）/多个（M）］：

选择三维实体的某一边后，AutoCAD 继续提示：

基面选择...

输入曲面选择选项［下一个（N）/当前（OK）］<当前>：

所谓基面，是指所选实体边的相邻两个面中的一个。<OK>项表示以当前高亮度显示的面为基面，若用户选当前以高亮度显示的面为基面，回车即可，否则输

入"N"。用户一旦确定基面后，AutoCAD 又继续提示：

指定基面的倒角距离 <50>：30

指定其他曲面的倒角距离 <94>：30　//输入与基面相邻的另一面上的倒角距离

选择边或 [环（**L**）]：　　　　　　　//选择属于基面上的边倒角或对基面上
　　　　　　　　　　　　　　　　　　　　的各边均倒角

执行结果如图 7.84（a）所示。

3. 利用 FILLET 命令作圆角

三维实体的圆角与二维圆角命令一样，但对应的操作方式略有不同。切去实体的外角（凸边）或填充实体的内角（凹边）。CHAMFER 命令的调用方法及命令格式如下：

FILLET 命令的调用方法及命令格式如下：

下拉式菜单：选择【修改（**M**）/圆角（**F**）】

工具栏：单击"修改"工具栏中的"圆角"按钮

命令：_fillet　　　　　　　　　　　　//单击"修改"工具栏中的"圆角"按钮

当前设置：模式=修剪，半径=10

选择第一个对象或 [放弃（U）/多段线（P）/半径（R）/修剪（T）/多个（M）]：
　　　　　　　　　　　　　　//拾取需倒圆角的边

输入圆角半径 <10>：30

选择边或 [链（C）/半径（R）]：

执行结果如图 7.84（b）所示。其他选项说明如下：

【链（**C**）】：连续选取指定的边倒圆角。

【半径（**R**）】：重设倒角半径。

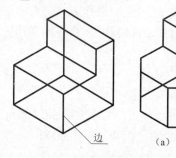
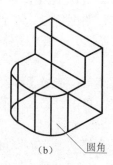

图 7.84　制作倒角与圆角

4. 利用 SLICE 命令剖切实体

使用 SLICE 命令可以用指定的剖切平面来剖切三维实体，且用户可根据需要保留剖切后的其中的一半或两者。该命令的调用方法及命令格式如下：

下拉式菜单：选择【修改（**M**）/三维操作（**3**）/剖切（**S**）】

命令：_slice

选择要剖切的对象：　　　　　//选择需剖切的实体

选择要剖切的对象：　　　　　//按 Enter 键，结束对象选择

指定切面的起点或［平面对象（O）/曲面（S）/Z 轴（Z）/视图（V）/XY（XY）/YZ（YZ）/ZX（ZX）/三点（3）］<三点>：

各选项说明如下：

【对象（<u>O</u>）】选项：用对象所在的平面作为剖切平面。

【Z 轴（<u>Z</u>）】选项：通过在平面上指定一点和在平面的 Z 轴（法线）上指定另一点来定义剖切平面的位置。

【视图（<u>V</u>）】选项：将剖切平面与当前视口的视图平面对齐。用户通过指定一点来确定剖切平面的位置。

【XY（<u>XY</u>）】、【YZ（<u>YZ</u>）】、【ZX（<u>ZX</u>）】选项：将剖切平面与当前用户坐标系（UCS）的 XY 平面或 YZ 平面或 ZX 平面对齐。用户通过指定一点来确定剖切平面的位置。例如，选择【ZX（<u>ZX</u>）】后，系统后续提示：

指定 ZX 平面上的点 <0，0，0>：　　//按 Enter 键，通过坐标原点

在所需的侧面上指定点或［保留两个侧面（B）］<保留两个侧面>：

　　　　　　　　　　　　//在上半圆柱上取一点

执行结果如图 7.85 右图所示。

【三点（<u>3</u>）】选项：用指定通过的三点来定义剖切平面的位置，各选项为默认选项。

5. 利用夹点编辑实体

可以拖动夹点来改变基本图元实体对象和多段体的形状和大小。例如，可以更改圆锥体的高度和底面半径，而不丢失圆锥体的整体形状，如图 7.86（a）所示。拖动顶面半径夹点可以将圆锥体变换为具有平顶面的圆台，如图 7.86（b）所示。

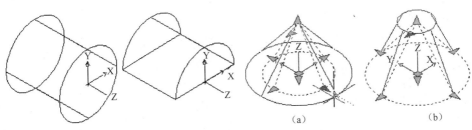

(a)　　　　　　　　(b)

图 7.85　SLICE 命令的用法　　　　图 7.86　利用夹点变更基本图元

6. 利用小控件编辑三维实体及子对象

小控件可帮助用户移动、旋转和缩放三维对象和子对象。在三维视觉样式的视图中，鼠标左键单击三维实体，小控件即显示，此时可对三维实体的整体进行移动、旋转和缩放操作。用鼠标右键单击小控件，则显示小控件的快捷菜单，利

用快捷菜单,用户可以进行移动、旋转和缩放之间的切换。若要对三维实体的子对象进行操作,用户需按 Ctrl 键并单击实体表面上所需编辑的子对象,方法与网格图元对象编辑方法一致,操作如图 7.87 所示。

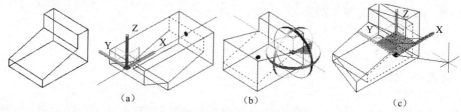

(a)　　　　　　　　(b)　　　　　　　　(c)

图 7.87　利用小控件编辑三维实体

(a) 移动指定的面;(b) 旋转指定的面;(c) 缩放指定的面

7.4.3　三维基本编辑命令

大多数二维环境下的编辑命令对三维对象同样有效。但在编辑操作方法上,三维与二维还是有所不同。

1. 利用 3D Array 命令进行三维阵列

三维阵列(3D Array)命令是在 3D 空间建立对象的矩形或环形阵列。该命令的调用方法及命令格式如下:

下拉式菜单:选择【修改(**M**)/三维操作(**3**)/三维阵列(**3**)】

工具栏:单击"建模"工具栏中的"三维阵列"按钮

命令:_3darray　　　　　　　　//单击"建模"工具栏中的"三维阵列"按钮

选择对象:　　　　　　　　　//选择三维阵列对象

选择对象:

输入阵列类型[矩形(R)./环形(P)]<矩形>:

输入行数(---)<1>:　　　　//输入阵列的行数

输入列数(|||)<1>:　　　　//输入行列的列数

输入层数(...)<1>:　　　　//输入阵列的层数

指定行间距(---):　　　　//输入阵列的行间距

指定列间距(|||):　　　　//输入阵列的列间距

指定层间距(...):　　　　//输入阵列的层间距

若对"输入阵列类型[矩形(R)/环形(P)]<矩形>:"的提示,用"P"响应,则使用环形阵列方式。系统后续提示:

输入阵列中的项目数目:6

指定要填充的角度(+=逆时针,-=顺时针)<360>:

　　　　　　　　　　　//按 Enter 键,填充角 360°

旋转阵列对象?[是(Y)/否(N)]<Y>:

指定阵列的中心点：　　　　　　　　//拾取图 7.88 中的 A 点

指定旋转轴上的第二点：　　　　　　//拾取 B 点，执行结果如图 7.88 右图所示

2. 利用 MIRROR3D 对称复制三维对象

使用 MIRROR3D 命令可以对称复制一个三维对象的副本。该命令的调用方法及命令格式如下：

下拉式菜单：选择【修改（**M**）/三维操作（**3**）/三维镜像（**D**）】

命令：_mirror3d

选择对象：　　　　　　　　　　　//选择需要镜像的原三维对象

选择对象：　　　　　　　　　　　//按 Enter 键，结束对象选择

指定镜像平面（三点）的第一个点或［对象（O）/最近的（L）/Z 轴（Z）/视图（V）/XY 平面（XY）/YZ 平面（YZ）/ZX 平面（ZX）/三点（3）］<三点>：YZ　　　　　　　　　　　　　　　//选择与 YOZ 坐标面平行的镜像平面

指定 YZ 平面上的点<0，0，0>：　//按 Enter 键，镜像平面通过坐标原点

是否删除源对象？［是（Y）/否（N）］<否>：

　　　　　　　　　　　　　　　　//按 Enter 键，保留原三维对象

执行结果如图 7.89 所示。

图 7.88　环形阵列

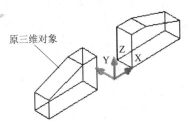

图 7.89　MIRROR3D 命令用法

3. 利用 3DALIGN 命令进行三维对齐

使用 3DALIGN 命令可通过移动、旋转或倾斜对象来使该对象与另一个对象对齐。该命令的调用方法及命令格式如下：

下拉式菜单：选择【修改（**M**）/三维操作（**3**）/三维对齐（**A**）】

工具栏：单击"建模"工具栏中的"三维对齐"按钮

命令：_3dalign　　　　　　　　　//单击"建模"工具栏中的"三维对齐"

　　　　　　　　　　　　　　　　按钮

选择对象：　　　　　　　　　　　//选择三棱柱，如图 7.90 左图所示

选择对象：　　　　　　　　　　　//按 Enter 键，结束对象选择

指定源平面和方向 ...

指定基点或［复制（C）］：　　　　//拾取 A，如图 7.90 左图所示

指定第二个点或［继续（C）］<C>：//拾取 B

指定第三个点或［继续（C）］<C>：　//拾取 C

指定目标平面和方向...

指定第一个目标点：　　　　　　//拾取 A1

指定第二个目标点或［退出（X）］<X>：

　　　　　　　　　　　//拾取 B2

指定第三个目标点或［退出（X）］<X>：

　　　　　　　　　　　//拾取 C3

执行结果如图 7.90 右图所示。

7.4.4　不同模型类型之间的转换

AutoCAD 2010 提供了不同模型类型的转换功能。用户可将实体模型转换为网格模型，也可将网格模型转换为实体模型。

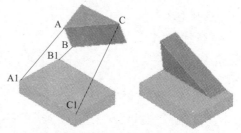

图 7.90　3dalign 命令的用法

1. 利用 MESHSMOOTH 命令将三维实体对象转换为网格对象

使用 MESHSMOOTH 命令可将三维实体对象转换为网格对象，从而可利用三维网格的细节建模功能。该命令的调用方法及命令格式如下：

工具栏：单击"平滑网格"工具栏中的"平滑对象"按钮🔘

命令：_meshsmooth　　　　　　　//单击"平滑网格"工具栏中的"平滑对象"按钮🔘

选择要转换的对象：

【说明】：转换后的平滑度取决于"网格镶嵌选项"对话框中的设置，用户需预先设置。

2. 利用 CONVTOSOLID 命令将三维网格对象转换为三维实体对象

使用 CONVTOSOLID 命令可将网格对象转换为三维实体，从而可利用实体造型建模功能。该命令的调用方法及命令格式如下：

下拉式菜单：选择【修改（M）/三维操作（3）/转化为实体（O）】

命令：_convtosolid

网格转换设置为：平滑处理但不优化。

选择对象：

【说明】：用户在将网格对象转换为实体对象前，可通过系统变量 SMOOTHMESHCONVERT 的值来指定网格对象转换后，是平滑的还是镶嵌面的，以及是否合并面，如图 7.91 所示。

① 当 SMOOTHMESHCONVERT=0 时，创建平滑模型，优化或合并共面的面；

SMOOTHMESHCONVERT=0　　　　　　　　SMOOTHMESHCONVERT=2

SMOOTHMESHCONVERT=1　　　　　　　　　　　　SMOOTHMESHCONVERT=3

图 7.91　网格对象转换为实体对象

② 当 SMOOTHMESHCONVERT=1 时，创建平滑模型，原始网格面将保留在转换后的对象中；

③ 当 SMOOTHMESHCONVERT=2 时，创建具有经平整处理的面的模型，优化或合并共面的面；

④ 当 SMOOTHMESHCONVERT=3 时，创建具有经平整处理的面的模型，原始网格面将保留在转换后的对象中。

7.4.5　视觉样式

用 VSCURRENT 命令设定当前视口的视觉样式。用户可调用下拉式菜单【视图（V）/视觉样式（S）】的命令选项，或使用如图 7.92 所示的视觉样式工具栏。

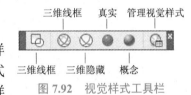

图 7.92　视觉样式工具栏

命令：VSCURRENT

输入选项［二维线框（2）/三维线框（3）/三维隐藏（H）/真实（R）/概念（C）/其他（O）］<三维线框>：

各选项含义如下：

【二维线框（2）】选项：显示对象时，使用直线和曲线表示边界。光栅和 OLE 对象、线型和线宽都是可见的。

【三维线框（3）】选项：显示对象时，使用直线和曲线表示边界。显示一个已着色的三维 UCS 图标。光栅和 OLE 对象、线型和线宽都不可见。

【三维隐藏（H）】选项：显示用三维线框表示的对象并隐藏表示后向面的直线。

【真实（R）】选项：着色多边形平面间的对象，并使对象的边平滑化，并将显示已附着到对象的材质。

【概念（C）】选项：着色多边形平面间的对象，并使对象的边平滑化。着色使用冷色和暖色之间的过渡。效果缺乏真实感，但是可以更方便地查看模型的细节。

【其他（O）】选项：系统将显示以下提示：

输入视觉样式名称［?］：（输入当前图形中的视觉样式的名称或输入 ? 以显示名称列表）

7.5 三维实体造型制作实例

下面以绘制如图7.93所示的组合体为例，来说明实体造型的制作方法与作图步骤。

主要操作步骤如下：

1. 设置作图环境

① 选择下拉式菜单【格式（O）/单位（U）...】，打开"单位控制"对话框，在【精度】下拉框中，设置小数位数为0.1，其余保持缺省。

② 创建图层OBJECT层，颜色为淡灰色；并置OBJECT层为当前层。

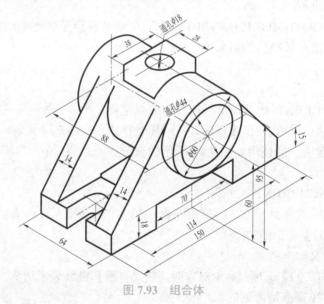

图7.93 组合体

③ 设置"西南等轴测"视图。单击下拉式菜单：【视图（V）/三维视图（D）/西南等轴测（S）】。

2. 绘制组合体下部的底板

绘制组合体下部的长方形底板。其两端的U形槽可看成是一个长方体（18×18×15）和圆柱体（R9×15）并集而形成。

命令：_box   //单击"建模"工具栏中的"长方体"按
　　　　　　　　　　　　　　　　　　　钮📦，绘制长方体底板，如图7.94所示
指定第一个角点或 [中心（C）]：0，0
　　　　　　　　　　　　　　　　//长方形底板底面上左下角点A
指定其他角点或 [立方体（C）/长度（L）]：@150，64
　　　　　　　　　　　　　　　　//长方形底板底面上右上角点B

指定高度或［两点（2P）］: 15　　　　//底板高

命令: _ucs　　　　　　　　　　　//单击"UCS"工具栏中的"原点"按钮⊾

当前 UCS 名称: *世界*

指定 UCS 的原点或［面（F）/命名（NA）/对象（OB）/上一个（P）/视图
（V）/世界（W）/X/Y/Z/Z 轴（ZA）］<世界>: _o

指定新原点 <0, 0, 0>:　　　　//捕捉底板左端面下部中的

命令: _box

指定第一个角点或［中心（C）］: 0, −9

指定其他角点或［立方体（C）/长度（L）］: @18, 18

指定高度或［两点（2P）］<15.0000>: 15

命令: _cylinder　　　　　　　//单击"建模"工具栏中的"圆柱体"按
　　　　　　　　　　　　　　　　钮□，绘 U 形圆柱部分，如图 7.94 所示

指定底面的中心点或［三点（3P）/两点（2P）/切点、切点、半径（T）/椭圆
（E）］:　　　　　　　　　　//捕捉长方体的右端底边中点

指定底面半径或［直径（D）］: 9　//输入圆柱半径 9

指定高度或［两点（2P）/轴端点（A）］<15>: 15

　　　　　　　　　　　　　　//输入圆柱高 15，执行结果如图 7.94 所示

命令: _union　　　　　　　　//单击"建模"工具栏中的"并集"按钮◎，
　　　　　　　　　　　　　　　　将长方体与圆柱并集生成 U 形体

选择对象:　　　　　　　　　//选择小长方体

选择对象:　　　　　　　　　//选择圆柱体

选择对象:　　　　　　　　　//按 Enter 键，或单击鼠标右键

命令: _mirror3d　　　　　　//选择下拉菜单【修改（M）/三维操作
　　　　　　　　　　　　　　　　（3）/三维镜像（D）】，生成右端 U 形体

选择对象:　　　　　　　　　//选择 U 形体

选择对象:　　　　　　　　　//按 Enter 键，或单击鼠标右键

指定镜像平面（三点）的第一个点或［对象（O）/最近的（L）/Z 轴（Z）/视图
（V）/XY 平面（XY）/YZ 平面（YZ）/ZX 平面（ZX）/三点（3）］<三点>: YZ

指定 YZ 平面上的点<0, 0, 0>:　//捕捉长方体底板前端面边线中的

是否删除源对象？［是（Y）/否（N）］<否>:

　　　　　　　　　　　　　　//选择 "N"

命令: _subtract　　　　　　//单击"建模"工具栏中的"差集"按钮◎，
　　　　　　　　　　　　　　　　减去两端 U 形体

选择要从中减去的实体、曲面和面域...

选择对象:　　　　　　　　　//选择长方体

选择对象:　　　　　　　　　//按 Enter 键，或单击鼠标右键

选择要减去的实体、曲面和面域...

选择对象：　　　　　　　　　　//选择左端 U 形体

选择对象：　　　　　　　　　　//选择右端 U 形体

选择对象：　　　　　　　　　　//按 Enter 键，或单击鼠标右键，结果
　　　　　　　　　　　　　　　　　如图 7.95 所示

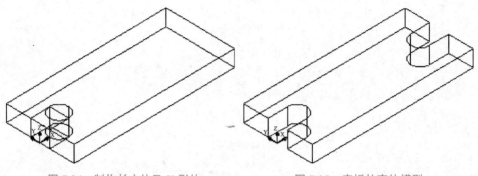

图 7.94　制作长方体及 U 形体　　　　　　图 7.95　底板的实体模型

3. 绘制前后竖板

竖板可利用其正面形状，使用 EXTRUDE 命令对其 2D 对象拉伸生成竖板实体。制作前应使 UCS 的 XY 坐标面与竖板正面平行。

① 设置 UCS 的 XY 坐标面在底板后表面，原点设置在后表面的下部中点，如图 7.95 所示。

命令：_ucs　　　　　　　　　　//单击"UCS"工具栏中的"Z 轴矢量"
　　　　　　　　　　　　　　　　按钮

当前 UCS 名称：*没有名称*

指定 UCS 的原点或 [面（F）/命名（NA）/对象（OB）/上一个（P）/视图（V）/世界（W）/X/Y/Z/Z 轴（ZA）] <世界>：_zaxis

指定新原点或 [对象（O）] <0，0，0>：

　　　　　　　　　　　　　　　　//捕捉长方体后端面底边中点

在正 Z 轴范围上指定点 <75，32，1>：

　　　　　　　　　　　　　　　　//捕捉长方体前端面底边中点

② 绘制竖板平面图形

它由两条圆柱筒的切线、与底板交线和与圆柱筒交线圆弧组成。首先作出与圆柱筒的交线圆，然后作出两条切线，通过修剪作出该圆弧，连接切线下部两端点，并将其定义为面域。结果如图 7.96 所示。

命令：_circle　　　　　　　　//画竖板上圆形槽

指定圆的圆心或 [三点（3P）/两点（2P）/切点、切点、半径（T）]：0，60，0

指定圆的半径或 [直径（D）]：30

命令：_line　　　　　　　　　　　//画竖板两端的切线

指定第一点：　　　　　　　　　　//捕捉底板上左后端点

指定下一点或［放弃（U）］：　　　//捕捉与圆的切点

…

命令．_trim

当前设置：投影=UCS，边=无

选择剪切边...

选择对象或 <全部选择>：　　　　　//选择左侧切线

选择对象：　　　　　　　　　　　//选择右侧切线

选择对象：　　　　　　　　　　　//按 Enter 键，或单击鼠标右键

选择要修剪的对象，或按住 Shift 键选择要延伸的对象，或［栏选（F）/窗交（C）/投影（P）/边（E）/删除（R）/放弃（U）］：

　　　　　　　　　　　　　　　//选择上部需修剪的圆弧

选择要修剪的对象，或按住 Shift 键选择要延伸的对象，或［栏选（F）/窗交（C）/投影（P）/边（E）/删除（R）/放弃（U）］：

　　　　　　　　　　　　　　　//按 Enter 键

命令：_region　　　　　　　　　//单击"绘图"工具栏中的"面域"按钮，
　　　　　　　　　　　　　　　　将它们定义为面域

选择对象：　　　　　　　　　　　//选择圆弧

选择对象：　　　　　　　　　　　//选择左端切线

选择对象：　　　　　　　　　　　//选择右端切线

选择对象：　　　　　　　　　　　//选择底边线

已提取 1 个环。

已创建 1 个面域。

③ 将竖板平面图形拉伸成实体板，并将其复制到前部位置。结果如图 7.97 所示。

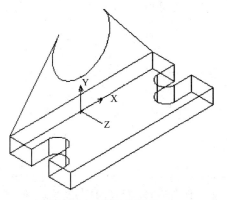
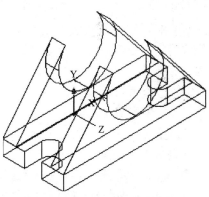

图 7.96　竖板轮廓图　　　　　　　　图 7.97　竖板的实体模型

命令：_extrude   //单击"建模"工具栏中的"拉伸"按钮Ⅰ，
                                              将定义的面域拉伸成竖板

当前线框密度：ISOLINES=4

选择要拉伸的对象：   //选择所定义的面域

选择要拉伸的对象：   //按 Enter 键，或单击鼠标右键

指定拉伸的高度或 [方向（D）/路径（P）/倾斜角（T）] <15>：14

                                //输入竖板宽 14

命令：_copy   //复制生成前端的竖板

选择对象：   //选择后端的竖板

选择对象：   //按 Enter 键，或单击鼠标右键

当前设置：复制模式 = 多个

指定基点或 [位移（D）/模式（O）] <位移>：

                                //捕捉竖板前表面左下点

指定第二个点或 <使用第一个点作为位移>：

                                //捕捉底板的左前上顶点，结果如图 7.97 所示

4. 绘制上部的圆柱筒

命令：_cylinder   //画外部大圆柱体 $R30×88$

指定底面的中心点或 [三点（3P）/两点（2P）/切点、切点、半径（T）/椭圆（E）]：0，60，−12

指定底面半径或 [直径（D）] <9.0000>：30

指定高度或 [两点（2P）/轴端点（A）] <14.0000>：88

命令：_cylinder   //画通孔圆柱体 $R22×88$

指定底面的中心点或 [三点（3P）/两点（2P）/切点、切点、半径（T）/椭圆（E）]：0，60，−12

指定底面半径或 [直径（D）] <30.0000>：22

指定高度或 [两点（2P）/轴端点（A）] <88.0000>：88

执行结果如图 7.98 所示。

5. 绘制底板下部的矩形通槽

命令：_box   //画矩形通槽 70×64×18

指定第一个角点或 [中心（C）]：−35，0

指定其他角点或 [立方体（C）/长度（L）]：@70，18

指定高度或 [两点（2P）] <64.0000>：64

结果如图 7.99 所示。

6. 绘制圆柱体上部的四棱柱凸台

① 改变 UCS 坐标系，使 UCS 的 XY 平面位于四棱柱凸台的上表面。

命令：_ucs   //将当前UCS的XY坐标面与底板下表面平行

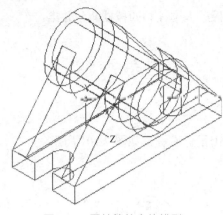

图 7.98　圆柱筒的实体模型

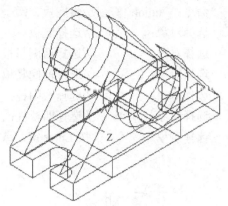

图 7.99　矩形通槽实体模型

当前 UCS 名称：*没有名称*

指定 UCS 的原点或［面（F）/命名（NA）/对象（OB）/上一个（P）/视图（V）/世界（W）/X/Y/Z/Z 轴（ZA）］<世界>：_x

指定绕 X 轴的旋转角度 <90>：−90

命令：_ucs　　　　　　　　//再将当前 UCS 的坐标原点平移到四棱柱凸台上表面，如图 7.100 所示

当前 UCS 名称：*没有名称*

指定 UCS 的原点或［面（F）/命名（NA）/对象（OB）/上一个（P）/视图（V）/世界（W）/X/Y/Z/Z 轴（ZA）］<世界>：_o

指定新原点 <0，0，0>：0，−32，95

② 画长方体凸台及圆孔，如图 7.100 所示。

命令：_box　　　　　　　　//画长方体凸台 38×28×35

指定第一个角点或［中心（C）］：−19，−14

指定其他角点或［立方体（C）/长度（L）］：@38，28

指定高度或［两点（2P）］<88.0000>：−35

命令：_cylinder　　　　　　//画圆孔 R9×35

指定底面的中心点或［三点（3P）/两点（2P）/切点、切点、半径（T）/椭圆（E）］：0，0，0

指定底面半径或［直径（D）］<12.5000>：9

指定高度或［两点（2P）/轴端点（A）］<−35.0000>：−35

结果如图 7.100 所示。

7. 进行布尔运算

将组合体中外壳实体进行并集，将组合体中挖去的空腔实体进行并集，最后将并集后将外壳并集体与要挖去的空腔并集体进行差集。

命令：_union   //将底板、两个竖板、大圆柱和四棱柱凸台并集

选择对象：   //选择底板

选择对象：   //选择后侧竖板

选择对象：   //选择前侧竖板

选择对象：   //选择大圆柱

选择对象：   //选择四棱柱凸台

选择对象：   按 Enter 键，或单击鼠标右键，如图 7.101 所示

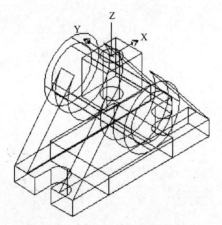
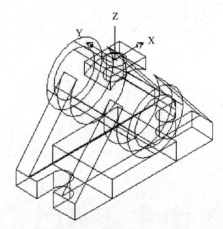

图 7.100　穿孔凸台的实体模型　　　　图 7.101　外壳并集和空腔并集

命令：_union   //将大圆柱内的通孔与凸台中圆孔并集

选择对象：   //选择大圆柱内的通孔圆柱体

选择对象：   //选择四棱柱中的通孔圆柱体

选择对象：   //按 Enter 键，或单击鼠标右键，如图 7.101 所示

命令：_subtract   //将并集后的外壳与并集后的空腔和矩形通槽进行差集

选择要从中减去的实体、曲面和面域...

选择对象：   //选择并集后的外壳

选择对象：   //按 Enter 键，或单击鼠标右键

选择要减去的实体、曲面和面域...

选择对象：   //选择并集后的空腔

选择对象：   //选择矩形通槽长方体

选择对象：   //按 Enter 键，或单击鼠标右键

执行结果如图 7.102 所示。

单击"视觉样式"工具栏中的"真实"按钮 ⬤ ，着色后的组合体模型如图 7.103所示。

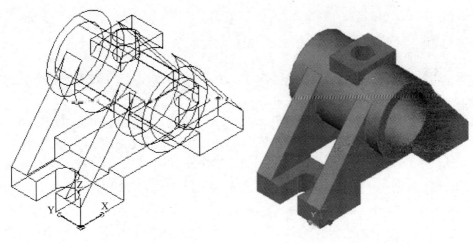

图 7.102　组合体实体模型　　　　　图 7.103　真实视觉效果

7.6　三维实体生成视图

创建好三维实体模型后，通过产生多视口、改变视点、视口缩放比例、三维实体的剖切与截面、提取三维实体视口轮廓线等编辑方法，可以直接生成工程上所使用的多视图和剖视图。

7.6.1　利用 SECTIONPLANE 命令生成截面

使用 SECTIONPLANE 命令以通过三维对象创建剪切平面的方式创建截面对象。该命令的调用方法及命令格式如下：

下拉式菜单：【绘图（**D**）/建模（**M**）/截面平面（**E**）】

命令：_sectionplane

选择面或任意点以定位截面线或［绘制截面（D）/正交（O）］：

指定通过点：　　　　　　　　　//确定截面线上的两点 A 和 B，如图 7.104
　　　　　　　　　　　　　　　　所示

该命令各选项含义如下：

【定位截面线】：其中第　点可建立截面对象旋转所围绕的点，第二点可创建截面对象。

【绘制截面（**D**）】：定义具有多个点的截面对象以创建带有折弯的截面线。系统后续提示：

指定起点：　　　　　　　　　　//确定截面线上的点 A，如图 7.104 所示

指定下一点：　　　　　　　　　//确定截面线上的点 B

指定下一点或按 Enter 键完成：　//执行结果如图 7.104 所示

【正交（O）】：将截面对象与相对于 UCS 的正交方向对齐。系统后续提示：

将截面对齐至：[前（F）/后（B）/顶部（T）/底部（B）/左（L）/右（R）]：

完成截面对象设置后，要生成相应的截面图，用户可用鼠标左键单击截面线，然后单击鼠标右键，在弹出的快捷菜单中，如图 7.105 所示，选择【生成二维/三维截面……】选项，系统将显示"生成截面/标高"对话框，如图 7.106 所示。用户可选择生成二维截面图还是三维截面图，单击【截面设置】按钮，在弹出的如图 7.107 所示的"截面设置"对话框中，设置好截面上剖面符号线的填充图案、填充比例等，单击【确定】按钮，返回"生成截面/立面"对话框，单击【创建】按钮，依据系统提示，插入截面图。如图 7.108 分别显示的是二维和三维两个截面图。

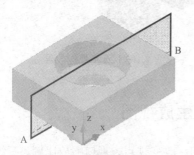

图 7.104　设置截切面

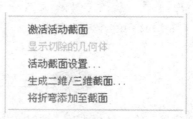

图 7.105　生成截面快捷菜单

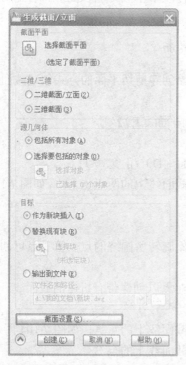

图 7.106　"生成截面/标高"对话框

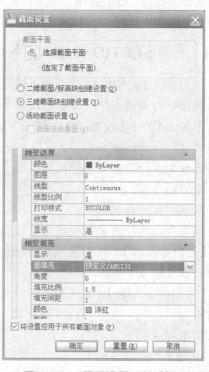

图 7.107　"截面设置"对话框

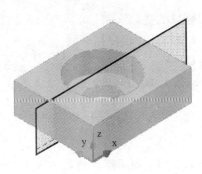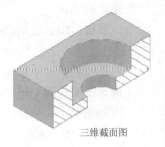

二维截面图　　　　　　　　三维截面图

图 7.108　二维截面图和三维截面图

7.6.2　利用 MVSETUP 命令设置图形规格

使用 MVSETUP 命令时，AutoCAD 系统的提示取决于当前是处于模型选项卡（模型空间），还是布局选项卡（图纸空间）。该命令的调用方法及命令格式如下：

命令行：输入 MVSETUP

命令：_mvsetup

是否启用图纸空间？［否（N）/是（Y）］<是>:

　　　　　　　　　　　　　//按 Enter 键

输入选项［对齐（A）/创建（C）/缩放视口（S）/选项（O）/标题栏（T）/放弃（U）]:

各选项说明如下：

①【对齐（**A**）】选项：在视口中平移视图，使其与另一个视口中的基点对齐。系统后续提示为：

输入选项［角度（A）/水平（H）/垂直对齐（V）/旋转视图（R）/放弃（U）]:

● 【角度（**A**）】：在视口中沿指定的方向平移视图。

● 【水平（**H**）】：在视口中平移视图，直到它与另一个视口中的基点水平对齐为止。

● 【垂直对齐（**V**）】：在视口中平移视图，直到它与另一个视口中的基点垂直对齐为止。

● 【旋转视图（**R**）】：在视口中绕基点旋转视图。

● 【放弃（**U**）】：撤销当前 MVSETUP 任务中已执行的操作。

②【创建（**C**）】选项：用于创建视口。

③【缩放视口（**S**）】选项：调整视口中对象的缩放比例因子。缩放比例因子是边界在图纸空间中的比例和图形对象在视口中显示的比例之间的比率。系统后续提示为：

选择要缩放的视口...

选择对象：　　　　　　　　　　　　　//选择要缩放的视口

选择对象：　　　　　　　　　　　　　//按 Enter 键，或单击鼠标右键

设置视口缩放比例因子。交互（I）/<统一（U）>：

　　　　　　　　　　　　　　　　　　//输入 I 或按 Enter 键

设置图纸空间单位与模型空间单位的比例...

输入图纸空间单位的数目<1.0>：

输入模型空间单位的数目<1.0>：

此时用户输入缩放比例值，例如，对比例为 1:4 的工程图样，输入 1 表示图纸空间的单位，4 表示模型空间的单位。

④【选项（O）】选项：修改图形前请先设置 MVSETUP 配置。

⑤【标题栏（T）】选项：通过设置原点来调整图形方向，然后创建图形边界和标题栏。

⑥【放弃（U）】选项：撤销当前 MVSETUP 任务中已执行的操作。

7.6.3　利用 SOLPROF 命令提取实体轮廓线

AutoCAD 系统在布局选项卡中工作时，使用 SOLPROF 命令可在当前视口中，创建三维实体的二维轮廓图。该命令的调用方法及命令格式如下：

下拉式菜单：【绘图（D）/建模（M）/设置（U）/轮廓（P）】

命令：_solprof

选择对象：　　　　　　　　　　　　//在激活的浮动视口内选择三维实体

选择对象：　　　　　　　　　　　　//按 Enter 键，或单击鼠标右键

是否在单独的图层中显示隐藏的轮廓线？［是（Y）/否（N）］<是>：

　　　　　　　　　　　　　　　　　//按 Enter 键

是否将轮廓线投影到平面？［是（Y）/否（N）］<是>：

　　　　　　　　　　　　　　　　　//按 Enter 键

是否删除相切的边？［是（Y）/否（N）］<是>：

　　　　　　　　　　　　　　　　　//按 Enter 键

① 对"是否在单独的图层中显示隐藏的轮廓线？［是（Y）/否（N）］<是>："提示下，通常选择"是"。两种选项说明如下：

【是（Y）】选项：仅生成两个块，一个用于整个选择集的可见线，另一个用于隐藏线。可见线和隐藏线的块放在按如下命名规则命名的图层上：PV—视口句柄用于可见的轮廓图层；PH—视口句柄用于隐藏的轮廓图层。

【否（N）】选项：把所有轮廓线当做可见线，并且为每个选定实体的轮廓线创建一个块。用与原实体同样的线型绘制可见的轮廓块，并且放在一个按"是"选项中描述的命名规则唯一命名的图层上。

② 对"是否将轮廓线投影到平面？［是（Y）/否（N）］<是>："提示下，通

常选择"是"。两种选项说明如下：

【是（Y）】选项：将用二维对象创建轮廓线。三维轮廓被投影到一个与观察方向垂直并且通过 UCS 原点的平面上。通过消除平行于观察方向的线，以及将在侧面观察到的圆弧和圆转换为直线，SOLPROF 可以清理二维轮廓。

【否（N）】选项：AutoCAD 将用三维对象创建轮廓线。

③ 对"是否删除相切的边？［是（Y）/否（N）］＜是＞："提示下，通常选择"是"。两种选项说明如下：

【是（Y）】选项：不显示相切边。相切边是指两个相切面之间的分界边，它只是一个假想的两面相交并且相切的边。大多数图形都不需显示相切边。

【否（N）】选项：显示相切边。

使用 SOLPROF 命令提取的实体轮廓线与三维实体的轮廓在当前视口中相互重合，要观察到所提取的实体轮廓线，用户可将三维实体所在的图层进行关闭即可，并将"PH-"开头的图层的线型设置为"HIDDEN"。

7.6.4 由三维实体模型生成三视图

以 7.5 节中所制作的组合体三维实体模型为例，利用组合体的三维实体模型生成三视图的步骤如下：

（1）打开组合体三维实体模型（或制作组合体三维实体模型）。

（2）单击"布局 1"选项卡，进入布局 1（图纸空间），用 ERASE 命令删除该布局中默认的视口。

或进入布局前，选择下拉式菜单【工具（T）/选项（N）…】，打开"选项"对话框中的"显示"选项卡，在"布局元素"栏内，除选中"显示布局和模型选项卡"复选框外，将"显示可打印区域""显示图纸背景""新建布局时显示页面设置管理器"和"在新布局中创建视口"四个复选框去除。

（3）创建"图框"层，并置"图框"层为当前层，绘制标准 A3 图框，如图 7.109 所示。若事先已做好 A3 图框文件，也可调用下拉式菜单【插入（I）/块（B）…】，插入保存在硬盘上的 A3 图形文件或图块。

（4）创建"视口"层，并置"视口"层为当前层。选择下拉式菜单【视图（V）/视口（V）/四个视口（4）】，即发出 VPORTS 命令，创建 4 个视口，并将它们布置在 A3 图框的内框线范围内。然后用 ERASE 命令擦除右下角视口，如图 7.110 所示。

命令：_vports

指定视口的角点或［开（ON）/关（OFF）/布满（F）/着色打印（S）/锁定（L）/对象（O）/多边形（P）/恢复（R）/图层（LA）/2/3/4］＜布满＞：_4

指定第一个角点或［布满（F）］＜布满＞：

       //指定 A3 图框的左下方一点 A，如图

    7.110 所示

指定对角点：　　　　　　　　　　　//指定 A3 图框的右上方一点 B

正在重生成模型，如图 7.110 所示。并使用"修改"工具栏中的"删除"按钮，将图框中右下角窗口删除。

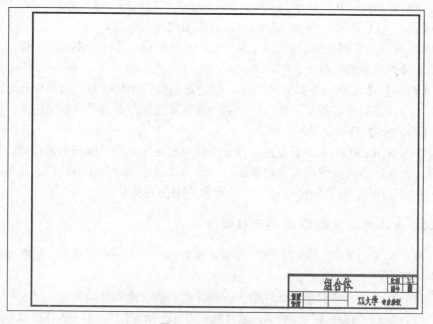

图 7.109　画 A3 图框

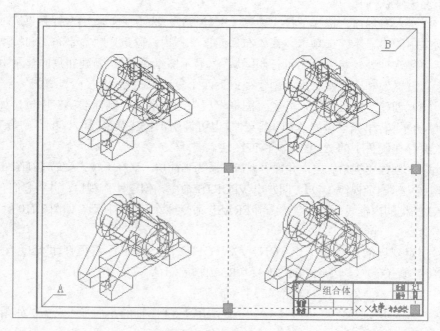

图 7.110　创建三个视口

（5）改变各视口的视点方向，生成所需的三视图。双击状态栏中的【图纸】，使其变为【模型】，进入激活的浮动视口，设置各视口中的观察方向，如图 7.111 所示。

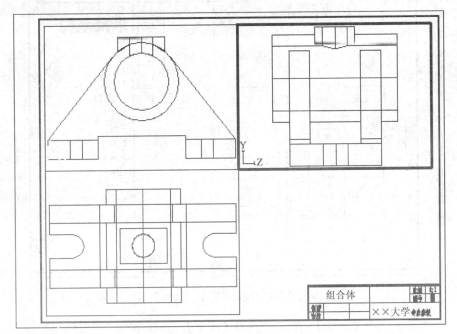

图 7.111　设置组合体三视图的各视口观察方向

单击左上角浮动视口，选择"视图"工具栏中的"前视"按钮，生成主视图；

单击左下角浮动视口，选择"视图"工具栏中的"俯视"按钮，生成俯视图；

单击右上角浮动视口，选择"视图"工具栏中的"左视"按钮，生成左视图。

（6）设置各视口的比例（本例中为 1:1），用户可使用"视口"工具栏中的"比例下拉列表"统一设置三个视口比例，如图 7.112 所示。也可使用 MVSETUP 命令进行设置各视口比例，其操作步骤如下：

命令：_mvsetup

输入选项 [对齐（A）/创建（C）/缩放视口（S）/选项（O）/标题栏（T）/放弃（U）]：S

选择要缩放的视口...

选择对象：ALL　　　　　　　　　　　　　　//选择全部视口

设置视口缩放比例因子交互（I）/<统一（U）>：U　　//按 Enter 键

输入图纸空间单位的数目<1.0>：1　　　　　　//图纸空间比例因子

输入模型空间单位的数目<1.0>：1　　　　　　//模型空间比例因子

（7）提取三视图中的轮廓线。可使用下拉式菜单【绘图（D）/建模（M）/设置（U）/轮廓（P）】调用提取实体轮廓命令。

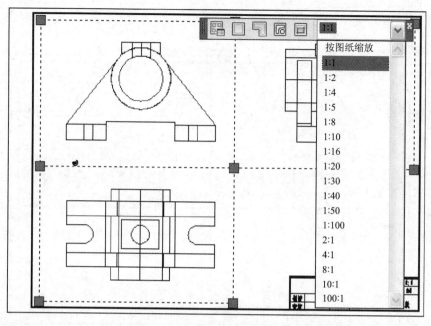

图 7.112 设置各视口的比例

单击状态栏中【图纸】，使其转变为【模型】，并在主视图视口内用鼠标左键单击；或在主视图窗口内任意一处双击鼠标左键，进入主视图的浮动窗口。

命令：_solprof   //选择下拉式菜单【绘图（**D**）/建模（**M**）/
                                   设置（**U**）/轮廓（**P**）】

选择对象：   //选择主视图窗口内的三维实体对象

选择对象：   //按 Enter 键，或单击鼠标右键

是否在单独的图层中显示隐藏的轮廓线？［是（Y）/否（N）］<是>：
                                   //按 Enter 键

是否将轮廓线投影到平面？［是（Y）/否（N）］<是>：
                                   //按 Enter 键

是否删除相切的边？［是（Y）/否（N）］<是>：
                                   //按 Enter 键

通过上述操作，提取了主视图视口内三维实体的轮廓线。用同样方法提取俯视图和左视图视口内的三维实体轮廓线。此时，三个视口中不可见轮廓线放置在以 PH 字母开头的图层上，而可见轮廓线放置在以 PV 字母开头的图层上。

（8）打开"图层特性管理器"对话框，关闭三维实体所在的图层，并将以"PH"开头的图层的线型设置为"Hidden（虚线）"，颜色设置为蓝色；将字母 PV 开头的图层，颜色设置为黑色。然后关闭"图层特性管理器"对话框，结果如图 7.113 所示。

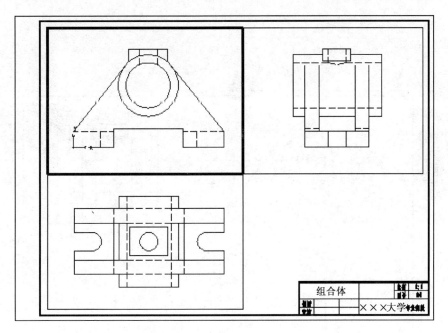

图 7.113 提取各窗口轮廓线

（9）创建"定位轴线"层，并将"定位轴线"层置为当前层；关闭"视口"层和"实体模型"层。用画线命令添加各视图中的定位轴线，结果如图 7.114 所示。

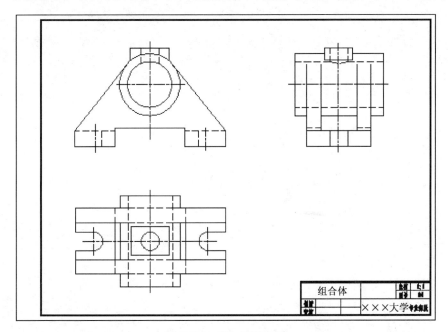

图 7.114 添加定位轴线

（10）创建"尺寸标注"层，并置"尺寸标注"层为当前层。在图纸空间对组合体三视图进行尺寸标注。标注方法与在模型空间标注二维图形尺寸一样，标注尺寸后的组合体三视图结果如图 7.115 所示。

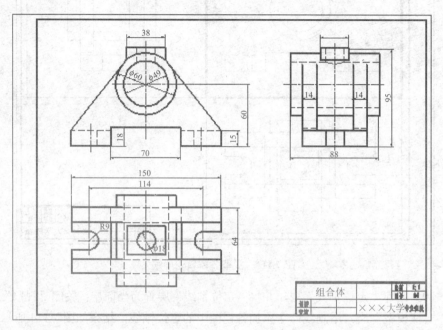

图 7.115　组合体三视图

第 8 章　AutoCAD 的用户接口设计

AutoCAD 绘图软件提供给用户丰富的图形绘制和图形编辑功能，同时它还具有良好的用户设计接口，为用户的工程软件开发提供友好的信息交流界面，这给用户开发本专业的计算机辅助设计和绘图的软件包提供了极大的便利，使工程设计中的科学计算和图形输出一体化成为可能。AutoCAD 可以输入和输出世界上通用的图形接口文件，定制用户菜单，使 AutoCAD 绘图软件用户化和个性化。AutoCAD 网络功能的进一步完善更为企业的分布式网络化的设计和加工提供了一个可靠的途径。AutoCAD 虽然提供给了良好的绘图环境，但工程设计中涉及的数据计算、设计优化、工程数据库处理及良好的用户界面则往往是由 Delphi、VC++、Visual Basic 等高级语言来解决，而由高级语言得到计算的结果和图形结构数据可通过 OLE 自动化技术通知到 AutoCAD，并在 AutoCAD 中自动绘制所需图形，即将 AutoCAD 的用户定制、接口设计、OLE 自动化技术与高级语言的信息交流相结合，能高效地开发出各专业计算机辅助设计和绘图一体化的工程软件包，实现工程设计的参数化绘图。

AutoCAD 与高级语言进行图形信息交换常用*.DXF、*.SCR 等几种文件形式，下面将结合工程设计实例介绍这几种接口文件的设计，并介绍用户菜单的设计。

本章学习目的：

（1）了解 AutoCAD 各种接口文件的结构和使用；
（2）学会设计和应用 AutoCAD 常用接口文件；
（3）初步学会使 AutoCAD 用户化的一些技能；
（4）初步了解工程设计软件包的软件系统组成。

8.1　DXF 文件接口设计

用户可使用 DXF 文件在 AutoCAD 和其他程序之间交换图形数据。DXF 文件是 AutoCAD 用来进行图形信息交换的一种文件，其文件的扩展名为 DXF，它可以容纳 AutoCAD 中所有的图形信息，AutoCAD 中的图形数据可以通过一定形式转化成 DXF 文件，而 DXF 文件可以由其他高级语言进行读写。

8.1.1 DXF 文件的结构

图形交换文件*.DXF 是一种专用格式的 ASCII 文本文件。DXF 文件在结构上由 HEADER（标题）、TABLES（表）、BLOCKS（图块）、ENTITIES（实体）四段组成，以 EOF 结束。

一个 DXF 文件由若干组构成。在 DXF 中，每个组占两行，首行为组代码，第二行为组值。组代码书写结构为 FORTRAN I3 格式（即向右对齐，占据三个字符），实体、表项和文件的分界符用组码 0，后跟描述该项的名称。组代码的具体赋值取决于文件中已描述的项，组值的类型由组码的类型确定，其规律见表 8.1。

表 8.1 DXF 文件组代码

组代码范围	跟随的组值
0～9	字符串
10～59	浮点数
60～79	整型数

组码的具体含义可参考 AutoCAD 使用手册。用户也可通过反复绘制图形，然后输出该图形的 DXF 文件，比较图形与 DXF 文件的变化，就可了解和分析 DXF 文件的组代码和组值的定义。这里介绍实例中用到的一些组码如下：

LINE：10、20 和 30（始点），11、21 和 31（终点）。

CIRCLE：10、20 和 30（圆心），40（半径）。

ARC：10、20 和 30（圆心），40（半径），50（起始角），51（终止角）。

TEXT：10、20 和 30（插入点），40（文本高度），1（文本值），50（旋转角度），41（X 的比例系数），51（倾斜角）。

图层名：8。

8.1.2 通过 DXF 读取 AutoCAD 图形

在生产实践中，常常是在 AutoCAD 中绘制图形，而这个图形有时需要在其他高级语言中被重现出来。比如，设计一个电站供电控制图或设计一个动画底图，一般在 AutoCAD 中绘制这些图形，而作为电站供电控制系统和动画编制系统软件一般为高级语言 Turbo C 和 Visual Basic 等，这就需要将 AutoCAD 的图形转换成用高级语言绘制的图形，把使用 AutoCAD 绘图的方便性和用高级语言控制图形的实时性有机地结合起来。

DXF 文件含有大量的信息，在设计接口文件时，应略去那些与图形结构无关的信息，同时又按一定顺序处理所关心的组码，得到图形数据后，并在高级语言中显示它们。为了得到 DXF 文件，必须用 AutoCAD 绘图编辑程序的 DXFOUT 命令，由当前绘制图产生图形交换文件。其格式是：

命令：DXFOUT

在输入 DXFOUT 命令后，系统将出现"图形另存为"文件名输入对话框，在这个对话框的【文件名（<u>N</u>）】输入区输入文件名后按【保存（<u>S</u>）】按钮，即可在硬盘中产生一个 DXF 接口文件。

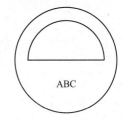

图 8.1　将被转换的图形

下面将用高级语言 Visual Basic 读取一个在 AutoCAD 中绘制的图形，绘制后的图形如图 8.1 所示。在 AutoCAD 的环境下绘一幅新图，图形文件名为 LABEL1，其操作步骤如下：

命令：CIRCLE

指定圆的圆心或［三点（3P）/两点（2P）/相切、相切、半径（T）］：200，200

指定圆的半径或［直径（D）］：80

命令：ARC

指定圆弧的起点或［圆心（C）］：260，200

指定圆弧的第二个点或［圆心（C）/端点（E）］：C

指定圆弧的圆心：200，200

指定圆弧的端点或［角度（A）/弦长（L）］：140，200

命令：LINE

指定第一点：260，200

指定下一点或［放弃（U）］：140，200

指定下一点或［放弃（U）］：　　　　　//按【Enter】结束命令

命令：TEXT

当前文字样式：Standard　当前文字高度：2.5000

指定文字的起点或［对正（J）/样式（S）］：185，150

指定高度<2.5000>：10

指定文字的旋转角度<0>：0

输入文字：ABC

输入文字：　　　　　　　　　　　　　//按 Enter 结束命令

命令：DXFOUT

在输入 DXFOUT 命令后，将出现【图形另存为】对话框，在这个对话框的文件名输入区输入文件名"LABEL1"，便可以在硬盘中产生一个接口文件 LABEL1.DXF。用字符处理程序"记事本"打开 LABEL1.DXF 文件，文件的第一部分类似下列的文字，它是一个图形的系统变量和一些基本的绘图参数：

```
   0
SECTION
   2
HEADER
   9
$ACADVER
   1
AC1015
   ⋮
```

这表明 DXF 文件是一段由字符串、整数和实数组成的顺序文件。一般来说，这个顺序文件中包含图形设置、线型名字、文字字样、图层、模块和视图等。在这个文件的尾端，将看到类似下列的文字：

清单如下：	说明如下：		
⋮		0	
0		ARC	圆弧实体记录开始
SECTION	实体段开始	5	
2		2E	
ENTITIES	ENTITIES 开始	330	
0		1F	
CIRCLE	圆实体记录开始	100	
5		AcDbEntity	
2D		8	层代码
330		0	实体在 0 层
1F		100	
100		AcDbCircle	
AcDbEntity		10	
8	层代码	200.0	圆弧的圆心 X＝200.0
0	实体在 0 层	20	
100		200.0	圆弧的圆心 Y＝200.0
AcDbCircle		30	
10		0.0	圆弧的圆心 Z＝0.0
200.0	圆的圆心 X＝200.0	40	
20		60.0	圆弧的半径 R＝60.0
200.0	圆的圆心 Y＝200.0	100	
30		AcDbArc	
0.0	圆的圆心 Z＝0.0	50	
40		0.0	圆弧的起始角＝0.0°
80.0	圆的半径	51	
		180.0	圆弧的起始角＝180.0°

第 8 章 AutoCAD 的用户接口设计

代码	说明		代码	说明
0			8	
LINE	直线实体记录开始		0	
5			100	
31			AcDbText	
330			TEXT	字符串体记录开始
1F			5	
100			23	
AcDbEntity			100	
8	层代码		AcDbEntity	
0	实体在 0 层		8	层代码
100			0	实体在 0 层
AcDbLine			100	
10			AcDbText	
260.0	直线起点 X=260.0		10	
20			185.0	字符串起点 X=185
200.0	直线起点 Y=200.0		20	
30			150.0	字符串起点 Y=150.0
0.0	直线起点 Z=0.0		30	
11			0.0	字符起点 Z=0.0
140.0	直线终点 X=140.0		40	
21			10.0	字符的高度 H=10.0
200.0	直线终点 Y=200.0		1	
31			ABC	字符串的实际内容
0.0	直线终点 Z=0.00		100	
0			AcDbText	
5			⋮	
32			0	
330			ENDSEC	实体段结束
1F			0	
100			EOF	文件结束
AcDbEntity				

通过对文件 LABEL1.DXF 的分析可知，要读取这张图的图形数据，只要选取该文件中与图形实体有关的数据和字符代码，并将它们转换成 Visual Basic 的图形。下列接口程序可读取 LABEL1.DXF 文件并在 Visual Basic 的窗体环境中显示图 8.1 所示图形。运行该文件，并注意把文件 LABEL1.DXF 放置在适当的文件目录中。

```
Private Sub Get_Dxf_Command_Click()
Rem Get AUTOCAD Drawing and Draw it in VB by DXF Interface Subprogram
Rem READ AUTOCAD DRAWING AND DISPLAY IT IN BASIC
```

```
Cls:Rem Clear Screen
Form1.Scale(0,400)-(400,0):Rem Set User Coordinate System
Rem READ AUTOCAD DRAWING BY *.DXF
NA$="d:/Label1.DXF":Rem Drawing's DXF File Name
Open NA$ For Input As #1
Rem IGNORE UNTIL ENTITIES SECTION SEGEMENT
GetHeadString:Line Input #1,GSTRING$
If GSTRING$="ENTITIES" Then GoTo GetEnitityString Else GoTo
GetHeadString
Rem READ DATA FROM ENTITIES SECTION SEGEMENT
GetEnitityString:
Line Input #1,GSTRING$
If GSTRING$="EOF" Then GoTo EndSubProgram
If GSTRING$="LINE" Then Call Read_Char8:Call DRAW_LINE
If GSTRING$="CIRCLE" Then Call Read_Char8:Call DRAW_CIRCLE
If GSTRING$="ARC" Then Call Read_Char8:Call DRAW_ARC
If GSTRING$="TEXT" Then Call Read_Char8:Call WRITE_TEXT
GoTo GetEnitityString
EndSubProgram:
Close #1
End Sub
Rem DRAW LINE
Sub DRAW_LINE()
Input #1,GCODE%:Input #1,X1
Input #1,GCODE%:Input #1,Y1
Input #1,GCODE%:Input #1,Z1
Input #1,GCODE%:Input #1,X2
Input #1,GCODE%:Input #1,Y2
Input #1,GCODE%:Input #1,Z2
Line(X1,Y1)-(X2,Y2)
End Sub
Rem DRAW CIRCLE
Sub DRAW_CIRCLE()
Input #1,GCODE%:Input #1,XCENTER
Input #1,GCODE%:Input #1,YCENTER
Input #1,GCODE%:Input #1,ZCENTER
Input #1,GCODE%:Input #1,R
Circle(XCENTER,YCENTER),R
End Sub
```

```
Rem DRAW ARC
Sub DRAW_ARC()
Input #1,GCODE%:Input #1,XCENTER
Input #1,GCODE%:Input #1,YCENTER
Input #1,GCODE%:Input #1,ZCENTER
Input #1,GCODE%:Input #1,R
Input #1,GCODE%:Input #1,GCODE%
Input #1,GCODE%:Input #1,SANGLE:Input #1,GCODE%:Input #1,EANGLE
SANGLE=SANGLE * 3.14159 / 180:EANGLE=EANGLE * 3.14159 / 180
Circle(XCENTER,YCENTER),R,1,SANGLE,EANGLE
End Sub
Rem WRITE TEXT
Sub WRITE_TEXT()
Input #1,GCODE%
If GCODE% <= 0 Then Return
Input #1,XTEXT
Input #1,GCODE%:Input #1,YTEXT
Input #1,GCODE%:Input #1,ZTEXT
Input #1,GCODE%:Input #1,HTEXT
Input #1,GCODE%:Input #1,Text$
XTEXT=Int(XTEXT):YTEXT=YTEXT
CurrentX=XTEXT:CurrentY=YTEXT:Print Text$
End Sub
Rem READ 10 CHARACTER STRINGS BEFORE READ EVERY ENTITY'S COORDINATE
Sub Read_Char8()
For I=1 To 10
Input #1,GCODE%
Next I
End Sub
```

8.1.3 通过 DXF 文件向 AutoCAD 输入图形

用户的专业计算机辅助设计程序一般都是用高级语言编写的，计算机辅助软件包中涉及的工程数据管理、优化设计及软件界面的设计也都由高级语言开发环境来解决。如果设计中设计出来的数据需要转换成图形，那么可将需画出的图形的数据以*.DXF 文件格式向 AutoCAD 输入。如果已由高级语言自动产生一个 CURVE1.DXF 文件，则由 AutoCAD 转换并显示其图形的命令是 DXFIN，其操作如下：

命令：DXFIN

在输入 DXFIN 命令后，将出现"选择文件"对话框，双击将选择的 DXF 文件，或者在这个对话框的【文件名（N）】输入区输入文件名 CURVE1 后，按【打开（O）】按钮，包含在 CURVE1.DXF 中的的各个代码组将被转换成 AutoCAD 的图形并立即显示在屏幕上。注意，一般情况下，只有在新图的环境中才可用 DXFIN 命令向 AutoCAD 输入图形。通过 DXF 文件向 AutoCAD 输入图形的关键，是构造一个满足 DXF 文件格式和代码序列要求的文件。参照前述的 DXF 文件格式，用高级语言写出满足 DXF 文件格式的顺序文件，就可达到向 AutoCAD 输入图形的目的。AutoCAD 允许省略 DXF 文件中的许多项，而仍可获得一个可用的图。

下列的接口程序将在 VB 程序界面中显示曲线 Y＝6SIN（6X）（0<=X<=6）和

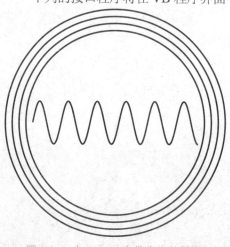

几个圆弧，并将图形送入到 AutoCAD 中。接口文件 CURVE1.DXF 将自动产生，在 AutoCAD 环境中用 DXFIN 命令并选择这个 DXF 接口文件，就可画出曲线和几个圆弧来。程序中，X0、Y0 为曲线子图形的坐标原点，XSCALE、YSCALE 为曲线在 X、Y 方向的比例系数。在此只向 CURVE1.DXF 文件中写入 ENTITIES 段中的实体项，如画直线段和画圆的组代码和组值，而忽略了其他段的内容。程序将在 AutoCAD 环境中自动画出如图 8.2 所示的图形。程序界面中对应于自设定的 Write_Dxf_Command 命令按钮的事件代

图 8.2   由 *.DXF 文件产生的图形

码如下所示：

```
Private Sub Write_Dxf_Command_Click()
Rem WRITE *.DXF AND TRANSFER IT INTO AUTOCAD DRAWING
Cls:Rem Clear Screen
Scale(0,1200)-(1200,-1200):Rem Set User Coordinate System
XSCALE=40:YSCALE=5:X0=80:Y0=200
NA$="Curve1.DXF"
Open NA$ For Output As #1
Print #1,0
Print #1,"SECTION"
Print #1,2
Print #1,"ENTITIES"
Rem DRAW CURVE BY LINE SEGEMENTS
For I=0 To 300
```

```
X=I * 0.02:Y=6 * Sin(6 * X)
XSCREEN=X0 + X * XSCALE
YSCREEN=Y0 + Y * YSCALE
Rem DRAW XSTART,YSTART
PSet(XSCREEN,YSCREEN)
Print #1,0
Print #1,"LINE"
Print #1," 5"
Print #1,Hex$(160 + I)
Print #1,100
Print #1,"AcDbEntity"
Print #1," 8"
Print #1,"0"
Print #1,100
Print #1,"AcDbLine"
Print #1,10
Print #1,X * XSCALE + X0
Print #1,20
Print #1,Y * YSCALE + Y0
Print #1,30
Print #1,"0.0"
Rem DRAW XEND,YEND
X=(I + 1) * 0.02:Y=6 * Sin(6 * X)
XSCREEN=X0 + X * XSCALE:YSCREEN=Y0 + Y * YSCALE
Line_(XSCREEN,YSCREEN)
Print #1,11
Print #1,X * XSCALE + X0
Print #1,21
Print #1,Y * YSCALE + Y0
Print #1,31
Print #1,0!
Next I
Rem DRAW CIRCLE
For J=1 To 4
Print #1,0
Print #1,"CIRCLE"
Print #1,5
Print #1,Hex$(160 + 300 + J)
Print #1,100
```

```
Print #1,"AcDbEntity"
Print #1," 8"
Print #1,"0"
Print #1,100
Print #1,"AcDbCircle"
XCENTER=200:YCENTER=200
R=120
Print #1,10
Print #1,XCENTER
Print #1,20
Print #1,YCENTER
Print #1,30
Print #1,"0.0"
Print #1,40
Print #1,R + J * 10
Circle(XCENTER,YCENTER),R + J * 10
Next J
Rem END OF *.DXF
Print #1,0
Print #1,"ENDSEC"
Print #1,0
Print #1,"EOF"
Close #1
End Sub
```

8.2　SCR 文件接口的设计

　　SCR 文件的实质是将 AutoCAD 一系列作图命令组合在一起，其文件的扩展名为 SCR，它按批处理方式执行。SCR 文件中命令的排列顺序与在 Command 状态下交互输入命令和数据的过程完全一致，文件中用空格表示回车。如果已有一个 SCR 文件 LABEL1.SCR，在绘图状态下，调用 SCRIPT 命令（对应【工具（T）/ 运行脚本（R）...】菜单）的格式是：

　　命令：SCRIPT

　　在输入 SCRIPT 命令后，将出现【选择脚本文件】对话框，双击将选择的脚本文件，或者在这个对话框的【文件名（N）】输入区输入文件名 LABEL1 后，按【打开（O）】按钮，包含在 LABEL1.SCR 中的命令序列将被转换成 AutoCAD 的图形并立即显示在屏幕上。

8.2.1 生成 SCR 文件的方式

SCR 文件是一个 ASCII 文本文件，可以用下列两种方法产生。

8.2.1.1 利用文本编辑软件产生 SCR 文件

可以用 EDLIN、PE、CCED、"记事本""写字板"等文本编辑软件生成一个符合 SCR 文件格式要求的文本文件。以图 8.1 所示图形为例，用字符编辑软件"记事本"编辑 LABEL1.SCR 文件，其文件内容如下：

```
CIRCLE 200, 200 80
ARC 260, 200 C 200, 200 140, 200
LINE 260, 200 140, 200 260, 200 C
TEXT 185, 150 10 0 ABC
```

这样就建立了命令组文件 LABEL1.SCR。在 AutoCAD 的环境下，按上述操作，将自动生成如图 8.1 所示的图形。实际上，接口文件 LABEL1.SCR 就是按在命令状态下的绘图命令和数据输入的顺序编辑的，用文本编辑软件来产生一个 *.SCR 文件而绘制图形，其工作量与用键盘来绘制图形基本是一样的，在此需要的是高级语言计算的精确性和绘图软件 AutoCAD 的良好的编辑界面，因此，通过高级语言自动生成 *.SCR 文件才是一种合理的图形信息交流方法。

8.2.1.2 通过高级语言自动生成 SCR 文件

通过高级语言计算出来的参数以及选择好的结构，如果通过 *.SCR 文件，就可将它们转换成 AutoCAD 的图形，从而实现参数化绘图，使计算机辅助设计和图形输出一体化。*.SCR 文件往往不是用字符编辑软件生成的，而是由高级语言自动产生的，这样从计算机辅助设计到图形输出都由高级语言来完成各项预定的工作。

下面的接口程序将自动产生接口文件 Curve1.Scr。程序中，X0、Y0 为曲线子图形的坐标原点，XScale、YScale 为曲线在 X、Y 方向的比例系数。程序界面中对应于自设定的 Write_Scr_Command 命令按钮的事件代码如下所示：

```
Private Sub Write_Scr_Command_Click()
Rem Transfer a Curve into AutoCAD by *.Scr
Scale(0,300)-(300,-300):Rem Set User Coordinate System
X0=30:Y0=30:XScale=20:YScale=2
Open "D:\Curve1.Scr" For Output As #1
For XX=0 To 15 Step 0.02
YY=4 + 4 * Sin(3 * XX) + 0.4 * XX * XX
X=X0 + XX * XScale
Y=Y0 + YY * YScale
If XX=0 Then PSet(X,Y):W$="LINE":Print #1,W$
If XX <> 0 Then Line - (X, Y): Write #1, X, Y
```

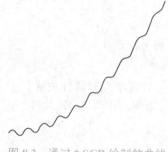

图8.3　通过 *.SCR 绘制的曲线

```
Next
Print #1, ""
Close #1
End Sub
```

在该程序运行过程中，通过按这个命令按钮，程序将自动产生一个 Curve1.Scr 接口文件，在 AutoCAD 环境中使用 SCRIPT 命令调用这个命令行文件，将在其画图区域画出如图 8.3 所示的曲线。

8.2.2　用 SCR 接口文件进行参数化绘图的实例

需要绘制的螺栓零件图（如图 8.4 所示）。螺栓是一个标准件，它的所有几何形状和尺寸由螺纹的大径 D 和有效工作长度 L 决定。在绘制螺栓零件图时，一般采用简化画法，各部分尺寸按如下尺寸关系设计：

H＝0.8D　L0＝1.5D　DH＝2D

运行该程序后，由已设定文件名 SCREW，设定的螺栓直径 D＝16，螺栓长度 L＝50，则可得到命令组文件

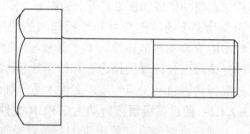

图8.4　通过 SCR 接口文件绘出的螺栓

SCREW.SCR。在 AutoCAD 绘图状态下，使用 SCRIPT 命令，并输入命名组文件名 SCREW，就可画出给定参数的螺栓工作图。注意，在输入命名组文件名 SCREW 之前应将系统的输入坐标 "捕捉" 功能设为不起作用，因为计算出的螺栓工作图上的各几何点的坐标可能有浮点数和非捕捉锁定的整型值。程序界面中，对应于自设定的 Write_Screw_Command 命令按钮的程序清单如下：

```
Private Sub Draw_Screw_Command_Click()
Rem DRAW SCREW TO AUTOCAD DRAWING
NA$="D:\Screw.SCR"
Open NA$ For Output As #1
D=16:L=50
X0=140:Y0=170:GSCALE=2:D=D * GSCALE:L=L * GSCALE
H=0.8 * D:L0=1.5 * D:DH=2 * D
DX=Tan(30 * 3.14159 / 180) * DH / 8
Print #1,"ZOOM W 130,120 270,230"
Call Write_Pline
X=X0:Y=Y0:Call Write_XY(X,Y)
Print #1,"W 0.5 0.5"
```

```
X=X0:Y=Y0 + DH * 3 / 8:Call Write_XY(X,Y)
X=X0 + DX:Y=Y0 + DH / 2:Call Write_XY(X,Y)
X=X0 + H:Y=Y:Call Write_XY(X,Y)
X=X:Y=Y0 + D * 0.5 + 2:Call Write_XY(X,Y)
Call Write_Arc
X=X + 2:Y=Y0 + D * 0.5:Call Write_XY(X,Y)
Print #1,"L"
X=X0 + L + H-2:Y=Y0 + D / 2:Call Write_XY(X,Y)
X=X + 2:Y=Y-2:Call Write_XY(X,Y)
X=X:Y=Y0:Call Write_XY(X,Y)
Print #1,""
Call Write_Line
X=X0 + H + L:Y=Y0 + 0.8 * D / 2:Call Write_XY(X,Y)
X=X0 + H + L-L0:Y=Y:Call Write_XY(X,Y)
Print #1,""
Call Write_Pline
X=X0 + H:Y=Y0 + DH / 4:Call Write_XY(X,Y)
X=X0 + DX:Y=Y0 + DH / 4:Call Write_XY(X,Y)
Call Write_Arc
Print #1,"CE":X=X0 + D * 1.5:Y=Y0:Call Write_XY(X,Y)
X=X0:Y=Y0-DH / 4:Call Write_XY(X,Y)
Print #1,""
Call Write_Pline
X=X0 + DX:Y=Y0 + DH / 2:Call Write_XY(X,Y):Call Write_Arc
Print #1,"CE":X=X0 + H / 2:Y=Y0 + DH * 3 / 8:Call Write_XY(X,Y)
X=X0 + DX:Y=Y0 + DH / 4:Call Write_XY(X,Y)
Print #1,""
Rem DRAW LOWER PART BY MIRROR COMMAND
Print #1,"MIRROR W"
X=20:Y=20:Call Write_XY(X,Y)
X=400:Y=400:Call Write_XY(X,Y)
Print #1,""
X=X0 + 10:Y=Y0
Call Write_XY(X,Y)
X=X0:Y=Y0
Call Write_XY(X,Y)
Print #1,""
Call Write_Pline
X=X0 + H + L-L0:Y=Y0 + D / 2:Call Write_XY(X,Y)
```

```
X=X:Y=Y0-D / 2:Call Write_XY(X,Y)
Print #1,""
Call Write_Pline
X=X0 + H:Y=Y0 + D / 2 + 2:Call Write_XY(X,Y)
X=X:Y=Y0-D / 2-2:Call Write_XY(X,Y):Print #1,""
Call Write_Pline
X=X0 + H + L-2:Y=Y0 + D / 2:Call Write_XY(X,Y)
X=X:Y=Y0-D / 2:Call Write_XY(X,Y):Print #1,""
Rem DRAW CENTER LINE IN LAYER CENTER
Print #1,"LAYER"
Print #1,"N"
Print #1,"CENTER"
Print #1,"L"
Print #1,"CENTER"
Print #1,"CENTER"
Print #1,"S"
Print #1,"CENTER":Print #1,""
Call Write_Line
X=X0-3:Y=Y0:Call Write_XY(X,Y)
X=X0 + H + L + 3:Y=Y0:Call Write_XY(X,Y)
Print #1,""
Print #1,"LAYER"
Print #1,"S"
Print #1,"0"
Print #1,""
Close #1
End Sub
Sub Write_XY(X,Y)
Rem GET X,Y OF DRAWING COMMAND
Write #1,X,Y
End Sub
Sub Write_Pline()
Rem DRAW PLINE
Print #1,"PLINE"
End Sub
Sub Write_Arc()
Rem DRAW ARC
Print #1,"A"
End Sub
```

```
Sub Write_Line()
Rem DRAW LINE
Print #1,"LINE"
End Sub
```

8.3　用户菜单的编制

AutoCAD 具有丰富的菜单功能，同时允许设置用户菜单，这给各个行业的专业绘图设计自己的菜单提供了方便。这些用户菜单可供用户随时调用，从而提高了绘图工作效率和速度。

8.3.1　菜单文件的基本格式

AutoCAD 的菜单文件可分为多个区段，每个区段有一个区标题，在区标题前最开头有三个星号，区标题表示该区的功能，各区的标题如下：

```
***MENUGROUP              菜单文件组名
***SCREEN                 屏幕菜单
***POP1--***POP16         下拉菜单
***BUTTONS1--BUTTONS4     按钮菜单
***ICON                   图标菜单
***TABLET1--***TABLET4    数字化仪菜单
***AUX1--***AUX4          辅助菜单
***TOOLBARS               工具棒定义
***ACCELERATORS           快捷键定义
```

这些菜单放在一个扩展名为“MNU”的正文文件中，例如，AutoCAD 的标准菜单名是 ACAD.MNU。读者可深入研究这个菜单而获得许多菜单编制的技术。在此只介绍下拉菜单的定制技术。

下拉菜单可以包含若干菜单项，每一项又可以包含若干项子菜单，子菜单还可包含更小的子菜单，即子菜单嵌套。为了定义子菜单，只要在子菜单名前加两个“*”号。下拉菜单的段标题为***POP1--***POP16，即 AutoCAD 最多可以有16项下拉菜单，如【文件（F）】下拉菜单段的结构如下：

```
***POP1
**FILE
ID_MnFil     [文件（&F）]
ID_New       [新建（&N）...\tCtrl+N] ^C^C_new
ID_Open      [打开（&O）...\tCtrl+O] ^C^C_open
  ⋮
```

其中：“**FILE”用于定义“FILE”子菜单；“ID_New”为【新建（N）...】

菜单项的名称标记，各菜单项的名称标记必须是唯一的，但名称标记可有可无；"[新建（&N）...\tCtrl+N]"为【新建（N）...】菜单项标签，标签用于定义下拉菜单和快捷菜单选项的内容和格式；"^C^C_new"为菜单宏，菜单宏用于定义要执行的 AutoCAD 命令及使用 Autolisp 表达式等。

下拉菜单"标签"中常用的符号功能如下：

符号	功能
--	定义分割行
&	定义快捷键
\t	对齐
~	模糊显示码
->	定义该项子菜单
<-	最后一个下拉子菜单项或快捷子菜单项
<-<-...	最后一个下拉菜子单项或快捷子菜单项并且结束父菜单（每个 <- 结束一级父菜单。）

"菜单宏"中常用到的符号功能如下：

符号	功能
	空格表示回车键
;	发送回车键
\	暂停，等待输入
^C	相当于按一次"Esc"键，用于终止正在执行的 AutoCAD 命令
//	注释语句

8.3.2 用户菜单的使用

当绘制一幅新图时，系统将调入与缺省的样板图关联的菜单文件，AutoCAD 的标准菜单名为 ACAD.MNU。为了能显示汉字菜单，可在下拉菜单中选择【格式（O）/文字样式（S）...】选项，屏幕上将出现【样式名（S）】选择区，在这个对话框的【SHX（X）字体】输入区选择一种汉字字体，在【大字体 B】选项选择 gbcbig.shx，然后按【应用（A）】并关闭对话框。

如果用户已编辑好一用户菜单 SCREW.MNU，并想在命令状态下调用它，可用 MENU 命令，其命令格式为：

命令：MENU

在输入 MENU 命令后，将出现"选择自定义文件"对话框，在这个对话框的【文件名（N）】输入区输入文件名"SCREW"，在文件类型（T）输入区选择【文件类型】为"传统菜单样板（*.mnu）"，然后按【打开（O）】按钮，用户菜单"SCREW.MNU"的内容将出现在屏幕的右边。

如果想直接由 AutoCAD 标准菜单调用这个用户菜单，则应在标准菜单中加入一行：

```
[*SCREW*] ^C^CMENU;SCREW
```

如果想从这个用户菜单返回到 AutoCAD 标准菜单，则应在 SCREW.MNU 中加入一行：

```
「AutuCAD」^C^CMENU;ACAD
```

8.3.3 用户菜单设计实例

下面是一个为绘制刀具工作图而定义的下拉菜单，其功能包括调用基本绘图命令、调整屏幕显示范围、在固定位置写字符串、填写技术要求和插入粗糙度符号等。其中，【画引线】菜单项表明一个菜单项不但可完成简单的 AutoCAD 命令，还可完成一系列的命令操作，甚至在一个菜单项中可插入一段 AutoLISP 程序。为了让【插入粗糙度】子菜单能正常运行，需先建立其各粗糙度图块。此菜单段可以直接添加到 ACAD.MNU 菜单中。

```
//刀具设计菜单
***POP13
**刀具设计
[画直线] ^C^CLINE;
[画圆] ^C^CCIRCLE;
[画圆弧] ^C^CARC;
[写字] ^C^CTEXT;
[精达公司] ^C^CTEXT;320,8;7;0;精达机械设计有限公司;
[画引线] ^C^CORTHO;OFF;PLINE;\W;0;.6;@4,4;W;0;0;@5,5;@6,0;;
[--]
[显示全图] ^C^CZOOM;W;0,0;420,297
[显示标题栏] ^C^CZOOM;W;280,0;420,50
[--]
[->技术要求]
[技术要求1] ^C^CTEXT;\6;0;加工精度为1级;
[技术要求2] ^C^CTEXT;\6;0;加工精度为2级;
[技术要求3] ^C^CTEXT;\6;0;加工精度为3级;
[技术要求4] ^C^CTEXT;\6;0;加工精度为4级;
[技术要求5] ^C^CTEXT;\6;0;加工精度为5级;
[技术要求6] ^C^CTEXT;\6;0;加工精度为6级;
[技术要求7] ^C^CTEXT;\6;0;加工精度为7级;
[技术要求8] ^C^CTEXT;\6;0;加工精度为8级;
[技术要求9] ^C^CTEXT;\6;0;加工精度为9级;
[<-技术要求10] ^C^CTEXT;\6;0;加工精度为10级;
[--]
[->粗糙度]
```

第8章 AutoCAD的用户接口设计

```
[粗糙度 0.8] ^C^CINSERT;ROUGH08;\1;1;\
[粗糙度 1.6] ^C^CINSERT;ROUGH16;\1;1;\
[粗糙度 3.2] ^C^CINSERT;ROUGH32;\1;1;\
[<-粗糙度 6.4] ^C^CINSERT;ROUGH64;\1;1;\
```

8.4 　用 OLE 自动化技术控制 AutoCAD 绘图

由于 AutoCAD 2010 已具有良好的三维实体造型和世界通用文件格式 CAD、CAM 的模型数据文件的输入、输出功能，它已具备工程设计中的图形绘制和实体模型构造的双重功能，而构造一个企业的 CAD 系统，往往还需要对 AutoCAD 进行用户化设计和二次开发。因此，合理选择二次开发的支撑工具显得十分重要。

不同的高级语言在开发 AutoCAD 2010 中具有各自的优点和特点。用 Visual Lisp 语言可开发比较小型的功能模块。ObjectARX 与 Visual C++的 MFC 相结合可开发比较大型的应用软件。Visual Lisp 编辑软件和许多地理信息应用软件就是用 ObjectARX 开发出来的。用 ObjectARX 设计的程序与 AutoCAD 软件融为一体，但对软件开发人员有较高的技术要求，程序设计者必须掌握 Visual C++语言和 ObjectARX 中的类库和函数。Delphi 具有良好的图形数据库管理和网络开发的功能。在 AutoCAD 内部环境中用 VBA 进行开发具有很大的优越性。然而，在 AutoCAD 外部环境中，用 OLE 自动化软件技术开发 AutoCAD 的确是一个比较好的选择。

通过客户程序控制和访问服务器程序的方法即为软件设计的 OLE 自动化技术。任何一个工程和商业软件都可被设计为带有客户和服务器程序的双重特性。AutoCAD 即为一个服务器程序，它除了完成图形编辑和图形输出的功能外，还提供可供外部客户程序访问的对象、方法和属性，而用来访问 AutoCAD 的程序为客户程序。Visual Basic 具有良好的可视开发环境，并且简单易学，设计一些中小型的工程应用开发软件可选择 VB 为开发环境来完成。

本章主要介绍用 Visual Basic 开发 AutoCAD 的方法和技术。读者可参照 AutoCAD 的菜单【帮助（H）/其他资源（R）/开发人员帮助（P）】的有关【ActiveX and VBA Developer's Guide】和【ActiveX 和 VBA 开发人员指南】部分。用 Visual Basic 开发 AutoCAD 的技术和概念与用 VBA 开发 AutoCAD 的技术和概念是一样的。

为了控制 AutoCAD 绘图，必须了解 AutoCAD 的对象、方法和属性。AutoCAD 2010 的对象具有紧密的级联关系。其中，Application 对象是 AutoCAD 的一个主要对象，其他对象由此而派生。如果用户需要使用和操作一个特定的图形对象，就必须由这个基本对象出发，通过其他一些相关的中间对象而达到这个图形对象。例如，为了在屏幕上画一条线，其相应的对象级联和操作为 AutoCAD.Application.ActiveDocument.ModelSpace.AddLine。AutoCAD 对象的方法为对象既定的操作函数和特定动作。不同的对象具有不同的方法，而一个对象可有多个不同的方法。不同对象和同一对象的不同功能是通过其自身的方法来实现的。例如，对象 ModelSpace 的方法 AddLine、AddCircle 和 AddSphere 可以在屏幕上画出直线、圆和球。客户程序通过获得服务器程序的对象并使用其对象的方法，服务器程序对象的方法就像客户程序的 象命令。这样，在 VB 设计的客户程序窗口发出一条指令后，在 AutoCAD 的窗口内将绘出这个图形实体。AutoCAD 的对象属性是一种特性函数，它表明对象的特定状态。通过对 AutoCAD 对象的获取或设置，我们可以在 AutoCAD 平台外获得或设置其窗口的大小或某一图形实体的属性等。

用 OLE 自动化技术绘制圆柱表面展开图的 VB 程序窗口界面如图 8.5 所示，用 VB 设计一个程序，绘制图形所需要的数据输入和科学计算都在 VB 中完成，然后由 VB 直接控制 AutoCAD 画出上、下圆底面和侧表面。

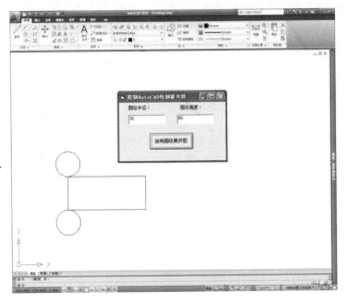

图 8.5 控制 AutoCAD 绘制展开图的应用程序界面

绘制圆柱展开图的 OLE 自动化应用程序所使用的窗体、控件及属性值如表 8.2 所示。对应于命令按钮 Draw_Development_Command 的子程序段如下。

表 8.2 绘制圆柱展开图的应用程序所使用的窗体、控件及属性值

对象类型	对 象 名	属 性	初始设置值
窗体	Form1	Caption	控制 AutoCAD 绘制展开图
标签	Label1	Caption	圆柱半径
标签	Label2	Caption	圆柱高度

续表

对象类型	对 象 名	属 性	初始设置值
文本框	Text1	Text	30
文本框	Text2	Text	80
命令按钮	Draw_Development_Command	Caption	绘制圆柱展开图

其中，X0、Y0、Z0 是图形的子坐标系原点。StartPnt 和 EndPnt 是绘图所需要的坐标点。RectangleWidth、RectangleHeigth 是圆柱展开成矩形的宽和高。上、下底圆展开后与矩形相切。

```
Private Sub Draw_Development_Command_Click()
Rem Draw Clinder's Developed Drawing by OLE Automation
Dim AutoCADObj As Object
Dim AcadDoc As Object
Dim AcadMSpace As Object
Dim LineObj As Object
Dim CircleObj As Object
Dim X0,Y0,R As Double
Dim RectangleWidth As Double
Dim RectangleHeigth As Double
Dim StartPnt(0 To 2) As Double
Dim EndPnt(0 To 2) As Double
On Error Resume Next
Set AutoCADObj=GetObject("AutoCAD.Application")
If Err <> 0 Then
  Err.Clear
  Set AutoCADObj=CreateObject("AutoCAD.Application")
End If
AutoCADObj.Visible=True
Set AcadDoc=AutoCADObj.ActiveDocument
Set AcadMSpace=AcadDoc.ModelSpace
X0=100:Y0=100:Rem Drawing's Origin point
R=Val(Text1.Text):Rem Clinder 's Radius
RectangleWidth=2 * 3.14159 * R
RectangleHeigth=Val(Text2.Text):
Rem Draw Four Sides of Developed Rectangle
StartPnt(0)=X0:StartPnt(1)=Y0:StartPnt(2)=0
EndPnt(0)=X0 + RectangleWidth:EndPnt(1)=Y0:EndPnt(2)=0
Set LineObj=AcadMSpace.AddLine(StartPnt,EndPnt)
```

```
StartPnt(0)=X0 + RectangleWidth:StartPnt(1)=Y0:StartPnt(2)=0
EndPnt(0)=X0 + RectangleWidth:EndPnt(1)=Y0 + RectangleHeigth:EndPnt(2)
=0
Set LineObj=AcadMSpace.AddLine(StartPnt,EndPnt)
StartPnt(0)=X0 + RectangleWidth
StartPnt(1)=Y0 + RectangleHeigth:StartPnt(2)=0
EndPnt(0)=X0:EndPnt(1)=Y0 + RectangleHeigth:EndPnt(2)=0
Set LineObj=AcadMSpace.AddLine(StartPnt,EndPnt)
StartPnt(0)=X0:StartPnt(1)=Y0 + RectangleHeigth:StartPnt(2)=0
EndPnt(0)=X0:EndPnt(1)=Y0:EndPnt(2)=0
Set LineObj=AcadMSpace.AddLine(StartPnt,EndPnt)
Rem Draw Bottom Circle
StartPnt(0)=X0:StartPnt(1)=Y0 - R:StartPnt(2)=0
Set CircleObj=AcadMSpace.AddCircle(StartPnt,R)
Rem Draw Upper Circle
StartPnt(0)=X0:StartPnt(1)=Y0 + RectangleHeigth + R:StartPnt(2)=0
Set CircleObj=AcadMSpace.AddCircle(StartPnt,R)
AcadMSpace.Update:Rem Refresh Drawing
End Sub
```

下面介绍绘制更为复杂的两相交圆柱展开图的程序设计，在建立和分析相交圆柱空间模型的基础上，由 VB 直接控制 AutoCAD 画出由曲线组成的相贯线和侧表面。

首先，需分析和建立相交圆柱的数学模型，在图 8.6 中建立坐标系：O-XYZ、

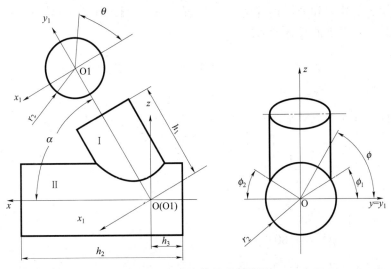

图 8.6　相交圆柱的空间模型

O1-X1Y1Z1，设圆柱管 I、II 的轴线相交成 α，半径分别为 R1、R2，圆柱管 I 的高度为 h1，圆柱管 II 的高度为 h2，两圆柱管轴线交点 O 距圆柱管 II 右端面为 h3，两圆柱轴线的夹角为 θ，引入角度参数 ϕ。

在 O-XYZ 坐标系中，圆柱管 II 的相贯线曲线方程为：

$$\begin{cases} y = R_2 \cos\phi \\ z = R_2 \sin\phi \\ x = \dfrac{1}{\sin\alpha}(R_1 \cos\theta + z\cos\alpha) \\ \phi_1 \leqslant \phi \leqslant 180 - \phi_2 \end{cases}$$

其中　$\phi_1 = \phi_2 = \arccos\dfrac{R_1}{R_2}$。

在 O1-X1Y1Z1 坐标系中，圆柱管 I 的相贯线方程为：

$$\begin{cases} x_1 = R_1 \cos\theta \\ y_1 = R_1 \sin\theta \\ z_1 = \dfrac{1}{\sin\alpha}(R_2 \sin\phi + R_1 \cos\theta\cos\alpha) \end{cases}$$

两圆柱管的坐标变换关系为：

$$\begin{cases} x = x_1 \sin\alpha + z_1 \cos\alpha \\ y = y_1 \\ z = z_1 \sin\alpha - x_1 \cos\alpha \end{cases}$$

下面还需建立和分析相贯线展平曲线的方程。圆柱管 I 在 O-XY 平面坐标系中展开时，其展平曲线方程为：

$$\begin{cases} y = h_1 - \dfrac{1}{\sin\alpha}\left(R_1 \cos\theta\cos\alpha + \sqrt{R_2^2 - R_1^2 \sin^2\theta}\right) \\ x = R_1\theta \end{cases}$$

圆柱管 II 在 O-XY 平面坐标系中展开时，其展平曲线方程为：

$$\begin{cases} y = \pm\dfrac{1}{\sin\alpha}\left[R_1\sqrt{1-\left(1-\dfrac{R_2}{R_1}\cos\phi\right)^2} + R_2 \sin\phi\cos\alpha\right] \\ x = R_1\phi \\ \phi_1 \leqslant \phi \leqslant 180 - \phi_2 \end{cases}$$

其中　$\phi = \phi_2 = \arccos\dfrac{R_1}{R_2}$。

将展开曲线上的每一段用直线表示就可绘制出其相贯线。用 OLE 自动化技术绘制相交圆柱展开图的 VB 窗口界面如图 8.7 所示，应用程序中所使用的窗体、控件及属性值如表 8.3 所示。

图 8.7　用 OLE 自动化绘制圆柱相贯的小圆柱的展开图的程序界面

表 8.3　绘制相交圆柱展开图的应用程序所使用的窗体、控件及属性值

对象类型	对象名	属性	初始设置值
窗体	Form1	Caption	OLE 自动化控制绘制管道钣金图
标签	Label1	Caption	小圆柱半径
标签	Label2	Caption	小圆柱高度
标签	Label3	Caption	大圆柱半径
标签	Label4	Caption	大圆柱高度
标签	Label5	Caption	两圆柱轴线夹角
文本框	R1Text	Text	200
文本框	H1Text	Text	1 000
文本框	R2Text	Text	300
文本框	H2Text	Text	800
文本框	AngleText	Text	75
命令按钮	Draw_Development_Sall_Command	Caption	绘制小圆柱展开图
命令按钮	Draw_Development_Big_Command	Caption	绘制大圆柱展开图

其中，X0、Y0、Z0 是图形的子坐标系原点；StartPnt 和 EndPnt 是绘图所需要的坐标点。对应于命令按钮 Draw_Development_Small_Command 的子程序段如下。

用 OLE 自动化绘制圆柱相贯的小圆柱的展开图的源程序如下：

```
Private Sub Draw_Development_Small_Command_Click()
Rem Draw Clinder's Developed Drawing by OLE Automation
Dim AutoCADObj As Object
Dim AcadDoc As Object
Dim AcadMSpace As Object
Dim LineObj As Object
Dim CircleObj As Object
Dim X0,Y0,i As Double
Dim OldX,OldY,newx,newy As Integer
Dim StartPnt(0 To 2) As Double
Dim EndPnt(0 To 2) As Double
On Error Resume Next
Set AutoCADObj=GetObject("AutoCAD.Application")
If Err <> 0 Then
  Err.Clear
  Set AutoCADObj=CreateObject("AutoCAD.Application")
End If
AutoCADObj.Visible=True
Set AcadDoc=AutoCADObj.ActiveDocument
Set AcadMSpace=AcadDoc.ModelSpace
X0=100:Y0=100:Rem Drawing's Origin point
R1=Val(R1Text.Text):R2=Val(R2Text.Text)
H1=Val(H1Text.Text):H2=Val(H2Text.Text)
Angle=Val(AngleText.Text):Pi=3.1415926
Rem Developed curve
For i=0 To 360 Step 1
newx=R1 * i *(Pi / 180)
newy=H1-(R1 * Cos(i*Pi/180)*Cos(Angle* Pi / 180) + Sqr(R2 ^ 2-R1 ^
    2 * Sin(i * Pi / 180) ^ 2)) / Sin(Angle * Pi / 180)
StartPnt(0)=X0 + OldX:StartPnt(1)=Y0 + OldY:StartPnt(2)=0
EndPnt(0)=X0 + newx:EndPnt(1)=Y0 + newy:EndPnt(2)=0
Set LineObj=AcadMSpace.AddLine(StartPnt,EndPnt)
OldX=newx:OldY=newy
```

```
Next i
Rem Close line
    StartPnt(0)=X0 + OldX:StartPnt(1)=Y0 + OldY:StartPnt(2)=0
    EndPnt(0)=X0 + OldX:EndPnt(1)=Y0:EndPnt(2)=0
    Set LineObj=AcadMSpace.AddLine(StartPnt,EndPnt)
    StartPnt(0)=X0 + OldX:StartPnt(1)=Y0:StartPnt(2)=0
    EndPnt(0)=X0:EndPnt(1)=Y0:EndPnt(2)=0
    Set LineObj=AcadMSpace.AddLine(StartPnt,EndPnt)
End Sub
```

第 9 章　Visual LISP 语言与 AutoCAD 二次开发

相当多的 AutoCAD 使用者，只将 AutoCAD 当成了电子画板。毫无疑问，通用的 CAD 系统不仅仅是用于简单地绘制图形，作为 CAD 系统，通常由三个层次的软件组合而成：

① 底层支撑软件：提供界面、环境、核心算法、数据库等基础设施，如 AutoCAD 软件。

② 设计支持软件：提供与设计需要相关的、比较专业的支持软件，如国标图库、通用设计工具/夹具、设计手册等。这些软件多数是由第三方软件开发商完成的。

③ 专业设计软件：提供窄范围、大深度的专业设计自动化或者辅助系统，例如，发动机装配工具设计、组合机床主轴箱设计等。实际上，一个完整的 CAD 系统能否真正体现出它的使用价值，最明显的标志就是其专业设计软件的功能。这些专业软件真正起到了"设计"的作用。

其中，底层支撑软件和设计支持软件在设计上具有广泛的共性，一般由商业性软件公司设计。当然，这种软件应当由现场工程师进行评测，以防写成"脱离应用实际"的设计支持软件。而专业设计软件就只能由工程界设计师自己来写，因为它要求的专业性太强，知识结构要求较高，是软件开发商永远的"盲区"。因此，必须找到一种能够被专业设计师所掌握，但又不需要太多软件知识的专业设计程序开发手段。这就是我们将介绍的 Visual LISP（VLISP）。

LISP（List Processing Language）是计算机的一种表处理语言，它在人工智能学科领域中得到广泛应用。VLISP 语言是嵌套于 AutoCAD 内部，将 LISP 语言和 AutoCAD 有机结合的产物。使用 VLISP 可直接调用 AutoCAD 命令。因此，VLISP 语言既具备一般高级语言的基本结构和功能，又具有一般高级语言所没有的强大的图形处理功能。

美国 AutoDesk 公司在 AutoCAD 内部嵌入 VLISP 是为了方便用户充分利用 AutoCAD 进行二次开发。如增加和修改 AutoCAD 命令，扩大图形编辑功能，建立图形库和数据库并对当前图形进行访问和修改，开发出专业 CAD 软件包等。

VLISP 语言最典型的应用之一是实现参数化绘图程序设计，包括尺寸驱动程序、鼠标拖动程序等。尺寸驱动是指通过改变实体的尺寸值来实现图形的自动修改；鼠标拖动即利用 VLISP 提供的函数，让用户直接读取 AutoCAD 的输入设备

（如鼠标），任选项追踪光标移动存在且为真时，通过鼠标移动光标，调整所需的参数值而达到自动改变屏幕图形大小和形状。据统计，在实际工程设计中，有 60%以上的新设计的工程图形是通过修改已有的工程图形而形成的，而且大多数情况下，仅通过修改设计参数就可完成。利用参数化绘图的方法可以在较短的时间内快速、高质量地完成多方案对比设计，也可由此建立起各种零部件的图形库，用户只要给出一些必要的几何和工艺参数就可直接绘制出图形。

VLISP 另一个典型应用，就是利用 AutoCAD 提供的可编程对话框工具（Programmable Dialog Box）驱动由对话框控制语言（Dialog Control Language）构成的 DCL 文件而创建自己的对话框。

本章学习目的：

（1）熟悉 Visual LISP 集成开发环境；
（2）掌握 AutoCAD LISP 语言的基本知识；
（3）学习 AutoCAD LISP 程序设计方法；
（4）了解 DCL 文件的结构及编写方法；
（5）了解 Visual LISP 的对话框驱动程序设计技术。

 9.1 **Visual LISP 概述**

9.1.1 启动 Visual LISP

Visual LISP 集成开发环境是在单独的窗口中运行的，用户必须启动 VLISP，才能在它的集成开发环境 VLIDE（Visual LISP Interactive Development Environment）工作。启动 Visual LISP 的步骤如下：

① 启动 AutoCAD；

② 从 AutoCAD 菜单中选择【工具（T）/Auto LISP（S）/Visual LISP 编辑器（V）】，或在命令提示处输入命令：VLISP 或者 VLIDE。

9.1.2 Visual LISP 界面概要

启动 Visual LISP 后，屏幕上将显示如图 9.1 所示的界面，这就是 Visual LISP 所提供的可视化集成开发环境，用户可以充分利用这个 Visual LISP 集成开发环境来编写和修改 AutoLISP 源程序代码，重排源程序格式，调试和运行 AutoLISP 程序。现将界面中的各部分简介如下：

9.1.2.1 菜单栏

菜单栏位于标题栏【Visual LISP 为 AutoCAD】下面，它提供了 Visual LISP 的菜单。用户可通过打开某个菜单，单击其中的某一命令来启动相关的 Visual LISP

命令，此时 VLISP 将在状态栏显示该命令的简要说明。

图 9.1　Visual LISP 界面

9.1.2.2　工具栏

工具栏是 Visual LISP 中最重要的操作按钮，它包含了 Visual LISP 集成开发环境中最常见的功能。将光标移至按钮上，停留 2 s 后，VLISP 将弹出一个按钮标签，显示该按钮名称并在状态栏上显示该命令的简要说明。

在 Visual LISP 中，共有 5 个工具栏，现分别介绍如下：

【标准】工具栏：含有创建和管理 AutoLISP 程序的常用命令。

【搜索】工具栏：含有查找与替换文本字符串、设计书签和删除等命令。

【工具】工具栏：含有设置 Visual LISP 文本格式选项、系统变量等功能。

【调试】工具栏：含有调试 AutoLISP 程序的按钮。

【视图】工具栏：含有查看 AutoLISP 运行结果以及程序代码格式重排等功能。

9.1.2.3　文本编辑窗口

在 Visual LISP 集成开发环境中，最大的空白窗口就是文本编辑窗口。利用该窗口，用户可快速且高效地编写和修改 AutoLISP 源代码。Visual LISP 自动对该窗口内的源代码进行颜色处理，按注释、变量、函数、参数和括号等类别进行区分，并支持格式重排，以增强 AutoLISP 源程序的可读性。

另外，VLISP 的文本编辑窗口还提供左右括号匹配、查看表达式结果和检查等功能，极大地方便和改善了修改 AutoLISP 源程序的工作环境。

9.1.2.4　Visual LISP 控制台

这是一个在 VLISP 应用程序主窗口中独立的、可滚动显示的窗口。在该控制台窗口中，用户可输入并运行 AutoLISP 命令以查看其运行结果，这和在 AutoCAD 命令行输入命令一样。但还是有一点小小的区别，例如，在控制台窗口中，要查看某个 AutoLISP 变量的值，只需输入该变量名再按回车键即可；在 AutoCAD 应用程序窗口中，用户在命令提示符后先输入感叹号"！"，接着输入该变量名，最后按回车键才能查看该变量的值。

此外，控制台窗口还可显示 AutoLISP 诊断信息以及 AutoLISP 函数的运行结果。因此，控制台窗口是用户了解 AutoLISP 变量赋值、程序结果、提示信息的窗口，它架起了用户和 Visual LISP 沟通与交互的桥梁。

9.1.2.5　状态栏

显示菜单、工具按钮以及用户操作的帮助信息。

9.1.2.6　跟踪窗口

启动 Visual LISP 后，该窗口显示当前 VLISP 在启动过程中出现的错误，该窗口还将显示其错误信息。当用户在运行 AutoLISP 程序并进行单步跟踪（或跳转跟踪）时，VLISP 将适时把跟踪结果显示在该窗口中。虽然用户不能在该窗口中输入相关命令和变量，但可将窗口中的有关信息复制到文本编辑窗口中。

 9.2　AutoLISP 语言的基本知识

9.2.1　AutoLISP 数据类型

AutoLISP 有十种数据类型，这里只介绍五种数据类型。

（1）整数

如 132、−90。

（2）实型数

如 2.30、−0.78。

（3）字符串

如 "ABC" "135" "Abc"。

（4）符号

AutoLISP 中的符号用于存储数据，因此"符号"和"变量"这两个词的含义相同，可交换使用。现对其说明如下：

① 符号名的第一个字符不能是数字，在符号名中大小写字母等价。有的字符不能用。

② 符号原子的长度没有限制，但尽量不要超过 6 个，否则要占用额外的内存，降低运行速度。

③ 在 AutoLISP 中，符号没有固定的类型，其类型由它当前所约束值的数据类型决定，即由赋值决定类型。下面的语句是合法的：

```
(setq a 3 a 4.5 a "string")
```

④ 如果一个符号未被赋值，其值为 nil。如果一个符号值为 nil，它就不再占内存空间。要查看符号的约束值，最简单的方法是在 AutoCAD 的命令提示符下，输入"!"并紧接着符号名，然后回车，AutoCAD 将显示该符号的约束值。

（5）表

在 AutoLISP 语言中，表有如下特点：

① 表是指放在一对相匹配的左、右括号中的一个或多个元素的有序集合。

② 表中的每一个元素可以是数字、符号、字符串，也可以是表。

③ 元素与元素之间要用空格隔开，而元素与括弧之间可不用空格，因为括弧本身就是有效的分隔号。如：（15（a b）"c" d）。

④ 表是可以任意嵌套的，上例表中即嵌套了一个（a b）表。表可嵌套很多层，从外层向里依次称为 0 层（也称顶层）、1 层、2 层……在此，表中的元素是指表的顶层元素。

⑤ 表中的元素是有顺序的，为便于对表中元素进行存取，每个元素都有一个序号。从左向右，第一个元素的序号为 0，第二个元素的序号为 1，第 i 个元素序号为 $i-1$。

⑥ 表的大小为表的长度，即表中顶层元素的个数。没有任何元素的表称为空表，空表用（）或 nil 表示。nil 在 AutoLISP 语言中，是一个特殊的符号原子，它既是原子又是表。

⑦ 表有两种基本类型，即标准表和引用表。

标准表是 AutoLISP 程序的基本结构形式，AutoLISP 程序就是由标准表组成的。标准表用于函数的调用，其中第一个元素必须是系统内部函数或用户定义的函数，其他的元素为该函数的参数。如（setq x 2.50），即采用标准表的形式。表中第一个元素为系统内部定义赋值函数，x 和 2.50 均为 setq 的参数。

引用表的第一个元素不是函数，即不作为函数调用，常作为数据处理。引用表的一个重要应用是表示图中点的坐标，当表示点的坐标时，表中的元素是用实型数构成的，如（20.0 30.5）、（20.0 82.5 1.0）。

9.2.2 AutoLISP 的程序结构

AutoLISP 语言没有"语句"这一术语，AutoLISP 程序一般是由一个或一系列按顺序排列的标准表所组成。例如，（setq x 25.0）是上面提到的标准表，又可以看作是一个 AutoLISP 程序。又如，文件名为 Function.lsp 的 AutoLISP 文件是由以下程序组成的：

```
(setq x 25.0)
```

```
(setq y 12.2)
(+ (* x y) x)      ；表示为 xy+x
```

以上是由三个标准表组成的程序，每个标准表的第一个元素（如 setq、+、*）均为系统提供的函数，称为系统的内部函数。

AutoLISP 程序的书写格式有如下特点：

① 由于 AutoLISP 语言的一切成分都是函数，而所有函数又以表结构形式存在，所以 AutoLISP 程序的所有括号都需要左右匹配。

② AutoLISP 程序阅读函数时，按从左到右的规则进行。

③ 函数必须放在表中第一个元素的位置，如赋值函数 setq、算术运算函数+、* 等应为表中第一个元素，即采用"前缀表示法"。表中的函数与参数及各参数之间均至少要用一个空格来分开。

④ 两个表之间和表内的多余空格和回车是不需要的，故一个表可占多行，一行也可写多个表。如 Function.Lsp 程序可写成如下形式：

```
(setq x 25.0)(setq y 12.2)(+ (* x y) x)
```

⑤ 程序中可以使用分号";"作注释。注释的作用是对程序作解释。AutoLISP 求值器总是忽略每一行中分号以后的部分，注释可放在程序中的任何地方。

⑥ AutoLISP 程序一般是以扩展名为 LSP 的 ASCII 码文本文件的形式表达。

9.2.3 AutoLISP 的求值过程

每个 LISP 程序的核心是一个求值器。求值器读入用户的输入行（一个符号表达式），并对其进行计算，然后返回计算结果。AutoLISP 的求值过程如下：

① 整型数、实型数、字符串、文件指针和子程序，以它们本身的值作为结果；

② 对符号，以它们当前的约束值作为计算结果；

③ 对表，根据其第一个元素的类型来进行求值。

若表的第一个元素计算结果是一个表（包括空表 nil），则整个表就假设为用户定义的函数，对表中剩余的元素求值，并把求值的结果作为函数的实参，再调用该函数进行求值。

例如，定义如下函数：

```
(defun add5 (x)
    (+ x 5)
)
```

当把程序装入内存后，便产生一个"add5"的函数定义。现执行下面的程序：

```
(setq a 2)
(add5 a)
```

求值器见到表（add5 a），便对此表中的第一个元素"add5"求值，求值结果为一个表（(x)(+ x 5)），则该表被看做一个函数定义，接着对表中的剩余元素求值（即对 a 求值），a 值为 2，再把此结果作为实参调用函数"add5"，返回结果为 7。

　　若表中第一个元素的计算结果为一个内部函数名，则表中的剩余将作为参数传给该函数并返回其结果值。如上面的表（+ x 5）。

9.2.4　加载和运行 AutoLISP 程序

9.2.4.1　AutoLISP 程序的装载

　　驻留在外部存储介质（如硬盘）上的 AutoLISP 程序只有装入到内存后才能运行，而程序的装入和运行只能在 AutoCAD 当中进行。如加载的文件为"d：\lsp\stairs.lsp"，其装载方法如下：

　　① 在 AutoCAD 命令提示符下键入（load "d：\\lsp\\ stairs"）或者（load "d：/lsp/ stairs"）。

　　② 用鼠标点选 AutoCAD 菜单项【工具（T）/加载应用程序（L）...】，便出现如图 9.2 所示的"加载/卸载应用程序"对话框。在文件列表框中选择所需加载的文件后，点击【加载（L）】按钮即可。

图 9.2　"加载/卸载应用程序"对话框

9.2.4.2　加载并运行程序片断

　　① 选取菜单项【文件（F）/打开文件（O）】，打开文件；

　　② 在文本编辑窗口中，选定要加载的源代码；

　　③ 按下运行工具条中的【加载选定代码】按钮，VLISP 将立即运行代码并切

换到 AutoCAD 窗口，提示输入（若所选片断是参数输入操作）；

④ 输入响应结束后，将切换回 VLISP，在【控制台窗口】显示最后一个表达式的结果。

9.2.4.3 加载并运行整个程序

① 确认要加载的程序所在的编辑窗口是当前窗口；

② 从运行工具条中选择【加载活动编辑窗口】，或选择菜单项【工具/加载编辑器中的文字】，在控制台窗口中显示一条信息，说明调入程序的结果；

③ 在控制提示符下，在括弧内键入函数名并回车，运行函数。

9.2.4.4 AutoLISP 程序的执行

对于只由 1～2 个表所组成的 AutoLISP 程序（如简单数值函数的运算，或用 defun 函数定义的简单用户函数），直接在 AutoCAD 环境中的命令提示符下输入即可，返回结果将立即显示在文本屏幕上。例如：

命令：（sin（pi/2））

1

在 AutoCAD 文本区显示的 "1" 为表（sin（pi/2））的求值结果。

一般情况下，AutoLISP 程序文件中常常包含若干用户函数，程序装入内存后并不立即执行，而是通过函数的调用来实现其功能，即程序的运行实际就是调用相应的函数。对于一个 AutoLISP 程序，其程序文件名与函数名往往是不一样的。程序文件名是用户为存取程序信息而命名的扩展名为 LSP 的外部文件名，供编辑和装入程序时使用；而函数名则是在程序内部由 defun 函数所定义的，用于调用函数功能，即执行程序时使用。程序的执行可由下列两种方法达到：

① 通常情况下调用某个用户函数时，只需用括号把函数名括起来即可，如：

命令：（root）

② 对于函数名前两个字符为 "C：" 的函数，可以直接键入函数名中 "C：" 后的字符，就如同执行普通的 AutoCAD 命令。可利用此特点扩充 AutoCAD 命令。

9.3 AutoLISP 程序的设计

任何一种计算机语言都具有特殊的程序设计功效，AutoLISP 语言则主要用于 AutoCAD 图形软件进行二次开发，编制适合于特定专业应用的辅助绘图及辅助设计软件，这也是学习 AutoLISP 语言的根本目的。

总体上讲，AutoLISP 程序是按模块化结构组织的，每一模块基本上是由一个用户自定义的函数组成，最后通过函数的调用来实现程序的整体功能。

9.3.1 用户函数

AutoLISP 语言程序设计的关键是建立用户函数。事实上，一个 LISP 程序常常是由许多用户函数构成的，它们通过组合调用而完成其整体程序功能。

9.3.1.1　定义用户函数

定义用户函数，要用内部函数 defun（Define Function）来实现。其格式如下：

```
(defun  name(<形参> … / <局部变量> …)
            e1
            e2
            …
            en
)
```

其中，函数名 name 可以是任何合法的符号名，大小写等价，将来用户在使用这一自定义的函数时就用此名称调用。变元表被一个前后均有空格的斜杠符号"/"分成两部分，前一部分为形参部分，在调用函数时接受参数传递而转换为实参；后一部分为局部变量，仅用于函数内部，不参与参数传递，若不说明局部变量，可省略斜杠"/"。需要说明的是：

① 括号中可以没有任何变元，但括号不可省略。例如：

```
(defun  F1()(PRINC "* * * * * *"))
```

② 括号中斜杠"/"前的形参规定了调用本函数时必须提供的实元的个数、类型及顺序。斜杠"/"前也可以为空，这样在调用时无需指定实元。

例如，函数定义为：

```
(defun  dots(x  y  /  temp)
    (setq temp(strcat x "…"))
      (strcat temy y)
  )
```

调用时可以这样：（dots　"from"　"to"）。

则结果为"from…to"。

e1、e2、…ei…en 构成了函数定义体，每一个 ei 均是一个表达式。它们决定了本函数的功能以及调用此函数时返回的函数值。用户函数值的数据类型由调用该用户函数时最后执行的表达式的类型来定。

9.3.1.2　变量作用域

弄清所用变量的作用范围，对于在设计程序时帮助理清数据关系无疑是重要的。AutoLISP 函数定义中用到的变量可分为全局变量和局部变量，它们的作用效果不同。

（1）全局变量

对于某一个函数而言，不出现在函数变元表中（无论是斜杠"/"之前和斜杠"/"之后）的变量都是该函数的全局变量。

例如，求三角形周长及面积之函数。

```
(defun  area(a  b  c  /  long p)
```

```
(setq long(+ a b c )
(setq p(* 0.5 long))
(setq s(sqrt(* p( - p a)( - p b)(- p c))))
)
```

该函数中，变量 s 未在变元表中出现，因而对于函数 area 而言，s 是全局变量。同时本函数调用后还将返回最后表达式结果即面积值。

对于全局变量，在特定的函数用过之后，其值将保存在系统的内存中，可以为别的表达式所用，即全局变量的作用域应是从该变量出现开始至整个程序文件结束为止，常用于传递结果和中间数据。

（2）局部变量

对于一个函数来说，凡是在变元表中出现的变量，都是本函数的局部变量。对于前述 area 函数而言，a、b、c 和 p 都是局部变量。

局部变量的作用域仅局限于所在函数之中，即当函数调用结束以后，局部变量值为 nil，并不保存。因此，在编写程序之时，对于函数体中将要用到的中间变量，最好列在函数变元表的斜杠"/"之后以作为局部变量。这样不仅可以节省程序空间，也可以保证处于同一程序文件中不同函数内部的相同变量名不发生冲突，从而增强独立性和鲁棒性。

当然，局部变量的设定对调试程序不便。因为任何全局变量均可在程序运行后直接在 Command 提示符下查看其值，查看时只需键入感叹号"!"并紧跟变量名即可。因此，可以以全局变量形式先将函数调试通过后，再将所用变量列入变元表使之成为局部变量。

9.3.1.3 函数调用

AutoLISP 程序存在着一系列的函数调用，函数的功能也只有通过调用才能得以完成。用户函数的调用和内部函数调用完全一样。用户函数的调用需注意下面几点：

① 调用的一般格式为一个表，即在一对圆括号中顺序写上函数名及需要的实元。如果函数不需要实元，则圆括号中只写函数名。如前述求三角形面积的函数可以这样调用：

```
(area 3.0 4.0 5.0)
```

② 调用实元的个数、类型和顺序必须和被调用函数的形参严格一致，实元可以是常数、变量或表达式，但其值不可为 nil。

③ 任何函数可以在其他函数中调用，调用格式不变，就如同使用内部函数。

④ 被调用函数执行后均会返回函数值，其带回最后执行的表达式的值，而其他全局变量的值则保存在系统内存中。事实上，可有三种途径获得函数中的某些值：一是利用函数值带回单一值；二是利用多个全局变量返回多个值；三是把所有的值放在表中，用表作为函数返回值。

例如，编写程序返回从键盘上键入的数值：

```
(defun input(/ rl x)
    (setq r1 `( ))                               ;rl 赋值为空表
    (setq x(getreal "\nEnter number:"))         ;输入 x 值
    (while x                                     ;当 x≠nil 时,循环
        (setq x(geteal "\nEneter number:"))     ;输入 x 值
        (setq rl(cons x rl))                     ;构造表
        )                                        ;结束循环
    (reverse  rl)                                ;倒置表
)
```

此函数即以表的形式返回了所输入的数值。

9.3.2　AutoLISP 控制条件表达式

与别的程序语言相比较，AutoLISP 对控制条件的判断要灵活方便得多，即只要条件表达式的值不为 nil，则条件成立。常见有三种形式：

① 关系运算表达式，如：

```
(< 1.1 2.2 3.3)
```
函数值为 T,条件成立；

```
(< 5 4 3 3 1)
```
函数值为 nil,条件不成立；

② 逻辑运算表达式，如：

```
(and 2 3 `( ))
```
函数值为 nil,条件不成立；

```
(and(< a 5 )(> a 0))
```
当 0<a<5 时函数值不为 nil,条件成立；

③ 变量常量表达式，如：

```
5
```
常量值不为 nil，条件成立；

```
AB
```
当变量值不为 nil 时，条件成立。

9.3.3　AutoLISP 语言分支结构

在程序设计中，常常需要根据是否满足某一条件来决定程序的走向并构成分支程序结构。AutoLISP 语言中的分支结构是通过相应的函数来建立的。

9.3.3.1　if 函数

if 函数的书写格式为：

```
(if <测试式> e1 e2)
```

这是一种双分支结构，它将根据测试式的值来决定将要执行的表达式。如果测试式的值不为 nil（条件成立），那么执行表达式 e1；否则，执行表达式 e2。例如：

```
(if (= x 0)(setq y 1)(setq y -1))
```

① 此处的测试式可以是前面讨论的任意一种控制条件表达式。判断时，先计算测试式的值，只要其值不是 nil，则测试式条件成立。由此可见，if 函数测试式不像许多高级语言要求那么苛刻。如：

```
(if "test" (setq flag -1))
(if (list 1 2 3) (setq a 1))
(if (setq f (open "fname" "r")) (setq a (read-line f)))
```

②if函数的自变量最多只能有三个，一个测试式和两个表达式，当然可以只有两个自变量，形如（if<测试式>e），此时没有表达式 e2。同时要注意，if 函数中所用表达式应该是单一表达式，如果因需要而出现多个表达式时则必须用 progn 函数将它们括起来，此时则被 AutoLISP 视为一个表达式来处理，如：

```
(if(and(> n1 0)(> n2 0))
    (progn(print n1)
          (print n2 )
  )    ; end progn
)      ; end if
```

9.3.3.2 cond 函数

if 函数可以嵌套使用，但若嵌套的层数过多，则程序显得松散冗长不便阅读，于是引入多分支结构函数，其函数格式如下：

```
(cond(<测试式> e11 e12…e1n)
     (<测试式> e21 e22…e2n)
     …
     (<测试式> en1 en2…enn)
)
```

可以看到，该函数自变量可以有任意多个，每个自变量都是一个表，表中的第一个元素为测试式，其余元素为测试式的值，当测试式的值为非 nil 时将按顺序执行所有表达式。

执行 cond 函数，按自变量出现的顺序对每个表的第一项（测试式）进行求值判断，当遇到某一测试式的值不为 nil 时，则依次对该表中其余各项进行求值，并把最后一项的值作为 cond 函数值，然后结束整个 cond 函数的执行。

例如，编程实现下列分段函数：

$$f(x)=\begin{cases} x & (0 \leqslant x < 2) \\ x^2 & (2 \leqslant x < 5) \\ x^3 & (5 \leqslant x < 7) \\ e^x & (x \geqslant 7) \end{cases}$$

程序代码如下：

```
(defun Xvalue()
    (setq x(getreal "Enter X=?(X>=0)"))
    (cond((and(>= x 0)(< x 2))(setq fx x))
         ((and(>= x 2)(< x 5))(setq fx(* x x)))
```

```
        ((and(>= x 5)(< x 7))(setq fx(* x x x)))
        ((>= x 7)(setq fx(exp x)))
    )                      ;end cond
    (print fx)
)                          ;end defun
```

9.3.4　AutoLISP 语言的循环控制结构

9.3.4.1　while 函数

该函数的调用格式如下：

（while ＜测试式＞ e1 e2…ei…en）

其中，测试式同别的控制条件表达式一样，可以是任意类型的常数、变量或表达式。而 e1、e2、…、ei、…、en 为任意的表达式，其个数不限，它们构成循环体。

执行时，首先计算 while 函数第一个变元测试式的值，如果其值不为 nil，则顺序执行 e1、e2、…、ei、…、en 各语句表达式，然后再计算测试式的值，如此循环下去。当执行到某次测试式的值变为 nil 时，则结束循环，跳转到 while 语句后的语句继续执行。循环可以嵌套，即构成循环体的表达式，还可以是另一个 while 函数实现的循环结构，同时，AutoLISP 语言的嵌套层数没有限制。

例如，打印 1～100 的平方的程序段如下：

```
(setq i 1)
(while(<= i 100)
    (print(* i i))
    (setq i(1+ i))
)
```

9.3.4.2　repeat 函数

利用 repeat 函数同样可以构造循环结构，其调用格式如下：

（repeat ＜次数＞ e1 e2…ei…en）

其中，＜次数＞是其值为正整数的常数、变量或表达式，ei 个数不限，可为任意表达式，它们构成循环体。可见，对于已知循环次数的循环，可用 repeat 函数实现。

例如，输入 10 个整数，要求打印出其中能被 3 整除的数的程序段如下：

```
(repeat 10
    (setq n(getint "\nEnter integer:"))
    (if(=(rem n 3)0)(print n))
)
```

9.3.5　command 和 VL-CmdF 函数

AutoLISP 具有强大的图形处理功能，主要是由于它提供了一个系统内部函数

command 函数，AutoLISP 利用 command 函数可以非常方便地调用 AutoCAD 命令，以完成各种工程图形绘制任务。调用格式如下：

（command ＜参数＞ …）

＜参数＞为调用的 AutoCAD 的命令及其子命令或命令所需的数据，参数格式取决于所执行的 AutoCAD 命令及其所需的数据类型，同时符合 AutoLISP 的数据类型。即 command 函数中调用的〈参数〉类型、个数与顺序和 AutoCAD 命令严格对应。

例如，在屏幕上画线段，线段的两个端点坐标分别为（3.0，4.0）、（7.0，9.0）。

```
（command "line" "3.0, 4.0" "7.0, 9.0" ""）
```

或（command "line"（list 3.0 4.0）（list 7.0 9.0 ） ""）。

关于 command 函数的几点说明：

① command 函数的参数可以是常数、变量或表达式，对于变量名、选择项名等需用双撇号括起来，作为字符串常数，大小写均可。

② 有些命令需用回车键结束。在 AutoCAD 函数中，回车键用两个相邻的双撇号表示，而且两个双撇号间不许有空格，如上面的调用画线命令。

③ command 函数的参数不能用 get 函数，如：

```
（command "line" (getpoint)(getpoint)  ""）
```

是错误的，而下式是正确的：

```
（setq p1 (getpoint "\nInput first point: "))
（setq p2 (getpoint "\nInput second point: "))
（command "line" p1 p2 "" ）
```

④ 一个 command 函数可执行一条或多条 AutoCAD 命令。如：

```
（command "line" "1,1" "2,2" "" "circle"(list 3 5) 4）
```

⑤ 一条 AutoCAD 命令可由多个 command 函数完成，中间可插入一些别的函数，此时系统只把 command 函数中的参数送给 AutoCAD 命令，如：

```
（command "circle"）
（setq cenpt (getpoint "\nEnter center point: "))
（command cenpt）
（setq r (getreal "\nEnter center radius: "))
（command r）
```

在老版本的 AutoLISP 中，只有 command 函数才能调用 AutoCAD 命令，现在也可以继续使用这个函数。而 VL-CmdF 函数带来了几个新的功能：

① 在执行前要检查所有的描述，如果检测到错误，将不再执行 AutoCAD 命令。而 command 函数在发现错误时命令可能已经开始执行了。因此，使用 VL-CmdF 会比较安全。

② 如果〈参数〉中包含对其他函数的调用，VL-CmdF 在执行命令之前调用

函数，比较安全，而 command 函数则在开始执行命令后调用函数。

③ VL-CmdF 允许 Getxxx 类的输入函数在这个函数内部执行。

④ VL-CmdF 中使用双元表、测试函数、较长的表达式等，可能会出错。

⑤ 同样的执行，VL-CmdF 函数的执行速度比 command 函数快一些。

9.3.6 参数化绘图程序设计

所谓参数绘图，是针对绘图对象的形状及结构特点，选取有限的必要的几个尺寸作为绘图输入的控制参数，并在某个参照系下进行几何运算，由程序获取所求局部或整体图形数据并自动绘制所需图形的一种手段。由此可见，参数化绘图最基本的过程应为：选取几何参数→设定参照系→几何求解→图形数据。显然参数绘图既提供了通过修改参数来改变图形的灵活性，同时也提高了成图的自动化程度，用于系列化的零部件的设计绘图是非常有效的。

【例 9.1】 定义一个画如图 9.3 所示楼梯的命令。

由图 9.3 可知，该图有三个定形参数，即长度 L、高度 H 和台阶数 N，根据绘图需要，图形定位参照点应设为左下角点。

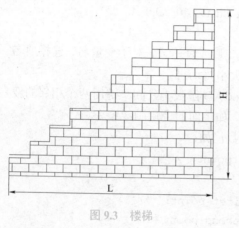

图 9.3 楼梯

绘图程序如下：

```
(defun c:stairs(/ ptbase l ptcorner h pttop n a b i pt0 pt1 pt2)
(setq ptbase(getpoint"\nPlease enter the stair basepoint:"))
                                          ;楼梯底角点
(setq l(getdist ptbase "\nEnter the stair length:"))
                                          ;楼梯长度
(setq ptcorner(polar ptbase 0.0 l))       ;计算右角点
(setq h(getdist ptcorner "\nEnter the stair highth:"))
                                          ;楼梯高度
(setq pttop(polar ptcorner(/ pi 2.0) h)) ;计算右顶点
(command "line" ptbase ptcorner pttop "")
(setq n(getint "\nEnter the stair step number:"))
                                          ;楼梯台阶数
(setq a(/ l n) b(/ h n))                  ;计算一级台阶的高度
  (setq i 1 pt0 ptbase)
  (while(<= i n)                          ;循环画台阶
          (setq pt1(polar pt0(/ pi 2.0)b))
```

```
        (setq pt2(polar pt1 0.0 a))
        (command "line" pt0 pt1 pt2 "")
        (setq pt0 pt2)
        (setq i(1+ i))
    )
    (command "hatch" "brick" 1 0 "w" ptbase pttop "")
                                                    ;填充图案
    (command "zoom" "a")
)
```

【例 9.2】 设计一个绘制如图 9.4 所示法兰盘左视图的程序。

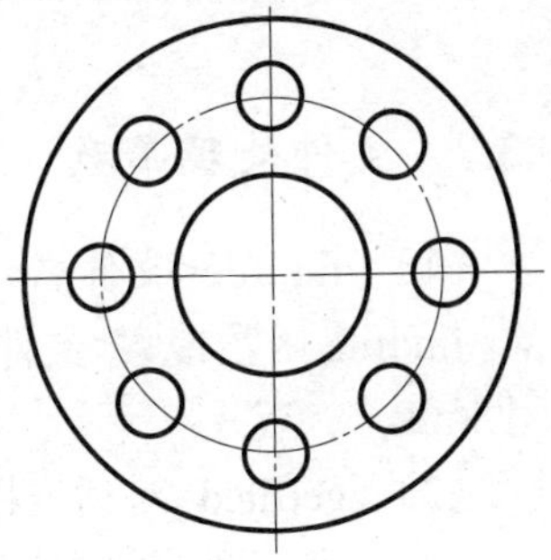

由图 9.4 可知，该图有三个定形参数，即法兰盘的内圆半径、外圆半径以及小孔的半径，其定位的参照点为法兰盘的中心。绘图程序如下：

图 9.4　法兰盘

```
(defun c:flange(/ pt0 r1 r2 angle n r r3 xn yn ptn)
    (setq pt0(getpoint "\nEnter center point:"))
                                                    ;圆心
    (setq r1(getdist pt0 "\nEnter the outside radius R1:"))
                                                    ;内圆半径
    (setq r2(getdist pt0 "\nEnter the interside radius R2:"))
                                                    ;外圆半径
    (command "circle" pt0 r1)           ;画内圆
    (command "circle" pt0 r2)           ;画外圆
    (setq angle 0.0)
    (setq n 1)
    (setq r(/ (+ r1 r2) 2))             ;求小圆孔中心圆半径
    (setq r3(getdist pt0 "Enter the role radius R3:"))
                                                    ;小圆孔半径
    (while(<= n 8)                      ;循环画 8 个小圆孔
        (setq angle(+ angle(/ pi 4)))
        (setq xn(+(car pt0)(* r(cos angle))))
        (setq yn(+(cadr pt0)(* r(sin angle))))
        (setq ptn(list xn yn))
        (command "circle" ptn r3)
        (setq n(1+ n))
    )
    (command "layer" "n" "a" "l" "center" "a" "s" "a" "")
                                                    ;设置图层
```

```
    (setq p1(list(-(car pt0)r1 2.5)(cadr pt0)))
    (setq pr(list(+(car pt0)r1 2.5)(cadr pt0)))
    (setq pt(list(car pt0)(+(cadr pt0)r1 2.5)))
    (setq pb(list(car pt0)(-(cadr pt0)r1 2.5)))
    (command "line" p1 pr "")          ;绘制点划线
    (command "line" pt pb "")
    (command "circle" pt0 r)
    (command "redraw")
)
```

9.3.7　文件处理函数

（1）（findfile<文件名>）

findfile 函数搜索<文件>的路径，并返回此路径的描述。若<文件>不存在，它返回 nil。

（2）（getfiled<对话框标题><文件名><扩展名>标志值）

<文件名>可以为空串；<扩展名>也可以为空串，隐含指出文件的扩展名是*（即所有类型的文件）；标志值是整数，可为 1、2、4、8，这几个值组成一个大于 0 而小于 15 的值。

1——在覆盖一个现存文件时，会给出用户警告信息。

2——将 Type It 按钮变成灰色，即禁用 Type It 按钮。

4——允许用户改变文件原扩展名。

8——AutoCAD 使用它搜索路径，仅返回文件名，而不包含路径描述。如果不设置它，则返回整个路径描述。

如果对话框从外部获得一个文件名，getfiled 函数就将指定的文件名以字符串的形式返回；否则，返回 nil。

（3）（open <文件> <方式>）

该函数打开一个文件，供其他 AutoLISP I/O 函数访问。<方式>是一个读/写标志，它必须是只有一个小写字符的字符串，<方式>的有效取值说明如下：

r：以读的方式打开一个文件，若文件不存在，则返回 nil。

w：以写出的方式打开一个文件，若文件不存在，则建立一个新的文件；若文件存在，则所有数据被覆盖。

a：打开文件并追加数据到现有数据的后面，若文件不存在，则建立一个新文件。

Open 函数返回一个可由其他 AutoLISP I/O 函数使用的文件描述符，文件描述符可以用 setq 函数赋给一变量以便使用和操作。若打开一个不存在的文件名，则返回 nil，如：

```
    (setq a(open "file.txt" "r"))
```

（4）（close <文件描述符>）

该函数关闭一个已打开的文件，并返回 nil。

（5）（read <字符串>）

该函数返回从<字符串>中获得的第一个表或第一个原子。其中<字符串>由表或原子构成。例如：

```
(read "hello")              ;返回原子 hello
(read "hello there")        ;返回原子 hello
(read "(a,b)")              ;返回表(a,b)
```

（6）（read-line <文件描述符>）

该函数从键盘或一个已打开的文件中读取一个字符串，并返回这个字符串，若遇到了文件结束标志，则返回 nil。执行一次 read-line 函数则读出一行数据，并把文件指针下移一行，如此反复直到读取文件结束。

（7）（write-line <字符串> <文件描述符>）

该函数将<字符串>写到屏幕上或写到由<文件描述符>表示的打开文件中（并在结尾加回车符），它返回的字符串带有双引号，但写到文件中时则省略双引号。例如，若 f 是一个已打开的有效的文件描述符，则

```
(write-line ("Text" f))
```

将在文件 f 中输出内容 Text 并返回“Text”。

【例 9.3】 设计自动生成与填写装配图明细表的 AutoLISP 程序。要求明细表的格式、尺寸及内容由程序从数据文件中自动读入，明细表的位置可由操作者交互指定。

为了保证明细表绘图模块对不同格式、大小及不同零件序列数的明细表生成的通用性，将明细表的格式、尺寸及明细表的内容的描述分别写入两个数据文件——表头文件和内容文件。表头文件规定了明细表的样式、尺寸及栏目，程序据此生成明细表框格和表头；内容文件对应于表头文件所规定的格式逐栏填写内容。表头文件和内容文件均为 ASCII 码文本文件。

设内容文件 d：/example-lisp/details.txt 如下：

```
1,图1,泵体,1,HT250,30kg,\
2,图2,轴套,1,QAL9-4,1kg,\
3,图3,泵轴,1,45,5kg,\
4,图4,内转子,1,铁基粉末冶金,1.5kg,\
5,图5,外转子,1,铁基粉末冶金,2kg,\
6,图6,垫片,1,纸柏,0.1kg,\
7,图7,止推轴衬,1,QAL9-4,1kg,\
```

表头文件 d：/example-lisp/details.dat 如下：

```
4,4                         /*表头栏字高为4,内容栏字高为4 */
8,8                         /*表头栏栏高为8,内容栏栏高为8 */
```

```
8,40,44,8,38,22,20                          /*依次栏宽*/
序号,代号,名称,数量,材料,重量,备注          /*表头栏栏名*/
```

明细表自动生成与填写程序如下：

```
(defun draw-details(/ f mc p1 p2 s lh b1 h1 h2 n n1 sd)
    (setq mc "d:/example-lisp/details.dat")    ;给出表头文件名
    (setq p1(getpoint"\nPlease input list of left-down corner
coordinate:"))                                 ;给出明细表位置
    (setq f(open mc "r"))                       ;打开表头文件
    (setq s(read-line f)s(zhb s))               ;从表头文件中读入第一行数据
                                                  并转换为一表即为("4" "4")
    (setvar "TEXTSIZE"(atof(car s)))            ;设置系统变量"TEXTSIZE"
                                                  的值等于表头栏字高4
    (setq lh(atof(last s)))                     ;将描述内容栏字高的字符串
                                                  转换实型数4
    (setq s(read-line f)s(zhb s))               ;从栏头文件中读入第一行数
                                                  据并转换为一表即为
                                                  ("8" "8")
    (setq h1(atof(car s)))                      ;将描述表头栏栏高的字符串
                                                  转换为实型数8
    (setq h2(atof(last s)))                     ;将描述内容栏栏高的字符
                                                  串转换为实型数8
    (setq s(read-line f)s(zhb s))               ;从栏头文件中读入第一行数
                                                  据并转换为一字符串表
    (setq b1(szb s))                            ;将字符串表s转换为数据表
                                                  即为(8 40 44 8 38 22 20)
    (zbb p1 b1 h1)                              ;画一行框格
    (setq n 0 n1 0)                             ;填写明细表表头
    (while(/=(setq s(read-line f))nil)
        (setq s(zhb s)sd(length s))
        (repeat sd
          (setq p2(nth n1 fnb))
          (command "text" "m" p2 "" ""(nth n s));写栏名
          (setq n(1+ n)n1(1+ n1))
        )
        (setq n 0)
)
(close f)                                       ;关闭表头文件
(setvar "TEXTSIZE" lh)
```

```
(setq mc1 "d:/example-lisp/details.txt")        ;明细表内容文件名
(setq f(open mc1 "r")n 0)                        ;打开明细表内容文件
(setq p1(polar p1(/ pi 2)h2))                    ;求上一行明细表参照点坐标
(while(/=(setq s(read-line f))nil)               ;从内容文件中读入一行数据
        (setq s(zhb s)sd(length s))
        (zbb p1 b1 h2)                                       ;绘制一行框格
        (setq n 0)
        (repeat sd                                           ;填写一行内容
            (setq p2(nth n fnb))
            (command "text" "m" p2 "" ""(nth n s))
            (setq n(1+ n))
        )
        (setq lh(getvar "USERR1"))
        (setq p1(polar p1(/ pi 2)h2))
        (command "line" p1(polar p1 0 lh)"")
    )
    (close f)                                            ;关闭明细表内容文件
)
;按分号("；")和空格(" ")将一行字符串转换为一表
(defun zhb(s / zf zf1 n)
    (setq zf1 nil n 1)
    (while(/= s "")
        (setq n 1)
        (while(and(/=(substr s n 1)",")(/=(substr s n 1)""))
            (setq n(+ 1 n))
        )
        (setq zf(substr s 1(- n 1)))
        (setq zf1(append zf1(list zf)))
        (setq s(substr s(+ n 1)))
    )
    (setq s zf1)
)
;将一行数据串转换为一数据表
(defun szb(b / n n1 fn fnb)
    (setq n1(length b))
    (setq n 0 fnb nil)
    (repeat n1
        (setq fn(nth n b)fn(atof fn))
        (setq fnb(append fnb(list fn)))
```

```
            (setq n(1+ n))
      )
   (setq b fnb)
)
;按照坐标表绘制一明细框格
(defun zbb(p b h / p0 n n1 fn p1 p2 p3 l)
   (setq p0(polar p(/ pi 2)h))
   (setq n1(length b)p1(polar p(/ pi 2)h))
   (setq p2(polar p(/ pi 2)(/ h 2)))
   (command "line" p p1 "")
   (setq n 0 l 0 fnb nil fnb1 nil)
   (repeat n1
      (setq fn(nth n b)l(+ l fn))
      (setq p2(polar p2 0(/ fn 2)))
      (setq fnb(append fnb(list p2)))
      (setq p2(polar p2 0(/ fn 2)))
      (setq p3(mapcar '+ p(list 2 2)))
      (setq fnb1(append fnb1(list p3)))
      (setq p(polar p 0 fn)p1(polar p1 0 fn))
      (command "line" p p1 "")
      (setq n(1+ n))
   )
   (command "line" p0(polar p(/ pi 2)h)"")
)
```

9.4 对话框设计

对话框是一种边界固定的窗口，也是一种先进的、流行的人机交互界面。AutoCAD 软件提供了各种对话框以方便用户使用。除此之外，还提供了可编程对话框开发功能，采用对话框控制语言 DCL（Dialog Control Language）与 AutoLISP（或 ADS、ARX）程序相结合的方法，用户可以定制和开发适合专业要求的对话框。

对话框设计过程分为两步完成：第一步是用 DCL 语言定义对话框界面，第二步是使用 AutoLISP（或 ADS、ARX）程序来驱动用 DCL 语言定义的对话框，并完成对话框中各种控件（如按钮）对应的操作。

9.4.1 控件及其属性

对话框是由一个或若干个控件组成，图 9.5 列出了部分对话框控件图例。定义对话框也就是如何布置对话框中的控件以及说明其控件的属性值。对话框中的控件可分为三大类：单控（Tile）、集控（Clusters）和装饰与信息控件。单控一般对应一个动作；集控则往往用于对一组单控的布置排列；而装饰与信息控件则不会导致任何动作，也不能被选择，只是用来显示信息，提高对话的直观性。每一类控件又有若干种子控件，它们所含的属性项也不同。

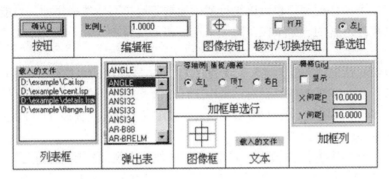

图 9.5 控件图例

9.4.1.1 单控 Tile

（1）按钮 button

按钮标签 label 所指示的字符串显示在它的内部，它适用于要求动作效果立即为用户可见的场合。例如，关闭对话框、进入子对话框。因为 AutoCAD 使用的是对话框，对话框至少要包括一个 OK（确认）按钮（或与之等效的控件），它是在用户结束对话框时使用。许多对话框还含 Cancel（取消）按钮，它告诉对话框不做任何动作就退出对话框。

（2）编辑框 edit

编辑框是用户输入和编辑单行文本的控件窗口，在其左侧显示标签 label，如果输入的文本比编辑框长，文本可作水平滚动。

（3）图像按钮 image_button

这是一种能显示图像、标号的按钮。这里 image（图像）是指一个矩形的矢量图案，如图标、线型、字体和颜色等。当用户选择一个图像按钮时，应用程序可以得到实际拾取点的坐标。

（4）列表框 list_box

列表框是一种包含若干按行排列的文本字符串的表框。它的作用是显示一个列表以让用户从中选择项目。

（5）弹出式列表 popup_list

除了能"弹出式"列表外，在功能上与列表框等价。当对话框第一次显示时，弹出式列表处于收缩状态，从屏幕上看来就像编辑框一样，只是右侧有个向下的箭头。一旦用户拾取其中的文本或者箭头，就会弹出列表框，并且显示出更多的选项。

（6）其他

其他还有单选按钮 radio_button、滚动条 slider、核对/切换按钮 toggle。

9.4.1.2　集控 Clusters

在对话框布局时，常用集控把若干个控件编组成行或列，即把一行或一列的控件视作单个控件处理，也可以给行或列加框。用户不能选择集控，只能单独选择或启动集控所含的一个单控。除了单选行和单选列之外，不能对集控赋予任何动作。

可以给对话框中的成员定义行或列。以这种方式使用的集控称为子装配，因为它们包含着其他的子控件。在对话框中引用子装配时，不能改变它的属性。目前 AutoCAD/Support 目录中的 BASE.DCL 文件已定义了下列几种标准的子装配。

（1）列 column、加框列 boxed_column

列是指一列中的控件按照它们在 DCL 文件中出现的顺序垂直布置。列可以包含任何类型的控件，还可以包含行或其他列。加框列是指一种周围画边界线的列。

（2）行 row、加框行 boxed_row

行是指一行中的控件按照它们在 DCL 文件中出现的顺序水平布局。加框行是指一种周围画边界线的行。

（3）单选列 radio_column、加框单选列 boxed_radio_column

单选列是指包含单选按钮的列，一次只能选择一组按钮中的一个按钮。单选列为用户提供一个确定的互斥选择按钮。这与核对/切换按钮不同，因为核对/切换按钮不是互斥的；同样也不同于列表，因为列表没有确定的长度。加框单选列是指一种周围画边界线的单选列。

（4）单选行 radio_row、加框单选行 boxed_radio_row

单选行和单选列相类似，它是只包含单选按钮的行，一次只能选择其中的一个按钮。也可给单选行赋予一种动作。加框单选行是指一种周围画边界线的单选行。

（5）对话框 dialog

对话框控件用于表示对话框本身，dialog 总是出现在一个 DCL 对话树结构的顶端（根结点）。

9.4.1.3　装饰控件和信息控件

（1）图像 image

图像是指一个矩形的矢量图案。在 AutoCAD 对话框中，image 用于显示图标、线型、字体和颜色等。

（2）文本 text

文本控件可显示一个用作标题或提示信息的文本串。

（3）空白 spacer

spacer 是一种空白控件，其中不显示任何内容。使用它的目的是调整对话框的布局，它能影响邻近的控件大小和布局。

9.4.1.4 控件的属性

控件的属性用于定义它的布局和功能，类似于编程语言中的变量。属性由属性名和属性值组成，属性值有以下几种类型：

（1）数值

包括整数和实数。表示距离（如控件的宽度和高度）时，一般以字符宽度和高度为单位并用整数表示。如果属性值要用带小数的实数表示，小数点前的先导位不能省略。

（2）保留字

保留字是由字母、数字和字符组成的标识符，它必须以字母开头。保留字的大小写是有区别的，如 False 和 false 是不同的。

（3）字符串

字符串是用双引号括起来的文本内容。若字符串中还要包含一个双引号，则在该双引号前必须有一个反斜扛。为了区分字符串中的特殊字符，DCL 文件规定了以下几个换码符：

\\"	引号
\\\\	反斜扛
\\n	换行符
\\t	水平制表符

AutoCAD 内部的 PDB 模块已预定义了一系列属性，用户在开发自己的对话框时，可以利用这些属性。表 9.1 给出了按字母顺序排列的这些属性。

表 9.1 预定义属性

属 性 名	相 关 的 控 件	含 义（若不指定则默认为 true）
action	所有激活的控件	AutoLISP 动作表达式
alignment	全部控件	水平或垂直定位
allow_accept	编辑框、图像按钮和列表框	选择是激活 is_default 控件
aspect_ratio	图像、图像按钮	图像的长宽比
big_increment	滑动杆	移动的步长，以全范围的 1/10 为单位
children_alignment	各种行控件和列控件	对齐控件组中的各控件
children_fixed_height	各种行控件和列控件	控件组中的各控件布局时保持固定高度
children_fixed_width	各种行控件和列控件	控件组中的各控件布局时保持固定宽度
color	图像、图像按钮	图像背景的填充颜色
edit_limit	编辑框	用户能输入的最大字符数

续表

属 性 名	相 关 的 控 件	含义（若不指定则默认为 true）
edit_width	编辑框、弹出式列表框	控件的编辑（输入）域宽度
fixed_height	全部控件	在布局阶段高度不变
fixed_width	全部控件	在布局阶段宽度不变
height	全部控件	控件的高度
initial_focus	对话框	带初始焦点控件的关键字
is_bold	文本	采用粗体表示
is_cancel	按钮	按下 ctrl+c 键时按钮被激活
is_default	按钮	按下回车键时按钮被激活
is_enabled	所有激活的控件	控件可使用
is_tab_stop	所有激活的控件	控件为制表键的停止点
key	所有激活的控件	应用程序使用的名字
label	各种行控件、列控件、文本	显示在控件上（左边）的标记。如按钮、对话框、编辑框、列表框、弹出式列表、单选和切换按钮等
layout	滑动杆	表示滑动杆是水平的还是垂直的
list	列表框、弹出式列表	显示在列表中的初始值
max_value	滑动杆	滑动杆的最大值
min_value	滑动杆	滑动杆的最小值
mnemonic	所有激活的控件	控件的助记符（热键）
multiple_select	列表框	允许选择多重控件
small_increment	滑动杆	移动的步长，以全范围的 1/100 为单位
tabs	列表框、弹出式列表	列表显示用的制表定位值
value	文本和激活的控件	控件的初值
width	全部控件	控件的宽度

9.4.2　DCL 文件的编写

当用户为自己的应用程序建立对话框时，需要用 DCL 文件对拟建立的对话框的各个控件及其布局格式进行定义。DCL 文件是按一定的语法规则编写的带有 DCL 扩展名的 ASCII 文本文件，可以用任何文本编辑器建立。用户在编写 DCL 文件时，可以直接引用系统提供的 BASE.DCL 文件中预定义的控件。

9.4.2.1 对话框语言（DCL）的语法简介

用于定义对话框的 DCL 文件，其基本结构为树状，处于树根部的是对话框本身，其分枝是布置在对话框内的控件，根据对话框的结构安排可以很容易地编写 DCL 文件，在此简要地介绍一下 DCL 的语言语法规则。

① DCL 语言采用类似 C 语言的形式来描述，每个控件的定义由一对匹配的大括号"{}"包容，其内容说明属性，每个属性赋值语句和调用标准控件语句都以";"分隔。

② 控件的定义和属性用小写字母书写，用户只有在给控件的属性（如 label）赋值时才可以使用大写字母。

③ DCL 文件应采用梯形格式以便清楚地表达语句的从属关系。例如，在列的声明中，列中的按钮控件的声明应该缩进几格，而同等位置的按钮声明则应该对齐。

④ 构件的名字可包括字母、数字和若干个下划线，但要以字母开头。

⑤ 属性用等号来赋值，分号结束。

⑥ 空行被忽略。

⑦ 文件中可以用"//"表示，从"//"后直到行末尾部分为注释；第二种注释以"/*"开始，以"*/"结束，"/*"和"*/"可以处在不同的行，也可以处在同一行中间，这样，用户可方便地用大段文档来注释。

⑧ 在用 AutoLISP 驱动对话框文件时，AutoCAD 会对其进行编译检查。如果用户定义的 DCL 文件存在严重错误，AutoCAD 会在当前工作目录下生成 ACAD.DCE 文本文件，该文件给出出错说明。

9.4.2.2 用 DCL 设计对话框

在介绍完对话框控件及其属性和 DCL 语法后，下面以图 9.6 所示的"填写明细表"对话框为例，说明如何运用 DCL 语言来设计对话框。

图 9.6 "填写明细表"对话框

设计对话框时，需先分析它的结构树，从对话框的本身开始统筹分析，按从上到下、从左到右的顺序布置合适的控件，经分析很容易得出如图 9.7 所示的"填写明细表"对话框结构图。

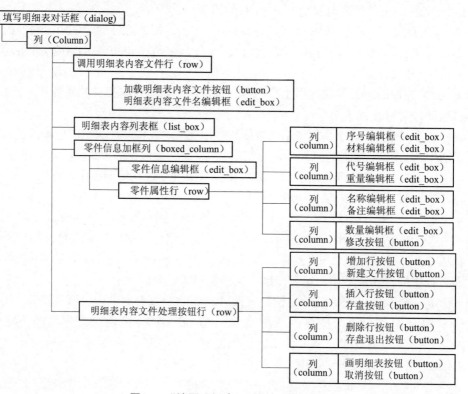

图 9.7 "填写明细表"对话框结构图

根据图的结构，描述"填写明细表"对话框的 DCL 语言代码如下：

```
details:dialog {
    label="填写明细表";
    :column {
     alignment=left;
      :row {
        :button {
        label="加载明细表内容文件 L...";
        key="ldetails";
        mnemonic="L";
        fixed_width=true;
            }
        :edit_box {
```

```
    key="fdetails";
                }
            }
  :list_box {
    label=" 明 细 表:";
    fixed_hight=true;
    attribute=list;
    key="details";
    allow_accept=false;
    multiple_select=false;
    height=6;
                }
        }
:boxed_column {
  label="零件信息";
  :edit_box {
    fixed_hight=true;
    key="part";
    allow_accept=true;
                }
  :row {
    :column {
      :edit_box {
        label="序号";
        edit_width=10;
        key="order";
                }
      :edit_box {
        label="材料";
        edit_width=10;
        key="meterial";
                }
            }
    :column {
      :edit_box {
        label="代号";
        edit_width=10;
        key="symbol";
                }
```

```
        :edit_box {
         label="重量";
         edit_width=10;
         key="weight";
                }
            }
    :column {
        :edit_box {
         label="名称";
         edit_width=10;
         key="name";
                }
        :edit_box {
         label="备注";
         edit_width=10;
         key="other";
                }
            }
    :column {
        :edit_box {
         label="数量";
         edit_width=10;
         key="number";
                }
        :button {
         label="修改 M";
         key="mdetails";
         mnemonic="M";
                }
            }
        }
    }
        }
    :row {
    :column {
        :button {
         label="增加行 A";
         key="adetails";
         mnemonic="A";
                }
```

```
:button {
 label="新建文件 N";
 key="ndetails";
 mnemonic="N";
        }
        }
:column {
  :button {
  label="插入行 I";
  key="idetails";
  mnemonic="I";
        }
  :button {
  label="存盘 S...";
  key="sadetails";
  mnemonic="S";
        }
      }
:column {
  :button {
  label="删除行 D";
  key="ddetails";
  mnemonic="D";
        }
  :button {
  label="存盘退出 E...";
  key="sdetails";
  mnemonic="E";
        }
      }
:column {
  :button {
  label="画明细表 R";
  key="drdetails";
  mnemonic="R";
         }
  cancel_button;
        }
     }
    }
```

9.5　对话框 PDB 函数

AutoCAD PDB（Programmable Dialog Box）可编程对话框工具提供了一系列处理对话框的 AutoLISP 函数，其主要组成有：打开和关闭对话框函数、控件和属性处理函数、列表框和弹出表处理函数、图像控件处理函数以及特定应用数据处理函数等。

9.5.1　打开和关闭对话框函数

（1）装入指定 DCL 文件的函数 load_dialog

调用格式：（load_dialog　dclfile）

该函数将一个 DCL 文件加载到内存，一个应用程序可通过多次调用该函数而装入多个文件，一个文件中可包含多个对话框。该函数是按照 AutoCAD 库搜索路径来搜索指定的 DCL 文件。dclfile 变量指定要装入的 DCL 文件名，变量值需用字符串表示，若未指定扩展名，则假定它的扩展名是 DCL。若该函数调用成功，则返回一个正整数值；否则，返回一个负整数。

（2）卸载指定 DCL 文件的函数 unload_dialog

调用格式：（unload_dialog　index_value）

该函数卸载与文件句柄 index_value 相联系的那个 DCL 文件，这个句柄是在先前调用 new_dialog 函数时取得的。该函数总是返回 nil，它与 load_dialog 互为反函数。

（3）始化对话框的函数 new_dialog

调用格式：（new_dialog　dlgname index_value［action［screen_pt]]）

该函数初始化一个新的对话框并显示它，还能指定一个隐含动作。

dlgname 变量指定对话框名，变量值需用字符串表示。index_value 变量用来识别一个已装入内存的对话框文件句柄，它是在调用 load_dialog 函数时获得的。方括号中的动作表达式 action 为任选项，用它可指定一个默认的动作。screen_pt 用来指定对话框显示在屏幕上的位置。

（4）终止当前所有对话框的函数 term_dialog

调用格式：（term_dialog）

一旦用户选中了对话框中任何一个 Cancel 按钮，该函数就立即终止现行所有对话框。

（5）启用对话框的函数 start_dialog

调用格式：（start_dialog）

该函数用于启动对话框并开始接受用户输入。

（6）终止当前对话框的函数 done_dialog

调用格式：（done_dialog <数值>）

该函数终止一个对话框。必须从一个动作表达式或一个回调函数中调用 done_dialog 函数。

9.5.2 控件和属性处理函数

（1）动作表达式初始化函数 action_tile

调用格式：（action_tile key action_expression）

当用户选择了指定控件时，将为动作表达式赋一个结果值，从而使新赋予的动作取代对话框的隐含动作或该控件的 action 属性。变量 key 和 action_expression 都是字符串。变量 key 是触发一个动作的控件名（这个控件名是由该控件的 key 属性指定的），key 变量对大小写是敏感的。当该控件被选中时，就会对动作表达式 action_expression（是相应的 AutoLISP 语句）进行求值。动作表达式可通过访问变量 $value 引用控件的当前值（即它的 value 属性），通过变量$key 可以引用控件的名字，通过变量$data 可以引用控件的特定应用数据，通过$reason 可以引用控件的回调原因，通过$x 和$y 可以引用控件的图像坐标。

（2）获取属性值函数 get_attr

调用格式：（get_attr key attribute）

该函数用于获取指定属性的 DCL 值。变量 attribute 是字符串，此函数返回值是属性的初始值，它不会反映任何用户输入或调用 set_tile 函数属性值作了修改后的状态。

（3）获取运行时的控件的值的函数 get_tile

调用格式：（get_tile key）

该函数检索一个对话框控件运行时的当前值，并以字符串的形式返回控件的值。

（4）设置选择方式函数 mode_tile

调用格式：（mode_tile key mode）

该函数用于设置一个对话控件的状态。方式代码 mode 必须是下列整数之一：

0——使该控件成为启用状态；

1——使该控件成为禁用状态；

2——聚焦于该控件；

3——选择编辑框的内容；

4——图像高亮显示的触发开关。

（5）设置运行时的控件的值的函数 set_tile

调用格式：（set_tile key value）

该函数为一个对话框控件设置值。

9.5.3 列表框和弹出表处理函数

（1）增加或替换一个列表项的函数 add_list

调用格式：（add_list string）

该函数在当前激活的对话框的表中增加一个字符串或者修改其中的一个字符串。

（2）开始处理列表的函数 start_list

调用格式：（start_list key <operation <index>>）

该函数用于对指定的列表框或弹出式列表中的列表项进行处理。其中操作代码 operation 和列表项序号 index 是任选项，当不被指定时，操作代码的默认值是 3，列表项序号的默认值是 0。操作代码是一个正整数，其含义如下：

1——改变所选列的内容；

2——增加新的列表项；

3——删除旧的列表而建立新列表（此为默认值）。

列表项号是指在后续的 add_list 调用中要改变的表项的序号，该序号是从 0 算起的。只有当操作代码是 1 时，列表项序号才有实际意义，否则该项将被忽略。

（3）结束当前列表处理的函数 end_list

调用格式：（end_list）

该函数是 start_list 函数的配套函数，它关闭由 start_list 函数所打开的表控件，在 start_list 函数调用之后，一定要用 end_list 函数将表控件关闭。

9.5.4 图像控件处理函数

（1）控件尺寸函数 dimx_tile 和 dimy_tile

格式调用：（dimx_tile key）和（dimy_tile key）

用这两个函数可分别获得以对话框单位表示的控件宽度和高度的最大允许值。它们在与 vector_image、fill_image 和 slide_image 等函数配套使用时，可为这些函数提供表明指定控件大小的绝对坐标。

（2）开始建立图像的函数 start_image

调用格式：（start_image key）

该函数为指定的对话框中的图像控件建立一个图像。调用它之后才可以调用 vector_image、fill_image 和 slide_image 等函数对图像控制件进行处理，直至应用程序调用 end_image 函数结束对指定的图像控件的处理。

（3）结束对当前激活对话框图像控件中的图像生成 end_image

调用格式：（end_image）

该函数是 start_image 的配套函数。在 start_image 函数调用之后，一定要调用 end_image 函数关闭由 start_image 函数打开的图像控件。

（4）绘制矩形填充图案的函数 fill_image

调用格式：（fill_image x1 y1 x2 y2 color）

该函数是在当前激活的对话框图像控件上画一个填充矩形。（x1，y1）和（x2，y2）是矩形的两个角点坐标，原点位于图像的左上角。颜色号 color 是 AutoCAD

的颜色号或下列逻辑色号之一：

2——图形屏幕的现行背景；

15——现行对话框背景颜色；

16 现行对话框前景颜色；

18——现行对话框线的颜色。

（5）绘制幻灯片图像的函数 slide_image

调用格式：（slide_image x1 y1 x2 y2 sldname）

该函数用于在当前激活的对话框图像控件上显示一个 AutoCAD 的幻灯片。（x1，y1）和（x2，y2）分别是幻灯片第一角点和第二角点，原点位于图像的左上角。sldname 用于指定幻灯片名。幻灯片可以是一个单独的幻灯片文件，也可以是幻灯片库文件中的一个幻灯片。幻灯片名的指定方式与 AutoCAD 观看幻灯片命令 VSLIDE 中的用法相同。

（6）绘制矢量图像的函数 vector_image

调用格式：（vector_image x1 y1 x2 y2 color）

该函数在当前激活的对话框图像控件上，从（x1，y1）到（x2，y2）画一条矢量，颜色号 color 是 AutoCAD 颜色号或 fill_image 函数的逻辑色号之一。

9.5.5　特定应用数据处理函数 client_data_tile

调用格式：（client_data_tile key clientdata）

该函数将管理数据与一个对话框控件联系起来。数据由 clientdata 变量指定，它是一个字符串。通过$data 变量，一个动作表达式或回调用函数可以引用这个字符串。

9.6　对话框的 AutoLISP 驱动

用 DCL 定义好的对话框只是一个界面描述，它不能独立地显示，也不能完成任何用户想要执行的动作，只有以 PDB 函数为基础并用 AutoLISP（或 ADS）程序来驱动它，才能实现指定的功能。

9.6.1　驱动程序的基本流程

AutoLISP 驱动对话框的程序流程如图 9.8 所示。下面对该流程作一简要说明。

① 用 load_dialog 函数加载 DCL 文件。如果装载失败，该函数返回 0；否则返回一正值，即表示此 DCL 文件定义的对话框序列值。

② 用 new_dialog 函数初始化并显示一个指定的已装入内存的对话框。

③ 用控件处理函数初始化控件并定义控件行为。

④ 调用 start_dialog 函数来激活已显示的对话框，把控制权交给对话框。

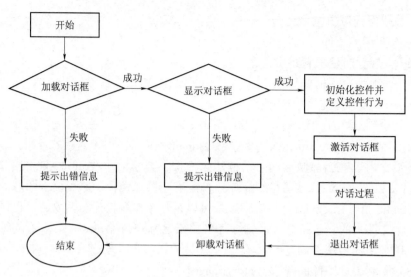

图 9.8　AutoLISP 驱动对话框的程序流程图

　　⑤ 对话操作过程结束后，调用 done_dialog 函数关闭当前的对话框，把控制权交还 AutoCAD。

　　⑥ 用 unload_dialog 函数卸载对话框，使 DCL 文件从内存中消除。

9.6.2　对话框驱动程序设计技术

9.6.2.1　通用对话框驱动程序

　　为了快速浏览 DCL 文件中定义的对话框界面，可以使用下面的程序段来完成。此程序要求输入一个 DCL 文件名和一个对话名，程序只完成显示功能，而没有任何实际操作功能。

```
(princ"\n 显示对话框程序已加载,请使用 LOADER 命令")
(defun c:LOADER(/ index_value filename dlgname)
    (if(setq filename(getstring "\n 输入 DCL 文件名:"))
      (progn
        (setq dlgname(getstring"\n 输入对话框名:"))
        (if(>(setq index_value(load_dialog filename))0);加载对话框
    (progn
      (if(new_dialog dlgname index_value)
                                          ;显示对话框
        (progn                            ;初始化控件并定义控件回调函数
          (start_dialog)                  ;激活对话框
          )                               ;结束 progn
        (alert"不能显示对话框")
        )                                 ;结束 if new dialog
```

```
        (unload_dialog index_value)          ;卸载对话框
      )                                        ;结束progn
    (alert"不能加载对话框")
      )                                        ;结束if load
    )                                          ;结束progn
(alert"无效的对话框文件")
    )                                          ;结束if getstring
  )                                            ;结束函数定义
```

9.6.2.2　嵌套对话框的使用

在动作表达式或回调函数中再用 new_dialog 和 start_dialog，就可以建立和管理嵌套对话框。在编写对话框管理程序时必须注意：在嵌套对话框激活时，要使用前一级的对话框，必须先退出嵌套对话框。AutoCAD 规定嵌套对话框最多为 8级，但为了用户使用方便，嵌套级数不宜太多，一般不要超过 3～4 级。

9.6.2.3　隐藏对话框的使用

一个对话框在激活期间，占据图形屏幕的一定范围，影响用户在屏幕上进行交互操作。如果用户要从图形屏幕上作选择，必须先将对话框隐藏起来，必要时又能恢复它。隐藏对话框的方法与 done_dialog 终止对话框相同，只是其回调函数必须使用 done_dialog 的 status 参数，以指示对话框已被隐藏。status 要置为应用程序所定义的值。当对话框消失时，start_dialog 函数便返回应用程序定义的 status 值，在应用程序中检查该值并决定下一步的操作。通常把这一调用过程编写在一个循环中，反复地捕捉 start_dialog 的返回值，以保证对话框在隐藏之后能重新显示。

9.6.2.4　对话框开发举例

利用"填写明细表"对话框（见图 9.6），能够对明细表中各项信息进行编辑，即可以打开、显示、编辑（包括增加行、插入行、删除行、修改明细表内容）、保存明细表文件，还可绘制明细表。说明"填写明细表"对话框中几个重要按钮的功能如下：

①【加载文件（L）…】：装入其右边明细表初始文件名编辑框中指定的明细表文件，并初始化用于编辑明细表内容的辅助文件和明细表列表框。当用户选中明细表列表框中的某一行时，即在下面零件序列编辑框中显示零件的序号、代号等信息。

②【修改（M）】：按当前零件序列编辑框的内容，取代明细表列表框的当前行，同时修改明细表辅助文件。

③【存盘（S）…】：将明细表列表框的内容，保存到明细表初始文件名编辑框指定的明细表文件中。

④【画明细表（R）】：退出明细表编辑对话框，调用画明细表的子程序，根据保存列表框内容的辅助文件绘制并填写明细表。

其程序设计思路为：对明细表文件进行操作，使列表框按序号分行显示待编辑的明细表的内容；对列表框中当前选项所在行的字符串进行处理，下面的零件序列编辑框按明细表项的属性分别进行显示与编辑。明细表处理流程如图 9.9 所示。

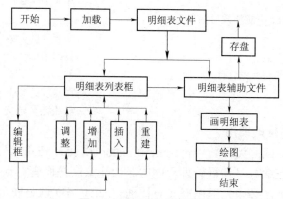

图 9.9　明细表处理流程图

明细表处理主程序如下：

```lisp
(princ "\n 明细表编辑程序已加载,请使用 DETAILS 命令调用该程序")
(defun c:details(/ filename index_value flname)
 (if(setq filename "d:/example-lisp/dialog.dcl")
                                        ;明细表编辑对话框文件名
    (progn
      (if(>(setq index_value(load_dialog filename))0)
                                        ;加载明细表编辑对话框文件
         (progn
           (if(new_dialog "details" index_value)
                                        ;details 为对话框名
            (progn
            (start_details)            ;初始明细表列表框
            (action_tile "ldetails" "(ldetails)")
                                        ;定义加载文件按钮行为
            (action_tile "details" "(showedit)")
                                        ;定义明细表列表框控件行为
            (action_tile "mdetails" "(mdetails)")
                                        ;定义修改按钮行为
            (action_tile "adetails" "(adetails)")
                                        ;定义添加行按钮行为
            (action_tile "ddetails" "(ddetails)")
                                        ;定义删除行按钮行为
            (action_tile "idetails" "(idetails)")
                                        ;定义插入行按钮行为
```

```
                    (action_tile "ndetails" "(ndetails)")
                                            ;定义新建按钮行为
                    (action_tile "sdetails" "(sdetails)(done_dialog)")
                                            ;定义存盘退出按钮行为
                    (action_tile "sadetails" "(sdetails)")
                                            ;定义存盘按钮行为
                    (action_tile "draw-details" "(done_dialog)")
                                            ;定义画明细表按钮行为
                    (action_tile "cancel" "(done_dialog)")    ;关闭对话框
                    (start_dialog)
                     )                          ;结束 progn
                    (prompt "不能显示对话框")
                     )                          ;结束 if new dialog
                    (unload_dialog index_value)  ;卸载对话框
                  )                             ;结束 progn
              (prompt "不能打开对话框")
            )                                ;结束 if load
          )                                  ;结束 progn
      (alert "无效的对话框文件名")
    )
    (princ)
   (setq mc1 "d:/example-lisp/details.txt")(draw-details)
)


(defun start_details()
   (setq flname "d:/example-lisp/details2.dat")
                                      ;初始明细表内容文件名
   (fill-list flname)
                                      ;以明细表文件的内容初始化明细表列表框
)
;初始化明细表列表框
(defun fill-list( flname / str txt fp)
(start_list "details")              ;开始对明细表列表框处理
 (if(setq fp(open flname "r"))      ;以读的方式打开明细表内容文件
 (progn
  (setq txt(open "d:/example-lisp/details.txt" "w"))
                                    ;将明细表内容写到明细表辅助文件
    (setq n 0 )
    (while(setq str(read-line fp))    ;分行填写明细表列表框
```

```lisp
          (add_list str)
          (write-line str txt)
          (setq n(+ n 1))
      )
    (close fp)                          ;关闭明细表内容文件
    (close txt)
      )
      (set_tile "part" "Cannot open file")
    )
    (end_list)                          ;结束对明细表列表框的处理
    (set_tile "fdetails" flname)
)
;加载按钮功能实现模块
(defun ldetails()
    (setq flname(getfiled "Load a Data file" "d:/example-lisp/" "dat"
                15))
    (set_tile "fdetails" flname)   ;以明细表文件名给明细表文件编辑框赋值
    (fill-list flname)              ;根据明细表文件内容初始化明细表列表框
)
;在各编辑框中分别显示当前零件对应属性
(defun showedit( / index str)
  (setq index(get_tile "details"))   ;获得明细表列表框的值
  (if(= index "")(setq index 0)(setq index(atoi index)))
                                    ;将明细表列表框的值转换为整数
  (setq fp(open "d:/example-lisp/details.txt" "r"))
                                    ;以读的方式打开明细表辅助文件
  (if fp
     (progn
        (while(and(>= index 0)(< index n))
                                    ;获得明细表列表框中当前选项内容
           (setq str(read-line fp)index(- index 1))
        )
        (if(< index n)
          (progn
           (set_tile "part" str) ;给零件信息编辑框赋值
           (setq s str sl(zhb s))   ;是按分号(";")和空格(" ")将一行字符串转换
                                    为一表
           (if(nth 0 sl)(set_tile "order"(nth 0 sl)))
                                    ;给序号编辑框赋值
```

```
            (if(nth 1 sl)(set_tile "symbol"(nth 1 sl)))
                                    ;给代号编辑框赋值
            (if(nth 2 sl)(set_tile "name"(nth 2 sl)))
                                    ;给名称编辑框赋值
            (if(nth 3 sl)(set_tile "number"(nth 3 sl)))
                                    ;给数量编辑框赋值
            (if(nth 4 sl)(set_tile "meterial"(nth 4 sl)))
                                    ;给材料编辑框赋值
            (if(nth 5 sl)(set_tile "weight"(nth 5 sl)))
                                    ;给重量编辑框赋值
            (if(nth 6 sl)(set_tile "other"(nth 6 sl)))
                                    ;给备注编辑框赋值

            )
          )
        )
    )
  (close fp)
)
;以各编辑框控件的当前值,给零件信息编辑框赋新值
(defun hedit()
(setq s(get_tile "order")          ;提取序号编辑框当前值
    s(strcat s "\,"(get_tile "symbol"))
                                    ;提取代号编辑框当前值并把它写到序号值
                                    ;的后面,中间用 ","隔开
    s(strcat s "\,"(get_tile "name"))
    s(strcat s "\,"(get_tile "number"))
    s(strcat s "\,"(get_tile "meterial"))
    s(strcat s "\,"(get_tile "weight"))
    s(strcat s "\,"(get_tile "other")))
  (set_tile "part" s)
)
;修改行按钮功能实现模块
(defun mdetails( / fp fp1 str s m index)
    (hedit)                        ;以各编辑框控件的当前值,给"part"编辑
                                    框赋新值
    (setq index(get_tile "details"))
                                    ;获取明细表列表框当前值
    (if(= index "")(setq index 0)
        (setq index(atoi index)));将明细表列表框当前值转换为整数
```

```
    )
    (start_list "details" 1 index)      ;开始处理明细表列表框
    (add_list s)                        ;改变明细表当前选项的内容
    (end_list)                          ;关闭明细表列表框
    (setq fp(open "d:/example-lisp/details.txt" "r"))
                                        ;以读的方式打开明细表辅助文件
    (setq fp1(open "d:/example-lisp/details1.txt" "w"))
                                        ;以写的方式打开临时明细表
                                        ;内容文件
    (setq m 0)
    (while(setq str(read-line fp))      ;分行填写临时明细表内容文件的内容
      (if(= m index)(write-line s fp1)(write-line str fp1))
      (setq m(+ 1 m))
     )
    (close fp)(close fp1)               ;关闭上述两个文件
    (changed)                           ;将临时明细表内容文件内容写到明细
                                        ; 表辅助文件中
)
;将临时明细表内容文件内容写到明细表辅助文件中
(defun changed( / f1 f2 chstr)
(setq f1(open "d:/example-lisp/details1.txt" "r"))
                                        ;以读的方式打开临时明细表内容文件
(setq f2(open "d:/example-lisp/details.txt" "w"))
                                        ;以写的方式打开明细表辅助文件
(while(setq chstr(read-line f1))        ;分行填写明细表辅助文件
    (write-line chstr f2)
 )
(close f1)(close f2)                    ;关闭上述两个文件
)
;删除行按钮功能实现模块
(defun ddetails( / index fp fp1 m str txt dstr )
    (setq index(get_tile "details"))
    (if(= index "")(setq index 0)
        (setq index(atoi index))
     )
    (setq fp(open "d:/example-lisp/details.txt" "r"))
    (setq fp1(open "d:/example-lisp/details1.txt" "w"))
    (setq m 0)
    (while(setq str(read-line fp))
```

```
     (if(/= m index)(write-line str fp1))
     (setq m(+ 1 m))
    )
   (close fp)(close fp1)
   (changed)
   (start_list "details")
   (setq txt(open "d:/example-lisp/details.txt" "r"))
   (setq n 0 )
   (while(setq dstr(read-line txt))
     (add_list dstr)
     (setq n(+ n 1))
    )
   (close txt)
   (end_list)
 )
;插入行按钮功能实现模块
(defun idetails( / s index fp fp1 m str txt dstr )
   (hedit)
   (setq index(get_tile "details"))
   (if(= index "")(setq index 0)
      (setq index(atoi index))
    )
   (setq fp(open "d:/example-lisp/details.txt" "r"))
   (setq fp1(open "d:/example-lisp/details1.txt" "w"))
   (setq m 0)
   (while(setq str(read-line fp))
     (if(/= m index)(write-line str fp1)
        (progn
          (write-line s fp1)(write-line str fp1)
         )
      )
     (setq m(+ 1 m))
    )
   (close fp)(close fp1)
   (changed)
   (start_list "details")
   (setq txt(open "d:/example-lisp/details.txt" "r"))
   (setq n 0 )
   (while(setq dstr(read-line txt))
```

```
            (add_list dstr)
            (setq n(+ n 1))
          )
       (close txt)
       (end_list)
   )
;添加行按钮功能实现模块
(defun adetails( / fa s)
  (hedit)
  (start_list "details" 2)
  (add_list s)
  (end_list)
  (setq fa(open "d:/example-lisp/details.txt" "a"))
  (write-line s fa)
  (close fa)
)
;新建按钮功能实现模块
(defun ndetails( / fp)
  (start_list "details")
  (end_list)
  (setq fp(open "d:/example-lisp/details.txt" "w"))
  (close fp)
  (setq fp1(open "d:/example-lisp/details1.txt" "w"))
  (close fp1)
  (set_tile "part" "")(set_tile "fdetails" "")
  (set_tile "order" "")(set_tile "symbol" "")
  (set_tile "name" "")(set_tile "number" "")
  (set_tile "meterial" "")(set_tile "weight" "")
  (set_tile "other" "")
)
;存盘按钮功能实现模块
(defun sdetails(/ f fp fp1 c-str)
  (setq f(getfiled "Save as a data file" "d:/example-lisp/" "txt" 15))
  (setq fp(open f "w"))
  (setq fp1(open "d:/example-lisp/details.txt" "r"))
  (while(setq c-str(read-line fp1))
       (write-line c-str fp)
  )
  (close fp)(close fp1)
```

```
)
;画明细表按钮功能实现模块,
(defun c:draw-details()
    (alert"该模块详见 9.3.7 节")
)
;按分号(";")和空格(" ")将一行字符串转换为一表
(defun zhb(s / zf zf1 n)
  (setq zf1 nil n 1)
  (while(/= s "")
       (setq n 1)
       (while (and(/=(substr s n 1)",")(/=(substr s n 1)""))
            (setq n(+ 1 n))
        )
       (setq zf(substr s 1(- n 1)))
       (setq zf1(append zf1(list zf)))
       (setq s(substr s(+ n 1)))
   )
  (setq s zf1)
)
```

参 考 文 献

[1] 孙家广，许隆文. 计算机图形学 [M]. 北京：清华大学出版社，1986.

[2] 江涛. 计算机绘图与辅助设计基础 [M]. 上海：复旦大学出版社，1994.

[3] 蒋先刚.工程设备图形化管理系统的程序设计 [J]. 机床与液压，2003.2

[4] David F. Rogers. Procedural Elements for Computer Graphics [M]. 北京：机械工业出版社，2002.

[5] 张福炎，等. 微型计算机 IBM PC 的原理与应用 [M]. 南京：南京大学出版社，1984.

[6] Kurt Hampe，Jim Boyce. AutoCAD 应用开发大全 [M]. 现民，晓志，译. 北京：清华大学出版社，1994.

[7] Joseph Smith，Rusty Gesener. AutoCAD 定制大全 [M]. 沈翔，译. 北京：学苑出版社，1994.

[8] W·M·纽曼，R·F·斯普劳尔. 对话式计算机图形显示原理 [M]. 易晓东，译. 北京：科学出版社，1984.

[9] 杨学平. 计算机绘图 [M]. 北京：电力工业出版社，1980.

[10] R·多尼. 微计算机 BASIC 语言绘图 50 例 [M]. 田宝华，译. 北京：电子工业出版社，1985.

[11] 卢传贤，等. 实用计算机图形学[M]. 成都：西南交通大学出版社，1989.

[12] 周孝宽. 实用微机图像处理[M]. 北京：北京航空航天大学出版社，1994.

[13] 涂晓斌，谢平，陈海雷. 实用微机工程绘图实验教程 [M]. 成都：西南交通大学出版社，2004.

[14] 蒋先刚. 用 OLE 自动化技术控制 MATLAB 绘图 [J]. 工业控制计算机，2001（2）

[15] 蒋先刚. 基于数据库的电子商务网站的 Delphi 实现技术 [J]. 计算机工程与应用，2002（11）

[16] 蒋先刚，涂晓斌. 实用微机工程绘图技术 [M]. 成都：西南交通大学出版社，2003.

[17] 蒋先刚，涂晓斌. AutoCAD 2008 工程绘图及应用开发 [M]. 成都：西南交通大学出版社，2008.

[18] 蒋先刚. 机械 CAD 的 Delphi 实现 [J]. 技术机床与液压，2003.4

[19] 王保平，等. AutoCAD 的定制与开发 [M]. 北京：人民邮电出版社，1998.

[20] 曹岩，秦少军. AutoCAD 2010 基础篇 [M]. 北京：化学工业出版社，

2009.

　　[21] 龙马工作室. AutoCAD 2010 中文版从入门到精通 [M]. 北京：人民邮电出版社，2010.

　　[22] 淙晓斌，唐刚，杨文，杨建根. 计算机绘图 [M]. 南昌：江西高校出版社，2009.

　　[23] 二代龙震工作室. AutoCAD 2010 机械设计基础教程 [M]. 北京：清华大学出版社，2010.

　　[24] 薛焱，胡腾，程跃华. 中文版 AutoCAD 2010 基础教程 [M]. 北京：清华大学出版社，2009.

参考文献